Spinnaker实战
云原生多云环境的持续部署方案

王炜　王振威　著

电子工业出版社
Publishing House of Electronics Industry
北京·BEIJING

内 容 简 介

本书聚焦于云原生和多云环境的持续部署方案，共分 13 章，内容涉及声明式持续部署概述、Spinnaker 基础与实战、金丝雀发布与灰度发布、部署安全、混沌工程及生产化建议等，结构清晰，循序渐进，深入浅出。

在持续部署最佳实践方面，本书重点介绍了如何实施灰度发布、自动金丝雀分析和混沌工程，这些高级部署功能是 Netflix 公司实现快速而稳定迭代的核心技术。关于如何落地 Spinnaker，本书站在人和组织架构的视角，为迁移团队提供了指导性的意见，解决了新技术落地难的问题。

未经许可，不得以任何方式复制或抄袭本书之部分或全部内容。
版权所有，侵权必究。

图书在版编目（CIP）数据

Spinnaker 实战：云原生多云环境的持续部署方案 / 王炜，王振威著. —北京：电子工业出版社，2021.10
ISBN 978-7-121-41966-9

Ⅰ. ①S… Ⅱ. ①王… ②王… Ⅲ. ①云计算 Ⅳ.①TP393.027

中国版本图书馆 CIP 数据核字（2021）第 182339 号

责任编辑：孙奇俏
印　　刷：天津千鹤文化传播有限公司
装　　订：天津千鹤文化传播有限公司
出版发行：电子工业出版社
　　　　　北京市海淀区万寿路 173 信箱　邮编 100036
开　　本：787×980　1/16　印张：26.75　字数：590 千字
版　　次：2021 年 10 月第 1 版
印　　次：2021 年 10 月第 1 次印刷
定　　价：108.00 元

凡所购买电子工业出版社图书有缺损问题，请向购买书店调换。若书店售缺，请与本社发行部联系，联系及邮购电话：（010）88254888，88258888。
质量投诉请发邮件至 zlts@phei.com.cn，盗版侵权举报请发邮件至 dbqq@phei.com.cn。
本书咨询联系方式：（010）51260888-819，faq@phei.com.cn。

推荐语

持续部署这个概念被讲得很多，但真正能将其落地实践的很少。一是因为组织文化和意识不匹配，二是因为缺乏相应的工具。在云计算时代，底层基础设施不断标准化，推动了部署的标准化，Spinnaker 正是在这样的背景下诞生的持续部署工具。本书不但讲解了 Spinnaker 的使用，还介绍了在云计算时代开发和运维人员都应该掌握的基本概念和技术。这些内容将为你打开云原生时代的大门！

——张海龙，腾讯云 CODING DevOps CEO

本书系统介绍了 Spinnaker 的使用、安全、生产实践、扩展等多个维度的内容，将这个云原生持续部署项目全面展示给各位读者。在提倡轻量化交付的今天，熟练掌握 Spinnaker 对提高研发效率和交付能力至关重要。想要入门和深入学习 Spinnaker 的读者，都可以阅读本书。

——吴晟，Apache SkyWalking 创始人

云原生本质上是一套"利用云计算技术为用户降本增效"的方法论。其中，研发与交付效能的提升是重中之重，也是持续交付技术的初衷与愿景。本书以 Spinnaker 为核心，从 DevOps 的理念出发，循序渐进地讲解了 Spinnaker 的来龙去脉和各项持续交付实践，是非常优秀的入门 Spinnaker 的学习资料。

——张磊，CNCF 技术委员会成员

越来越多的公司正在全面拥抱云原生，实现云原生应用开发。在开源技术的推动下，云原生理念也得以进一步落地。Spinnaker 就是一款开源的持续部署工具，它能帮助研发团队更灵活地实现持续部署，提升软件部署效率。本书从声明式持续部署到多云管理，再到 Spinnaker 实战，逐层阐述，抽丝剥茧，循序渐进，能让读者更好地实践云原生技术，更清晰地理解云原生开源理念。

——单致豪，腾讯开源联盟主席

云原生的本质是提高资源利用率、应用交付及部署效率，而作为云原生应用落地的重要环节，持续部署涉及的工具层出不穷，Spinnaker 无疑是其中的佼佼者。本书系统介绍了 Spinnaker 的各种丰富功能，这些将成为你实践混合云持续部署的利器。

——宋净超（Jimmy Song），CNCF 大使、Tetrate 布道师、云原生社区创始人

在云计算时代，云原生技术注定会对传统的应用建设、持续交付和运维产生颠覆性影响。Spinnaker 为多云环境下现代化集群管理和部署提供了方案，加快了云原生应用的交付速度。我相信这本书将带你深入了解 Spinnaker 的基本概念及其在生产环境下的优秀实践。

——郑东旭，百度 CNCF BFE 开源项目作者之一、《Kubernetes 源码剖析》作者

Spinnaker 是目前非常流行的云原生持续部署工具，能够快速、安全、可靠地管理云原生应用的整个生命周期。遗憾的是，目前在市场上基本找不到系统介绍 Spinnaker 实践的图书，这极大影响了用户的学习和使用。本书的出现弥补了这个缺陷，在本书中，你可以学到大量云原生及 Spinnaker 的知识，更能快速将 Spinnaker 应用到你的生产实践中去。

——殷成文，PingCAP 混沌工程负责人、CNCF 开源项目 Chaos Mesh® 维护者

推荐序一

近年来，云原生的概念逐渐深入人心，以 Kubernetes 为核心的多集群、多云技术几乎成了云计算的新潮流。越来越多的软件和框架从设计上不再与单个云直接绑定，而单一的云提供商仅凭技术和体验也很难完全抚平用户对商业竞争的担忧和焦虑。事实上，如何抹平不同环境甚至不同云之间的差异，以此达到应用持续交付的目标，已成为云原生技术领域新的挑战。

近两年来，针对此类跨云、跨环境云原生应用交付的难题，开源社区也涌现出了大量优秀的开源项目，如致力于抹平不同环境中间件差异的新一代微服务框架 Dapr、针对混合云环境做应用交付的标准化规范 OAM、在多云环境中做持续部署和应用管理的 Spinnaker。这些项目的出现极大程度地加速了多云环境应用交付和应用管理技术的普及进程。

本书从基于声明式的持续部署开始介绍，直到业内比较前沿的混沌工程技术，由浅入深讲解了云原生多云环境应用持续部署的方方面面，更包含了 Spinnaker 的大量实战。这是一本适合云计算相关从业者了解云原生、持续部署的实用工具书。

相信在未来云的世界里，以 Kubernetes 为核心的云原生技术会持续释放基础设施的红利，而 Spinnaker 等应用交付技术将会成为连通"云"与"应用"的高速公路，以标准、高效的方式将应用快速交付到互联网的每个角落。让我们一起拥抱云原生，构建高效、敏捷的应用交付和应用管理能力，持续释放应用业务的创造力和想象力。

阿里巴巴技术专家、KubeVela 负责人

孙健波

2021 年 7 月

推荐序二

软件开发的本质关乎价值。为了快速交付业务价值，我们引入了能实现快速反馈的软件开发机制——敏捷软件开发。增量式的开发技术及持续交付软件价值，改变了技术和业务的协作方式。

持续集成是敏捷软件开发中的一个重要实践，用于频繁地集成代码并提供代码集成的反馈结果。在持续集成的基础上，我们进一步引入了持续交付的理念。持续交付要求我们实现代码变更，构建软件产品，并能在非生产环境中进行自动化部署。持续交付大大加快了开发团队的内部协作进程，并进一步提升了反馈的速度。然而，这个软件产品还没有真正地被交付到用户的手中，因此我们还需要最后一步——将其自动化部署到生产环境中，即实施持续部署。

2015 年，我在一个项目中体验了持续部署的软件开发模式。在商业级软件产品中，只要运行一次代码，该产品就能被部署到生产环境。当时，我对于这种大胆的模式感到非常惊讶，尽管我在业余的开源项目中也采用过这种模式，但还未曾见过采用这种模式的商业级软件！我想，是因为通过自动化测试能使测试覆盖率接近 100%，再加之可结合代码检视、结对编程等方式，所以企业对持续部署有充分的信心。同时，持续部署还依赖于大量的自动化脚本，以及不可变基础设施的构建。

随后，人们大量采用容器化技术来解耦应用对于基础设施的依赖，相应地，行业定义了云原生技术。在云原生技术日渐成熟的今天，大量企业通过 Kubernetes 构建了自己的云平台，将大量的应用迁移到了云端，并通过设计 DevOps 成熟度模型不断优化企业内部的研发效能。由于企业的安全限制及避免云提供商锁定等问题，企业会在持续部署中遇到极大的挑战。

本书介绍的 Spinnaker 是云原生持续部署平台的代表，它提供了一种多云部署机制，支持主流的云提供商。Spinnaker 能帮助企业提升部署云原生应用的速度，更好地解决将应用迁移至云原生与混合云的问题。同时，Spinnaker 还内置了业内在持续部署领域的最佳实践，如蓝绿部署、金丝雀发布等，能更好地利用云原生的优势。

王炜和王振威在本书中分享了丰富的云原生开发和架构经验，不仅介绍了大量有关Spinnaker的知识，还介绍了混沌工程等前沿技术，更提供了结合Spinnaker进行持续部署的最佳实践。无论是入门学习，还是深入探索持续部署，这本书都能帮助你更好地理解云原生技术。

Thoughtworks高级咨询师

黄峰达

2021年8月

自序

Gartner 的报告指出，到 2020 年，将有 50%的传统老旧应用会以云原生的方式被改造，到 2022 年，云原生和容器化的普及率将达到 75%。

随着 2020 KubeCon 线上大会的结束，我们发现企业拥抱云原生、Kubernetes 和 Istio 的热情空前高涨，这些技术无一例外都为"微服务"的普及铺设了更平坦的道路。

企业在拥抱云原生时，将伴随着对现有环境和业务的云原生化迁移，这往往会经历长时间多云环境共存的痛处。以迁移到 Kubernetes 为例，企业一般会选择从边缘业务逐渐延伸到核心业务的迁移方式，而迭代并不会因此停止，这就对交付和部署提出了新的挑战。更糟糕的是，如果企业已经采用了微服务架构，那么在这种多云环境下，对多个微服务的部署更是一种无法预测的行为。

因此，多云环境下的部署问题成为企业拥抱云原生、容器化和微服务时难以逾越的鸿沟，越来越多的企业已经注意到自己持续部署能力不足，并且尝试使用不同的工具组合来解决问题。例如，常见的是使用 Ansible 支持传统虚拟机的部署，使用 Jenkins 及其插件支持 Kubernetes 环境的部署。但由于这些工具对云和部署要素的抽象概念的定义并不一致，因此相关工作人员需要学习不同的概念，且需要经历不同的学习曲线，使用这些工具组合将会导致部署行为进一步陷入混沌状态。

大部分传统企业倾向于将运维团队设立为独立的组织架构，利用运维团队与开发团队天然的冲突和利益不一致，使得两者在这种组织冲突的平衡中实现产品交付和部署的动态平衡。

但从长远来看，这显然是不合理的。

像 Netflix 这种大型的敏捷团队更愿意将运维角色与开发角色融合，将运维职能沉淀到团队内部闭环，通过为团队提供一致性的工具，实现每个团队对持续部署的独特需求。这种内部闭环使信息流转问题得到了解决，由开发人员来决定何时以及如何进行部署，研发效率和交付质量得到了显著提升。

迁移至云原生所经历的困境也正是 Netflix 开发团队对统一化部署工具的诉求：云原生、混合云、持续自动化与安全部署。

Spinnaker 正是 Netflix 多年来在持续部署方面的实践经验的结晶。它是一款开源的、支持云原生和多云环境的持续部署工具，目前支撑着 Netflix 数百个微服务和数万个节点混合云环境的持续部署。

2019 年 3 月，Netflix 和 Google 共同成立持续交付基金会（Continuous Delivery Foundation，CDF），并将 Spinnaker 捐赠给 CDF，和大名鼎鼎的 CNCF 一样，CDF 成了 Linux 基金会的一部分。CDF 的其他成员包括 Jenkins、Jenkins X、Tekton 等顶尖的持续集成和持续部署项目。

毫无疑问，在 CDF 中，Jenkins 的用户数量是最庞大的，但我认为 Jenkins 更多地属于持续集成（Continuous Integration，CI）工具。作为持续部署的集大成者，Spinnaker 势必会成为团队技术选型的重点考虑对象。

在学习 Spinnaker 时，由于其概念复杂且上手难度较大，加上几乎没有适合中国工程师的学习资料，我遇到了非常多的"坑"。我想，其他希望学习 Spinnaker 的同学也会遇到同样的困境，所以我决定将自己的实践经验分享给所有人，这也是我撰写本书的出发点。

在本书的写作过程中，我被调至 Nocalhost（云原生开发环境）项目中负责研发工作，研发工作异常艰辛，多线程的工作状态差点儿导致本书"难产"。庆幸的是，我的爱人始终陪伴和鼓励我，历时近 9 个月，我最终完成了全书的写作。

感谢我的领导王振威参与本书部分章节的写作和审校。感谢郭学坤、陈信州和彭梦姗，是他们的慧眼让我有幸参与到 CODING 的研发工作中。感谢为本书写推荐语的朋友们：张海龙、吴晟、张磊、孙建波、单致豪、宋净超、郑东旭和殷成文。感谢电子工业出版社博文视点的孙奇俏编辑。感谢我的家人。

最后，谨以此书献给我的爱人。

王炜

2021 年 8 月

前言

在环境支持方面，Spinnaker 支持云原生多云环境的持续部署，例如 AWS、Azure、Google 等云提供商，以及国内三大云提供商——腾讯云（TKE 和 EKS）、阿里云（ACK 和 ASK）、华为云（CCE）等标准公有云均提供支持，此外虚拟机部署场景也正在被完善。

Spinnaker 支持集成触发器来监听事件，从而实现自动触发和自动部署。此外，其内置持续部署的最佳实践（例如蓝绿部署和金丝雀部署），并提供了开箱即用的方法。

本书通过对 Spinnaker 抽丝剥茧，带领读者学习如何构建科学的持续部署流水线，并通过实战和案例进一步介绍了在微服务及 Service Mesh 环境下持续部署的最佳实践。本书还抛开技术层面，站在人和团队的角度，分享了作者关于如何将应用迁移至 Spinnaker 的实际落地经验。

本书内容

本书共分 13 章，其中每章的内容简介如下。

第 1 章 声明式持续部署概述

本章将介绍持续交付与持续部署的概念，明确命令式与声明式的差异，聚焦于声明式持续部署，讲解常见的声明式系统、声明式脚本流水线的概念及使用意义。

第 2 章 管理云基础设施

本章将介绍在云原生和多云环境的背景下如何管理云基础设施，主要内容包括将应用迁移至云原生环境及混合云环境所面临的挑战、对云基础设施的组织、流量组织形式，以及持续部署工具的对比。

第 3 章 Spinnaker 简介

本章将初步介绍 Spinnaker 相关内容,主要内容包括 Spinnaker 的基本概念、应用管理、应用程序部署、云提供商简介,以及 Spinnaker 架构。

第 4 章 安装 Spinnaker

本章将介绍在不同的系统环境下如何安装 Spinnaker。首先介绍安装 Spinnaker 的环境要求,然后介绍正式安装部署 Spinnaker 涉及的流程,包括选择云提供商、运行环境、存储方式等。

第 5 章 Spinnaker 基本工作流程:流水线

本章将介绍 Spinnaker 的核心——流水线的组成和基本操作,主要内容包括流水线的管理、部署制品、启动参数、不同阶段、触发器、通知,以及流水线表达式、版本控制和审计等,还将辅以动态流水线具体示例进行说明。

第 6 章 深入核心概念

本章将详细介绍 Spinnaker 流水线的配置及不同的阶段类型,主要内容包括虚拟机阶段、Kubernetes 阶段、集成外部系统阶段、流程控制阶段等,还会介绍部署制品类型、配置触发器、流水线模板、消息通知等内容。本章涉及的内容非常多,读者可以有针对性地选择阅读。

第 7 章 自动金丝雀分析

本章将介绍 Spinnaker 的高级部署功能——自动金丝雀分析,主要内容包括自动金丝雀发布概述、安装组件、配置金丝雀、获取金丝雀报告等,还会通过一个实践案例进行辅助讲解。

第 8 章 混沌工程

本章将介绍如何在 Spinnaker 中实施自动化混沌工程,主要内容包括为什么要引入混沌工程概念,以及混沌工程的理论基础、五大原则、实践方法等。

第 9 章 使部署更加安全

本章将介绍如何使用 Spinnaker 内置的功能让生产部署更加安全,主要内容包括集群部署、流水线执行、自动验证阶段相关知识点、审计和可追溯。

第 10 章 最佳实践

本章将介绍在 Kubernetes 环境下实现南北流量、东西流量自动灰度部署的流程,这两个实例的流程基本是一致的。

第 11 章 生产建议

本章将介绍在生产环境下使用 Spinnaker 时需要注意的事项,比如与 SSL、认证、授权、Redis 配置优化、横向扩容、MySQL、监控相关的内容。

第 12 章 扩展 Spinnaker

本章将介绍如何对 Spinnaker 进行二次开发,主要内容包括开发环境的配置,以及在实际开发过程中编写新阶段的注意事项。

第 13 章 迁移到 Spinnaker

本章将从人和组织架构的角度介绍如何将应用迁移到 Spinnaker,以及迁移过程中需要遵循的原则。经过本章的学习,读者可以尝试将 Spinnaker 实践应用到实际项目中。

目标读者

本书的目标读者有以下几类。

- 云原生、Docker 和 Kubernetes 研发工程师。
- SRE 工程师。
- 微服务架构下的开发人员和架构师。
- 行业解决方案架构师。
- 研发效能和研发质量管理人员。

联系作者

尽管我在本书出版过程中对书稿进行了多次技术审校和修订,但书中仍不可避免存在错漏之处。若你在阅读过程中发现错误或产生疑问,欢迎通过以下方式随时与我联系。

微信公众号:云原生大队长。

邮箱地址:haimianguma@foxmail.com。

读者服务

微信扫码回复：41966

- 获取本书配套代码资源和参考链接
- 加入本书读者交流群，与本书作者互动
- 获取【百场业界大咖直播合集】（持续更新），仅需 1 元

目录
Contents

01 声明式持续部署概述 1

- 1.1 持续交付与持续部署 2
  - 1.1.1 为什么要持续交付 2
  - 1.1.2 持续交付的好处 3
  - 1.1.3 保持随时可交付 4
  - 1.1.4 解决问题：提高发布频率 4
  - 1.1.5 自动化持续部署 5
- 1.2 命令式与声明式 6
  - 1.2.1 简单易用的命令式 7
  - 1.2.2 抽象和归纳的声明式 8
- 1.3 常见的声明式系统 9
  - 1.3.1 Kubernetes 9
  - 1.3.2 Terraform 11
  - 1.3.3 Ansible 12
- 1.4 声明式与命令式结合：声明式脚本流水线 13
  - 1.4.1 核心思想 13
  - 1.4.2 代码即流水线 14
  - 1.4.3 步骤执行 15
- 1.5 声明式脚本流水线的意义 16
  - 1.5.1 简化行为描述 16
  - 1.5.2 降低学习曲线 17
  - 1.5.3 落地持续部署 17

	1.5.4 实现自动化 17
1.6	本章小结 18

02 管理云基础设施 19

- 2.1 迁移至云原生与混合云的挑战 20
  - 2.1.1 凭据管理 20
  - 2.1.2 多云架构 20
  - 2.1.3 跨地域部署 21
  - 2.1.4 自动伸缩 21
  - 2.1.5 不可变的基础设施和部署制品 22
  - 2.1.6 服务发现 22
- 2.2 组织云基础设施 23
  - 2.2.1 以应用为中心 23
  - 2.2.2 抽象对云的操作 24
  - 2.2.3 云模型 26
  - 2.2.4 多云配置 26
- 2.3 流量组织形式 27
  - 2.3.1 启用/不启用 27
  - 2.3.2 启用/启用 27
- 2.4 持续部署工具对比 27
  - 2.4.1 Tekton 28
  - 2.4.2 Argo CD 31
- 2.5 本章小结 36

03 Spinnaker 简介 37

- 3.1 概念 38
- 3.2 应用管理 38
  - 3.2.1 应用 39
  - 3.2.2 服务器组 39
  - 3.2.3 集群 39

- 3.2.4 负载均衡器 ... 41
- 3.2.5 防火墙 ... 41
- 3.3 应用程序部署 ... 42
  - 3.3.1 流水线 ... 42
  - 3.3.2 阶段 ... 43
  - 3.3.3 任务 ... 43
  - 3.3.4 部署策略 ... 43
- 3.4 云提供商 ... 45
- 3.5 Spinnaker 架构 ... 46
  - 3.5.1 Deck ... 48
  - 3.5.2 Gate ... 50
  - 3.5.3 Clouddriver ... 50
  - 3.5.4 Orca ... 51
  - 3.5.5 Echo ... 52
  - 3.5.6 Front50 ... 53
  - 3.5.7 Igor ... 54
  - 3.5.8 Fiat ... 54
  - 3.5.9 Rosco ... 55
  - 3.5.10 Kayenta ... 56
- 3.6 本章小结 ... 57

04 安装 Spinnaker ... 59

- 4.1 环境要求 ... 59
  - 4.1.1 Kubernetes ... 59
  - 4.1.2 Kubectl ... 62
  - 4.1.3 Jenkins ... 63
  - 4.1.4 Docker Registry ... 66
- 4.2 安装部署 ... 67
  - 4.2.1 Halyard 命令行工具 ... 67
  - 4.2.2 选择云提供商 ... 70

XVIII | Spinnaker 实战：云原生多云环境的持续部署方案

  4.2.3 选择运行环境 ... 71
  4.2.4 选择存储方式 ... 71
  4.2.5 部署 ... 73
  4.2.6 升级 ... 78
  4.2.7 备份配置 ... 79
  4.2.8 常见问题 ... 81
 4.3 本章小结 ... 82

05 Spinnaker 基本工作流程：流水线 ... 84

 5.1 管理流水线 ... 85
  5.1.1 创建流水线 ... 85
  5.1.2 配置流水线 ... 87
  5.1.3 添加自动触发器 ... 87
  5.1.4 添加阶段 ... 88
  5.1.5 手动运行流水线 ... 89
  5.1.6 禁用流水线 ... 91
  5.1.7 删除流水线 ... 91
  5.1.8 锁定流水线 ... 92
  5.1.9 重命名流水线 ... 92
  5.1.10 通过 JSON 编辑流水线 ... 93
  5.1.11 流水线历史版本 ... 94
 5.2 部署制品 ... 95
  5.2.1 在流水线中使用制品 ... 98
  5.2.2 自定义触发器制品 ... 103
  5.2.3 Kubernetes Manifest 制品 ... 104
  5.2.4 制品类型 ... 108
 5.3 启动参数 ... 108
 5.4 阶段 ... 109
  5.4.1 基础设施阶段 ... 110
  5.4.2 集成外部系统阶段 ... 112

	5.4.3 测试阶段	113
	5.4.4 流程控制阶段	113
	5.4.5 自定义阶段	114
5.5	触发器	114
	5.5.1 时间型触发器	115
	5.5.2 事件型触发器	115
5.6	通知	116
5.7	流水线表达式	118
	5.7.1 编写表达式	119
	5.7.2 测试表达式	124
5.8	版本控制和审计	125
5.9	动态流水线示例	126
5.10	本章小结	132

06 深入核心概念 ... 133

6.1	虚拟机阶段	133
	6.1.1 Bake	133
	6.1.2 Tag Image	135
	6.1.3 Find Image From Cluster	135
	6.1.4 Find Image From Tags	136
	6.1.5 Deploy	137
	6.1.6 Disable Cluster	139
	6.1.7 Disable Server Group	140
	6.1.8 Enable Server Group	141
	6.1.9 Resize Server Group	142
	6.1.10 Clone Server Group	143
	6.1.11 Rollback Cluster	144
	6.1.12 Scale Down Cluster	145
6.2	Kubernetes 阶段	145
	6.2.1 Bake (Manifest)	146

- 6.2.2 Delete (Manifest) ... 147
- 6.2.3 Deploy (Manifest) ... 148
- 6.2.4 Find Artifacts From Resource (Manifest) ... 151
- 6.2.5 Patch (Manifest) ... 152
- 6.2.6 Scale (Manifest) ... 154
- 6.2.7 Undo Rollout (Manifest) ... 155

6.3 集成外部系统阶段 ... 156
- 6.3.1 Jenkins ... 156
- 6.3.2 运行 Script 脚本 ... 158
- 6.3.3 Travis 阶段 ... 160
- 6.3.4 Concourse 阶段 ... 162
- 6.3.5 Wercker 阶段 ... 163
- 6.3.6 Webhook 阶段 ... 165
- 6.3.7 自定义 Webhook 阶段 ... 167

6.4 流程控制阶段 ... 170
- 6.4.1 Wait ... 171
- 6.4.2 Manual Judgment ... 171
- 6.4.3 Check Preconditions ... 173
- 6.4.4 Pipeline ... 174

6.5 其他阶段 ... 175

6.6 部署制品类型 ... 176
- 6.6.1 Docker 镜像 ... 176
- 6.6.2 Base64 ... 178
- 6.6.3 AWS S3 ... 179
- 6.6.4 Git Repo ... 181
- 6.6.5 GitHub 文件 ... 182
- 6.6.6 GitLab 文件 ... 184
- 6.6.7 Helm ... 185
- 6.6.8 HTTP 文件 ... 188
- 6.6.9 Kubernetes 对象 ... 189
- 6.6.10 Maven ... 190

6.7 配置触发器 192
6.7.1 Git 192
6.7.2 Docker Registry 194
6.7.3 Helm Chart 196
6.7.4 Artifactory 197
6.7.5 Webhook 198
6.7.6 Jenkins 201
6.7.7 Concourse 202
6.7.8 Travis 202
6.7.9 CRON 203
6.7.10 Pipeline 204
6.7.11 Pub/Sub 204

6.8 使用流水线模板 205
6.8.1 安装 Spin CLI 206
6.8.2 创建流水线模板 209
6.8.3 渲染流水线模板 211
6.8.4 使用模板创建流水线 211
6.8.5 继承模板或覆盖 213

6.9 消息通知 213
6.9.1 Email 216
6.9.2 Slack 218
6.9.3 SMS 220
6.9.4 企业微信机器人 221
6.9.5 钉钉机器人 223

6.10 本章小结 226

07 自动金丝雀分析 227

7.1 Spinnaker 自动金丝雀发布 227
7.2 安装组件 229
7.2.1 安装 Prometheus 229

7.2.2　集成 Minio 232
7.2.3　集成 Prometheus 233
7.3　配置金丝雀 233
7.3.1　创建一个金丝雀配置 234
7.3.2　创建和使用选择器模板 239
7.3.3　创建金丝雀阶段 240
7.4　获取金丝雀报告 248
7.5　工作原理 250
7.6　最佳实践 251
7.7　本章小结 253

08　混沌工程 254

8.1　理论基础 254
8.1.1　概念定义 254
8.1.2　发展历程 255
8.2　为什么需要混沌工程 256
8.2.1　与测试的区别 256
8.2.2　与故障注入的区别 256
8.2.3　核心思想 257
8.3　五大原则 257
8.3.1　建立稳定状态的假设 257
8.3.2　用多样的现实世界事件做验证 258
8.3.3　在生产环境中进行测试 258
8.3.4　快速终止和最小爆炸半径 259
8.3.5　自动化实验以持续运行 259
8.4　如何实现混沌工程 259
8.4.1　设计实验步骤 260
8.4.2　确定成熟度模型 260
8.4.3　确定应用度模型 262
8.4.4　绘制成熟度模型 263

8.5 在 Spinnaker 中实施混沌工程 ... 263
8.5.1 Gremlin ... 264
8.5.2 Chaos Mesh ... 265
8.6 本章小结 ... 268

09 使部署更加安全 ... 269
9.1 集群部署 ... 269
9.1.1 部署策略 ... 269
9.1.2 回滚策略 ... 278
9.1.3 时间窗口 ... 283
9.2 流水线执行 ... 285
9.2.1 并发 ... 285
9.2.2 锁定 ... 286
9.2.3 禁用 ... 287
9.2.4 阶段条件判断 ... 288
9.2.5 人工确认 ... 288
9.3 自动验证阶段 ... 295
9.4 审计和可追溯 ... 299
9.4.1 消息通知 ... 299
9.4.2 流水线变更历史 ... 300
9.4.3 事件流记录 ... 301
9.5 本章小结 ... 302

10 最佳实践 ... 303
10.1 南北流量自动灰度发布：Kubernetes + Nginx Ingress ... 304
10.1.1 环境准备 ... 304
10.1.2 部署 Nginx Ingress ... 305
10.1.3 初始化环境 ... 308
10.1.4 创建流水线 ... 309
10.1.5 运行流水线 ... 311

- 10.1.6 原理分析 ... 317
- 10.1.7 生产建议 ... 319
- 10.2 东西流量自动灰度发布：Kubernetes + Service Mesh ... 319
  - 10.2.1 环境准备 ... 320
  - 10.2.2 安装 Istio ... 321
  - 10.2.3 Bookinfo 应用 ... 322
  - 10.2.4 初始化环境 ... 324
  - 10.2.5 创建流水线 ... 326
  - 10.2.6 运行流水线 ... 328
  - 10.2.7 原理分析 ... 332
- 10.3 本章小结 ... 334

11 生产建议 ... 336

- 11.1 SSL ... 336
- 11.2 认证 ... 341
  - 11.2.1 SAML ... 342
  - 11.2.2 OAuth ... 345
  - 11.2.3 LDAP ... 349
  - 11.2.4 x509 ... 350
- 11.3 授权 ... 351
  - 11.3.1 YAML ... 353
  - 11.3.2 SAML ... 354
  - 11.3.3 LDAP ... 354
  - 11.3.4 GitHub ... 355
  - 11.3.5 Service Account ... 356
  - 11.3.6 流水线权限 ... 358
- 11.4 Redis 配置优化 ... 359
- 11.5 横向扩容 ... 360
- 11.6 使用 MySQL 作为存储系统 ... 363
  - 11.6.1 Front50 ... 366

	11.6.2	Clouddriver	367
	11.6.3	Orca	369
11.7	监控		372
	11.7.1	Prometheus	373
	11.7.2	Grafana	378
11.8	本章小结		382

12 扩展 Spinnaker ... 383

12.1	配置开发环境		383
	12.1.1	Kork	383
	12.1.2	组件概述	384
	12.1.3	环境配置	385
12.2	编写新阶段		386
12.3	本章小结		394

13 迁移到 Spinnaker ... 395

13.1	如何说服团队		395
13.2	迁移原则		396
	13.2.1	最小化变更工作流	396
	13.2.2	利用已有设施	397
	13.2.3	组织架构不变性	397
13.3	本章小结		399

01
声明式持续部署概述

持续交付（Continuous Delivery）和持续部署（Continuous Deployment）是一种软件工程实践方法，最终目的是实现自动化交付的过程。但我们通常容易将持续交付和持续部署与 DevOps 混为一谈，这是一种常见的误区。

DevOps 提供的核心价值是：推倒开发人员与测试、运维人员之间信息不对称的"墙"，使围绕着软件开发的上下文在 3 种角色之间更加流畅、高效地传递。而持续交付和持续部署的核心价值是提供"构建物"随时可交付与可部署的状态，以及对构建物实施自动化部署流程。

持续交付和持续部署具有以下共同点。

- 自动化：在应用编译、测试、生成构建物等环节实现不同程度的自动化。
- 随时可交付：通过一系列机制确保构建物随时可被交付。
- 降低交付风险：通过持续性地以更小修改的单位对应用进行更改，快速响应问题。

持续部署在 2009 年第一次作为工程实践方法由 IMVU 公司的 Timothy Fitz 提出，在经历了多年的发展后，持续交付和持续部署的概念已经被市场和企业接受。随着云原生、多云部署架构的普及，持续交付和持续部署被赋予了新的使命和要求。

持续部署本身的复杂性较高，即便是在单一环境下实施自动化持续部署，大多数中小团队也难以完成。艾瑞咨询关于云基础设施的报告指出，现阶段每家企业平均需要 2.14 家公有云提供商，未来预计每家企业将需要 3.08 家公有云提供商。这意味着在多云环境下，持续部署的复杂性将进一步提高，面向多云环境的持续部署将是每个团队需要面临的实际问题。

开源社区正不断收到用户关于改进持续部署的呼声，尤其是面向云原生和多云环境。其中，"声明式"和"模板化"的持续部署方案正呼之欲出。

1.1 持续交付与持续部署

我们一般认为，现代软件的持续交付主要体现在单元测试、构建、Staging（预发布）环境部署和 Staging 环境验收环节的自动化。对于开发人员来说，这是一种快速将需求交付给用户的方法。

持续交付最终产生的构建物是否能够发布，则需要产品人员及运维人员进行确认和操作。

持续部署则更进一步，除了上述持续交付的自动化流程，还将最终的构建物自动部署至生产环境。在持续部署的过程中，除了必要的人工测试阶段，几乎不再需要人工介入。

显然，持续交付和持续部署的不同点在于是否自动化进行构建物的部署。具体来说，两者的区别如图 1-1 所示。

持续交付

持续部署

图 1-1　持续交付和持续部署的区别

1.1.1 为什么要持续交付

在 Web 应用之前，传统的软件开发是围绕"发行版"进行的：开发者编写代码完成功能，运行测试用例进行测试，直到一切运行正常。接着，产品会被一次性打包为发行版，通过软盘或 CD-ROM 等方式进行交付。这意味着，一般的交付周期将长达半年或一年。

网络和 Web 应用出现之后，发布变得简单许多，借助网络可以实现更频繁地发布，甚至自动更新。这种发布和交付方式彻底改变了传统软件的交付方式。

即便到了今天，发布周期过长仍然是软件工程实践最常见的问题之一，而持续交付通过控制更小单元的修改来降低发布难度，进而解决发布周期长的问题。

另一个常见问题是依赖漂移。随着未发布的代码越来越多，这些代码的依赖库及上游服务也在不断地更新迭代，当需要部署这些未发布的代码时，上游服务和依赖库可能已经更新数个版本。此时，意料之外的兼容问题将增加，尤其是这些依赖库或服务废弃了一部分正在使用的 API。

开发人员一旦完成了某项功能的开发和提交，就会自然而然地进入下一个开发阶段。对于已完成的功能点，他们不再对其保持长久的记忆，因此一旦出现问题，要找出原因是非常困难的。由于发布周期长的问题，开发人员可能需要在 1 个月、3 个月，甚至是 6 个月前的代码中找出隐藏的信息和问题，这对开发人员提出了巨大的挑战。同时，管理层也意识到必须使用更高效的方案来解决这个问题。

1.1.2　持续交付的好处

持续交付的好处主要针对开发人员和企业。

对开发人员的好处一般体现在以下方面。

- 更高的开发效率：实行持续交付后，开发人员编写的代码、功能、实验，以及 Bug 修复等将迅速发布到生产环境中，一旦出现问题，那么查找问题的范围缩小至刚刚编写的代码中，能够做到快速发现和立即修复。
- 更高的产品可靠性：在持续交付过程中，一般会配合使用自动化流程，例如自动化测试、自动化构建等来替代容易出错的手工步骤。
- 更快的循环反馈：与传统的发布过程相比，持续交付通过保持构建物随时可交付的状态，加速了信息在不同角色之间的传递，尤其是开发、发布、发现问题、修复再发布的循环反馈机制。

对企业的好处一般体现在以下方面。

- 更清晰的开发进度和成本结构：传统的大型软件开发通常无法确定具体的交付周期。持续交付可以将这些较大的发行版拆解为更小的开发流，有助于衡量开发进度和成本结构。
- 团队更具灵活性：持续交付追求小而连续的更改，因此非常容易知道团队成员目前的工作，在进行其他迭代时可以快速地进行人员调配。
- 易于创新：持续交付能够快速获取功能的用户验证结果，实现更加高效的创新和用户测试，这种正向循环能够让团队建立信心，进而使团队成员提出更好的想法。

持续交付从根本上改变了软件交付的方式，使软件交付更安全和迅速，且能够带来更高质量的产品。企业从原来的无法衡量的隐性开发成本结构向更加清晰的成本结构转变，能够激发更多创新活力。

1.1.3 保持随时可交付

在现代软件开发的过程中，交付的对象除了代码，还会根据不同的运行环境产生不同的构建物。这些构建物可能是编译后生成跨平台的二进制可执行文件，也可能是包含产品及其运行环境的 Linux 系统镜像或 Docker 镜像。

要实现持续交付，需要保持代码和对应构建物随时可交付的状态。

保持代码随时可交付意味着开发人员在修改代码进行功能开发、迭代、Bug 修复时，需要和当前稳定可交付的代码版本进行区分。我们一般会使用代码版本管理工具进行组织，例如常见的 Git 和 SVN。

如果使用 Git 进行代码版本管理，那么实际一般以"分支"作为管理粒度。即要保持主干（Master）的分支随时可交付，那么迭代、Bug 修复等都基于该分支创建的新分支进行开发。当分支的代码修改完成后，通过提交 Merge Request 的形式将这些分支与主干进行合并，以此来保持主干的分支随时可交付。

当主干的分支被修改后，则立即自动执行完整的自动化测试及构建过程。在经过 Staging 环境验证后，当前版本的构建物就是稳定可随时交付的。这些稳定版本的构建物也需要进行统一的版本化管理，存放至构建物仓库。

通过以上手段，即可使代码及构建物保持随时可交付的状态。

除了保持软件随时可交付的状态，我们容易忽略一个非常重要的人为因素：构建物的具体交付行为一般由交付或运维团队实施，如果交付周期过长，那么会导致发现和解决问题的周期变长，进而导致循环反馈效率低下。

我们可以用提高发布频率的方法解决以上问题。

1.1.4 解决问题：提高发布频率

除了控制更小的修改单元，我们还可以通过"早发布，常发布"来解决潜在的人为因素导致的交付周期过长的问题，即提高发布频率。

与基于功能的发布策略相反，提高发布频率是基于时间的发布策略。这种"早发布，常发布"的软件工程哲学最早是由 Eric S. Raymond 在其 1997 年的《大教堂和集市》一文中提出的。他在文章中提到，"提早发行，经常发行，听听客户的声音"。

这种理念最初用于 Linux 内核开发及其他大型开源软件的开发，而后流行于现代软件开发工程中，大众熟知的 GitLab、Docker、Ubuntu 等均采用基于时间的发布策略。

最著名的对基于时间的发布策略的研究是 2007 年剑桥大学 Martin Michlmayr 博士的论文《开源软件项目中的质量改进：探索发布管理的影响》，他通过对 Debian、GCC、Linux 软件的研究，得到了这种发布管理方式能够显著提升开源软件的开发效率及质量的结论。

这种发布策略意味着固定的发布周期，面向时间周期开发可交付的产品。尤其是对于需要部署的 Web 应用来说，开发人员和交付团队不再以版本化的功能作为唯一驱动，可以更加独立自主地执行工作。另外，这种发布策略能够尽早发布较小且较重要的功能，每次发布的功能有限，这样也就降低了单次发布的难度。固定的发布周期也有助于团队找到合适的交付节奏，高效地完成开发和交付工作。

因此，提高发布频率除了能够让客户更好参与到软件迭代中，还解决了持续交付过程中因部署环节周期过长而导致的低效循环反馈问题。

1.1.5 自动化持续部署

谈到自动化持续部署，就不得不引入一个新的名词——流水线（Pipeline）。

自动化持续部署是部署行为的抽象描述，需要由某个实际的对象来具体实现"自动化"及进行"部署"，用于描述"自动化持续部署"具体行为的承载对象称为"持续部署流水线"。

持续部署流水线的自动化可以由多种形式驱动，常见的有 Git 仓库触发流水线、持续构建（Continuous Integration，CI）触发流水线等。

此外，流水线还能够提供编排持续部署阶段的功能。

借助流水线，我们能够轻松地实现自动化持续部署，还能实现不同的部署策略，例如滚动更新、蓝绿部署、灰度（金丝雀）发布、自动回滚等，这些具体的部署策略都可以附着在流水线中运行。一条典型的自动化持续部署流水线如图 1-2 所示。

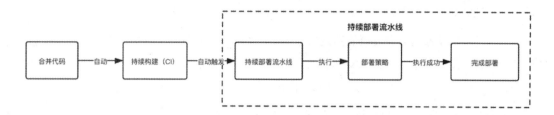

图 1-2　自动化持续部署流水线

一般来说，持续部署流水线是可编程的基础架构，团队可以根据自己的发布频率和场景对流水线进行编程，例如控制流水线某个步骤执行前等待一段时间、限制流水线部分阶段或者行为需要更高的人工审核权限。

在提高构建物的生产频率后，采用自动化持续部署是必要的，在固定且快速的交付周期内，自动化持续部署脱离了人工部署行为，使部署周期更加可控。所有经过自动化测试符合部署条件的代码都将快速发布到生产环境中。自动化部署完成后，便完成了一次完整的交付和部署环节，进而驱动下一个迭代周期。

1.2　命令式与声明式

命令式和声明式常用于描述编程范式。两者最直观的区别在于，命令式描述代码的执行步骤通过代码流程控制来实现输入和输出，是一种过程导向的思想；声明式则不直接描述执行步骤，而是描述期望的状态和结果，由程序内部逻辑控制来实现最终状态，是一种结果导向的思想。

举例来说，使用 docker run 命令运行一个容器，这就是最简单的命令式。

当业务逻辑简单且只有一个单体应用的容器时，项目的启动和开发工作是比较容易的。随着系统越来越复杂及微服务数量的增长，服务之间可能会产生依赖的问题。例如所有服务都依赖于 MySQL 和 RabbitMQ 服务，那么在启动其他服务前必须先启动这两个服务，此时很难通过人为记住服务依赖及启动顺序执行 docker run 来启动所有服务，用户需要有一种能够声明微服务之间的依赖和启动关系的方法。最终声明式的服务编排系统便出现了，例如常见的 docker-compose。

持续部署环节也面临着同样的问题，从最初简单的命令式部署方法，例如通过 FTP、SCP 命令的方式将构建物传输至生产环境来满足部署需求，到用户需要实现更复杂的编排能力。这要求持续部署具有一种能够描述复杂部署编排的方案。随着 Ansible、docker-compose 等产品的出现和成功，声明式的思想为持续部署提供了新的方向。

1.2.1 简单易用的命令式

在命令式的范式中，通过固定一组命令的运行流程来描述控制流，利用赋值和变量来存储中间状态以便后续的流程使用，并使用流程控制命令（如 for 循环和 while 循环），直到某些条件产生变化为止，这是命令式编程范式的思想。

对于实现简单的流程和状态，毫无疑问，命令式是最佳的选择，因为命令式只需要执行特定的一个或一组有序命令，例如使用 FTP 指令将网站上传到生产环境。

```
ftp 192.168.1.1
put index.html /usr/share/nginx/html
bye
```

更加复杂的部署需求通常需要使用 Shell 命令式脚本来实现，例如以下一段部署伪代码包含了部署和回滚功能。

```bash
#!/bin/bash

scp_file(){
    scp web.tar.gz root@192.168.1.1:/var/www
}

deploy(){
    ssh root@192.168.1.1 "cd /var/www && tar zxf web.tar.gz"
    netstat -lnp|grep 80|grep -v grep |awk '{print $1}'|xargs kill -9
    java -jar web.jar
}

rollback(){
    scp web-stable.tar.gz root@192.168.1.1:/var/www
}

main(){
    TYPE=$1
    case $TYPE in
    deploy)
        scp_file;
        deploy;
        ;;
    rollback)
        rollback
        ;;
    *)
```

```
    esac
}
```

使用命令式完成部署虽然非常简单，但在面对更加复杂的部署场景时需要不断修改命令行脚本，且对于不同开发语言和平台一般需要单独改写脚本。随着程序语言、运行平台和服务越来越多，命令式部署脚本也会变得越来越难以维护。

1.2.2 抽象和归纳的声明式

相比于命令式的编程范式，声明式不直接描述运行过程，而是描述期望结果，推导和中间过程由程序内部逻辑实现，对用户相对透明，对外提供一套声明式的定义模板描述期望的最终状态。

例如，常见的声明式编程语言 SQL 如下。

```
SELECT * FROM users WHERE name like "%cici"
```

这条 SQL 语句让用户自己定义想要什么数据（即最终期望状态），如何存储数据、如何使用更高效的算法查找数据都由数据库决定，最终返回的数据集则是我们期望的结果。

此外，本章提到的 docker-compose 也使用声明式的编程范式，例如使用其规定的 YAML 格式文件定义服务依赖、服务环境变量及服务对外暴露端口。

```yaml
version: '2.2'
services:
  mysql:
    image: mysql:latest
    environment:
      - MYSQL_USER=username
      - MYSQL_PASSWORD=password
    volumes:
      - ./mysql/docker-entrypoint-initdb.d:/docker-entrypoint-initdb.d
    ports:
      - "3306:3306"
  redis:
    image: redis:latest
    volumes:
      - redis-data:/data
    ports:
      - "6379:6379"
  api-backend:
    image: api-backend:latest
    depends_on:
      - mysql
      - redis
    ports:
```

```
        - "8080:8080"
```

以上 YAML 文件定义了 3 项服务，服务名分别为 mysql、redis、api-backend。depends_on、environment 和 ports 字段分别定义了服务依赖、服务环境变量和对外暴露端口。若使用 docker run 命令式的启动方式，那么需要先启动基础服务 mysql 及 redis，再启动 api-backend 服务。使用 docker-compose 声明式的定义则只需要对依赖 depends_on 进行定义，程序内部逻辑会自动处理服务依赖和启动顺序。最终声明式的定义的期望结果是 MySQL、Redis、Api-backend 服务都启动成功，并暴露端口对外提供服务。

实际上，这是一种"代码即服务"的声明式思想，工具为我们抽象了运行过程的步骤和算法，对用户提供了一套新的语言模板来简化描述，虽然降低了用户的使用复杂度，但用户需要遵循其描述规范，同时也增加新的学习成本。

1.3 常见的声明式系统

本节介绍常见的声明式系统，例如用于持续部署的 Ansible、"代码即基础设施"的典型代表 Terraform，以及在云原生背景下大获成功的 Kubernetes。

这 3 种典型的声明式系统有共性，也有各自的独特之处，学习它们有助于我们进一步理解声明式范式在软件领域的最佳实践。

1.3.1 Kubernetes

Kubernetes 是用于管理和编排容器化应用程序的系统，最初由 Google 开发并开源。它是一个平台，旨在为应用提供可预测性、可伸缩性及高可用性的方法来治理容器化的应用程序。

Kubernetes 的使用者可以定义应用程序的运行方式及应用与外界暴露的方式，可以放大或缩小服务，执行滚动更新，并在不同程序版本之间切换流量或回滚有问题的部署。

Kubernetes 控制面（Control Plane）主要由以下部分组成。

- etcd：存储配置数据，并用于服务发现。
- kube-apiserver：主节点上负责提供 Kubernetes API 服务的组件，是 Kubernetes 控制面的前端。
- kube-scheduler：负责将工作负载调度到符合要求的节点。

- kube-controller-manager：控制器组件，包括节点控制器（Node Controller）、副本控制器（Replication Controller）、端点控制器（Endpoints Controller）、服务账户和令牌控制器（Service Account & Token Controllers）。
- cloud-controller-manager：负责与不同的基础架构提供商进行交互，使 Kubernetes 可以从云提供商处收集信息并调整云资源。

Kubernetes 的节点组件由以下部分组成。

- kubelet：运行在集群中的每个节点上，与控制面板进行通信并维护当前节点的工作负载状态。
- kube-proxy：集群中每个节点上运行的网络代理，负责维护节点上运行 Pod 的网络规则。
- 容器运行时（Container Runtime）：负责运行容器的软件，支持 Docker、containerd、cri-o、rktlet 等。

Kubernetes 的最小调度单位是 Pod，以下声明式清单（Manifest）文件描述了如何创建一个包含 Nginx 容器的 Pod，并对外开放 80 端口。

```
apiVersion: v1
kind: Pod
metadata:
  name: static-web
  labels:
    role: myrole
spec:
  containers:
    - name: web
      image: nginx
      ports:
        - name: web
          containerPort: 80
          protocol: TCP
```

Kubernetes 使用 YAML 语法来描述声明式清单文件，通过声明式描述可以创建多种工作负载类型，例如 Deployment、DaemonSet、StatefulSet 等。

Kubernetes 使用声明式描述对使用者屏蔽了其内部复杂的实现方式，例如使用 replicas 关键字定义期望工作负载 Pod 的数量，Kubernetes 便能够根据当前 Pod 的数量自动调谐，最终达到期望状态。在循环控制的过程中，使用者不需要关心被扩容的 Pod 调度在哪个节点、节点宕机后如何重新调度、节点是否满足 Pod 的资源需求等问题，因为在声明式描述中，使用者只关心最终结果，即 Pod 的数量。

1.3.2 Terraform

Terraform 是一个 IT 基础架构自动化编排工具，旨在实现"代码即基础设施"的思想，允许使用声明式配置文件来创建基础设施，例如 AWS EC2、S3 Bucket、Lambda、VPC 等。

它主要有以下特点。

- 基础架构即代码（Infrastructure as Code）：使用 HCL 高级配置语法描述基础架构，使基础设施可以像代码一样进行版本控制、共享和重用。
- 执行计划（Execution Plans）：生成执行计划的步骤并显示，有效避免人为误操作。
- 资源图表（Resource Graph）：生成所有资源的拓扑结构和依赖关系，确保被依赖的资源优先执行，并以并行的方式创建和修改依赖，保证资源高效地执行。
- 变更自动化（Change Automation）：当模板中的资源发生变化时，Terraform 会生成新的资源拓扑图，在确认无误后，我们只需要一个命令即可自动化完成变更操作，避免人为误操作。

下面来看一个简单的例子，使用声明式配置文件创建 AWS S3。

```
provider "aws" {
  region = "cn-north-1"
  shared_credentials_file = "~/.aws/credentials"
  profile = "bjs"
}

resource "aws_s3_bucket" "b" {
  bucket = "my-tf-test-bucket"
  acl = "private"

  tags = {
    Name = "My bucket"
    Environment = "Dev"
  }
}
```

以上配置文件使用 aws provider（基础设施提供商），创建了一个名为 my-tf-test-bucket 的私有 S3 存储桶及对 tags 定义了 Name 和 Environment 标签。

最后，运行 terraform plan 和 terraform apply 命令对声明式配置文件生成执行计划和创建资源。

使用 Terraform HCL 语法进行声明式的配置，还可以实现对其他类型的基础设施的创建和修改，将原来需要在控制台进行的操作变更为对代码的编写和定义，实现了"代码即基础设施"。

1.3.3 Ansible

Ansible 是使用 Python 开发的自动化运维工具，其核心原理是将声明式的 YAML 描述文件转化成 Python 脚本上传至服务器端运行，实现自动化工作。

Ansible 主要包含以下结构。

- 模块：由不同功能的自动化脚本组成。
- 模块程序：与模块不同，当多个模块使用相同的代码时，Ansible 将这些功能存储为模块实用程序，以最大程度地减少重复和维护工作，模块程序只能用 Python 或 PowerShell 编写。
- 插件：提供 Ansible 增强能力，也可以编写自定义插件。
- 清单：一组需要被管理的远程服务器，例如 IP 或域名。
- Playbooks：声明式自动化编排脚本。

和直接编写 Python 脚本不同，Ansible 通过将各种底层能力封装为模块及声明式 Playbooks 脚本编排，同时支持自定义插件的能力。

例如，以下 Playbooks 声明了将本地 Jar 包上传至远程服务器，并终止当前运行的 Java 进程，最后运行新的 Jar 程序包。

```
tasks:
# 获取本地 target 目录的 Jar 包
- name: get local jar file
  local_action: shell ls {{ pwd }}/target/*.jar
  register: file_name

# 上传 Jar 包至远程服务器
- name: upload jar file
  copy:
    src: "{{ file_name.stdout }}"
    dest: /home/www/
  when: file_name.stdout != ""

# 获取 java-backend 包运行的 pid
- name: get jar java-backend pid
  shell: "ps -ef | grep -v grep | grep java-backend | awk '{print $2}'"
  register: running_processes

# 发送退出信号
- name: Send kill signal for running processes
  shell: "kill {{ item }}"
  with_items: "{{ running_processes.stdout_lines }}"
```

```yaml
# 等待 120 秒，确认进程是否已结束运行
- wait_for:
    path: "/proc/{{ item }}/status"
    state: absent
    timeout: 120
  with_items: "{{ running_processes.stdout_lines }}"
  ignore_errors: yes
  register: killed_processes

# 仍未退出，强制杀死进程
- name: Force kill stuck processes
  shell: "kill -9 {{ item }}"
  with_items: "{{ killed_processes.results | select('failed') | map(attribute='item') | list }}"

# 启动新的 Jar 包
- name: start java-backend
  shell: "nohup java -jar /home/www/{{ file_name.stdout }} &"
```

在声明式的 Playbooks 中，可以将需要执行的部署行为转变为简单地声明对应模块，并提供参数，例如使用 copy 模块上传文件，使用 shell 模块运行命令，使用 wait_for 模块运行等待。与传统的编写 shell 部署脚本相比，Playbooks 通过模块封装降低了书写难度，同时使部署脚本变得标准化。

1.4 声明式与命令式结合：声明式脚本流水线

在 1.3 节中，我们讲解了常见的声明式系统及其优势：对使用者屏蔽细节，只关心最终状态，且声明式描述文件更加容易进行版本化管理。

对使用者屏蔽细节意味着在软件内部需要考虑并处理这些细节问题。细节越多，软件的开发和维护成本也就越高，因为声明式中的每个字段定义都包含了软件的抽象和实现。显然，声明式系统在带来便利的同时，也引入了新的问题——软件的复杂性和维护成本。

那么，是否有一种方法在拥有声明式系统优点的同时能避免其缺点呢？答案是声明式脚本。

Spinnaker 结合声明式脚本的思想，使用它对持续部署流水线进行具体的行为描述，即"声明式脚本流水线"。

1.4.1 核心思想

声明式脚本的核心思想是同时结合声明式和命令式，脚本则可以被看作一种命令式的思想。声

明式脚本提供了一种非完全声明式、部分脚本化的方法。

这种方法避免了软件实现完全声明式的高复杂度，又保留了命令式直观、简单和易用的特点。

而将声明式脚本应用在持续部署，则可以得到一种全新的思想方法——声明式脚本流水线。

借鉴声明式的思想——实现代码（描述文件）即基础设施（持续部署流水线），便于我们对流水线进行版本化管理。借鉴命令式的思想，则更加容易实现持续部署系统流水线逻辑和命令的执行步骤。

1.4.2　代码即流水线

与 Terraform 的"代码即基础设施"的理念相同，"代码即流水线"意味着使用代码来描述流水线每个阶段需要完成的任务。这种思想的好处是，使用代码描述能更好地进行被描述实体的版本化管理。此外，代码描述意味着标准化，即能够被复制、继承及复用。

Spinnaker 描述流水线的方式是使用 JSON 格式的代码。代码描述了流水线的具体行为，并能够被复制和复用。以下为具体示例。

```
{
  "application": "helloworldapp",
  "pipelines": [
    {
      "application": "helloworldapp",
      "name": "my-pipeline-name",
      "stages": [
        {
          "name": "one",
          "type": "wait",
          "waitTime": 10
        }
      ]
    }
  ]
}
```

在以上示例中，每个字段的定义如下。

- application：流水线所属的应用程序的名称。

- pipelines：定义流水线的详细信息。

- pipelines[*].name：流水线的名称。

- pipelines[*].stages：组成流水线的一系列阶段。

这段典型的 Spinnaker 流水线代码描述了流水线只包含一个阶段（Stage），具体的动作是运行等待（wait）阶段 10 秒后，流水线结束。

1.4.3 步骤执行

声明式脚本能够实现串行或并行运行，且有依赖顺序执行的描述方式。在 Spinnaker 声明式脚本流水线中，步骤顺序和依赖关系是通过代码描述阶段的顺序及每个阶段的依赖定义来实现的。

```
{
"application": "helloworld",
"pipelines": [
  {
    "application": "helloworld",
    "name": "my-pipeline-name",
    "stages": [
      {
        "name": "one",
        "type": "wait",
        "waitTime": 10,
        "refId": "first-stage",
        "requisiteStageRefIds": []
      },
      {
        "name": "two-a",
        "type": "wait",
        "waitTime": 15,
        "refId": "my-second-stage",
        "requisiteStageRefIds": [
          "first-stage"
        ]
      },
      {
        "name": "two-b",
        "type": "wait",
        "waitTime": 30,
        "refId": "my-other-second-stage",
        "requisiteStageRefIds": [
          "first-stage"
        ]
      },
      {
        "name": "last",
        "type": "wait",
        "waitTime": 20,
```

```
          "refId": "my-final-stage",
          "requisiteStageRefIds": [
            "my-second-stage",
            "my-other-second-stage",
          ]
        }
      ]
    }
  ]
}
```

上面的代码一共定义了 4 个阶段。

- 阶段 one 会首先运行，10 秒后完成。one 阶段完成后，two-a 和 two-b 阶段将同时并行开始，因为它们都描述了依赖于 first-stage 的完成。
- 阶段 two-a 将在 15 秒后完成。
- 阶段 two-b 将在 two-a 阶段完成后 15 秒完成。
- 阶段 last 将在 two-a 阶段及 two-b（通过 refIds 标识）阶段均完成后再开始运行。

stages 集合保存的索引顺序即为阶段的执行顺序，此外，每个阶段使用 requisiteStageRefIds 来标记当前阶段需要依赖的阶段。这种步骤执行的思想来源于命令式脚本，例如 Shell 脚本用于描述从上到下有顺序的一组命令。

1.5 声明式脚本流水线的意义

声明式脚本流水线同时借鉴了声明式和命令式的优势，结合持续部署阶段、流水线化的特性，创造性地将两者进行整合，对更好地描述持续部署的阶段、降低纯声明式的学习曲线及落地持续部署具有重要的意义。

1.5.1 简化行为描述

声明式脚本流水线最重要的意义之一是简化了持续部署的行为描述。

如果使用纯命令式实现持续部署，那么需要运行一组有顺序的命令，但这组命令描述的是运行过程，而不是期望的最终状态。因此需要考虑命令的中间过程和状态，并解决重试、幂等问题，这将使持续部署各阶段的编程变得非常复杂。

而声明式脚本流水线提供了部分声明式状态描述和部分命令式的方案,既简化了对持续部署的行为描述,又解决了在特殊场景下必须要采用类似命令式的思想来实现部署流程控制的问题。

1.5.2 降低学习曲线

对于纯声明式的系统来说,由于系统隐藏了中间过程和状态,使用者只需定义最终状态,所以用户需要熟悉其声明式的用法,这将导致较高的学习曲线,尤其是在复杂的场景下对其声明式的定义,往往无法通过完全人工的方式来书写。

声明式脚本流水线可以结合图形化的配置,并将其转化为声明式的代码,这样能够极大程度地降低学习曲线。此外,脚本流水线保留了部分命令式的思想,使得在新增和修改配置脚本时能够根据类似命令行的参数形式进行书写。

1.5.3 落地持续部署

在任何一个技术团队内,落地持续部署都不是一件简单的事。持续部署本身是一种工程实践,也需要迭代升级,并通过不断实践最终建立符合团队和业务需求的持续部署方案。

声明式脚本流水线通过代码来描述持续部署流水线,这样对流水线的版本管理就转变成了对代码的版本管理,使得利用类似 Git 的版本管理工具管理流水线成为了可能。在流水线不断升级迭代的过程中,始终能够保留变更记录并可追溯,甚至对流水线的版本回退,这有利于在落地持续部署的过程中更高效地修改流水线。

1.5.4 实现自动化

声明式脚本流水线本身不为持续部署提供自动化的方案,而是通过对触发器(Trigger)的声明式描述来实现。

我们一般认为,触发器是启动持续部署流水线的入口,其有多种类型,且每种触发器条件、行为、触发规则可能会有一定的差异,这就需要使用声明式的方法对触发器进行特征描述。

持续部署流水线结合预定义的触发器,能够非常快速地实现自动化,例如通过声明描述 Webhook 触发器,结合上游持续构建系统,便能够通过事件的方式自动触发持续部署流水线,进而实现流水线自动化。

1.6 本章小结

作为背景知识，本章通过不同的案例重温了持续交付和持续部署的概念和实践经验。

首先，从不同的角度介绍了为什么需要持续交付及持续交付的好处，通过阐述持续交付的缺点引出新的解决方案——持续部署和自动化持续部署。

其次，通过引入实际的例子理解命令式及声明式的部署实践，并阐述了两种方法背后的思想差异。

最后，通过引入新的思想——声明式与命令式结合的声明式脚本流水线，并以 Spinnaker 流水线为例，从不同的角度阐述其意义和价值。

本章对深入理解持续交付和持续部署有较高的参考价值。

02
管理云基础设施

IDC 咨询关于云计算的白皮书指出，企业开始上云首先考虑的前置条件是安全问题，即将数据和工作负载分别存放或运行在私有服务器中，并由自己进行控制。这意味着企业上云倾向于先从私有云开始，而公有云充当的角色是运行一部分小型的工作负载，并且公有云与私有云相隔离，成为独立的信息孤岛单独运行。当企业完成对私有云的部署并且驾轻就熟之后，会开始更大规模地使用公有云。最后，企业会将私有云和公有云无缝连接起来，实现混合云。

在企业云计算的迭代过程中，持续部署将随着云的变迁而产生变化，在这种难以预料的变化中存在着许多挑战，其中比较大的挑战来自于如何管理云基础设施。

例如，持续部署团队可能负责多个业务小组的私有云和公有云的部署业务，不同团队管理云基础设施的方法可能不尽相同，常见的是统一管理或自给自足的方式。除此之外，不同的云平台、不同的专用服务器组的凭据管理同样也是巨大的挑战。

对于持续部署团队而言，除云基础设施外，管理应用不同的运行环境也是令人痛苦的。一部分传统的应用可能使用裸金属服务器或虚拟机作为运行环境，而一些新的应用则可能使用容器化的运行环境。这意味着不同的应用需要被标记并部署到专用的环境中，随着业务的进一步发展，由于缺少统一的应用管理中心，团队只能使用手动的方式进行应用扩容，自动化扩容将变得遥不可及。

本章对云计算资源进行拆解和重新组织，为应对这些挑战提供思路和方法，这也是持续部署工具 Spinnaker 底层设计的核心思想。

2.1 迁移至云原生与混合云的挑战

企业迁移至云原生并不是一蹴而就的，而是渐进式地迁移。在迁移的过程中会出现开发、测试和生产环境的基础设施不一致，甚至不同产品线的生产环境基础设施不一致的情况。

为了避免云提供商锁定问题，企业一般会选择不同的云供应商合作以降低风险，这导致企业倾向于采用混合云作为运行工作负载的基础设施。出于高可用的需求，企业往往还需要考虑异地多活的架构，这就使混合云架构变得极其复杂。最终，当生产环境流量激增，需要基础设施能够做到自动伸缩时，这项要求成为压垮混合云架构可维护性的"最后一根稻草"。

除此之外，如何对不同基础环境（如虚拟机、Kubernetes 集群及混合云）的凭据进行安全管理也是一大挑战。

2.1.1 凭据管理

迁移至云原生和混合云首先需要考虑的问题便是如何在云中管理凭据。

一个普遍的笑话是"云只是别人的服务器"，即便是在私有云上，存储敏感数据时仍然需要格外注意安全问题，更何况是使用云提供商提供的共享云资源。

云提供商一般会提供身份和访问管理（IAM），并将角色分配到特定的计算资源上，这意味着它们能够安全地访问云资源而不需要管理员级的凭据，但 IAM 非常容易被盗，并且难以审核用户操作。

此外，数据库密码、Git 令牌、虚拟机凭据、集群证书都应该进行加密存储，敏感的客户数据（例如密码、身份信息）也同样应该加密，用于解密的秘钥应该定期更换。

因此，统一化的凭据管理就显得非常重要。在 Kubernetes 系统中，可以使用 Secrets 存储敏感信息，并将这些信息通过"挂载"的方式分配给容器。另外，HashiCorp 开源的 Vault 项目也是一个较为流行的秘钥和证书管理方案。

不管选择哪种存储凭据的方案，都应该考虑其与软件交付流程的集成问题，特别是对持续部署来说，不同的环境和平台都需要对应的权限来部署微服务。

2.1.2 多云架构

为了避免云提供商锁定及增强冗余的问题，企业倾向于采用多云架构来提供软件运行的基础设施。

在不同的云之间，同一种类型的产品命名、产品能力、操作逻辑可能会有一定的差异，在集成持续部署时，尤其要注意身份和访问管理及 VPC（虚拟私有网络）之间的区别。

在多云架构中，对于网络层的管理是最复杂的，这主要体现在不同的云供应商之间在基础设施层面提供的网络策略不尽相同，例如常见设施级的安全组、防火墙等。此外，可能还存在应用层面的网络策略（Network Policy），例如 Kubernetes 的网络策略、Linux 防火墙等。如何将这些网络策略抽象并统一，是网络管理的核心。

采用多云架构虽然解决了锁定和冗余的问题，但也使网络管理更加复杂。

2.1.3　跨地域部署

出于高可用的要求，云提供商倾向于将其基础设施部署到不同的地域和可用区。可用区一般是在同一地域但物理隔离的数据中心，不同的可用区组成一个地域，地域可能是不同的地区或国家。

跨地域部署也意味着多地域部署，在理想的场景下，当某个地域出现故障时，那么只会使距离这个地域最近的用户访问比原来慢一些，因为接受它们请求的地域离它们更远了。而事实并非如此，当这种情况出现时，其他区域是否有足够的计算资源冗余，缓存和数据库是否能够抵挡流量的瞬间激增，这都是需要考虑的问题。一旦某一个环节产生瓶颈，便会产生雪崩效应，最终导致生产环境停机。

此外，多地域的数据同步、强一致性要求、资源预留的问题都无法立刻解决，所以在生产实践中，如果应用规模还未达到需要跨地域部署的程度，那么建议采用多可用区的部署方式。在不同的可用区之间，网络延迟、数据同步和强一致性都能得到满足，同时云提供商的自动伸缩组件一般能在不同的可用区之间工作，在业务高峰期可以无缝自动扩容。

需要注意的是，在不同可用区部署服务时，每个服务的最小实例数（计算资源）应至少是可用区数量的 2 倍，这样可以确保当某个可用区宕机时，服务仍然能够稳定运行。

2.1.4　自动伸缩

自动伸缩（或弹性计算）是云原生的基础。例如，如果虚拟机或 Kubernetes 集群的宿主机发生故障，则应该进行自动迁移并更换实例。自动伸缩通过动态维护计算资源匹配当前工作负载的压力，在流量发生变化时进行扩容或者缩小集群实例数。这对有明显周期性流量变化的应用具有重要意义，因为应用不再需要为潜在的流量峰值冗余大量的计算资源，显著降低了云原生的使用成本。

自动伸缩的触发需要条件，简单的伸缩策略可能是某个系统级指标，例如集群平均 CPU 使用率或内存使用率；但对某些应用来说，CPU 使用率上升并不意味着服务质量的下降，这取决于工作负载。一个更好的方案是通过同时对 CPU 使用率和请求响应时间进行对比来反映两者的关系，并得到符合响应时间要求的 CPU 使用率。

除了触发策略，另一个容易忽视的问题是应用的冷启动时间。当流量激增时，好的触发策略能够立即感知系统负载，并进行自动伸缩。如果应用的冷启动时间过长，会导致自动伸缩效率变低、失效甚至宕机。一种更好的伸缩机制是基于近期的流量规律进行自动预测，在峰值来临前对这些启动缓慢的应用提前扩容。

2.1.5　不可变的基础设施和部署制品

不可变的基础设施由微软工程师 Chad Fowler 在 2013 年提出：不可变架构能够通过自动化和编程模式使应用程序具备稳定性、高效性和一致性。

现代应用在交付时，一般需要对源码进行编译，产生可执行文件。对脚本语言来说，可运行的代码即为交付物。这些交付物需要有稳定的运行环境，这就涉及 OS、系统依赖和 Runtime。随着应用规模的扩大，集群的服务器越来越多，为了提高研发效率，需要将环境进一步切分为开发环境、测试环境、预发布环境和生产环境。随着软件的不断迭代，对运行环境的即时修改越来越多，多个运行环境之间很难保持完全一致，软件的发布风险变得越来越高。

在这种背景下，不可变的基础设施的概念被提出。既然环境无法保持一致，那就把环境和部署制品同时打包为一个整体单元进行交付。这个单元包含了运行环境、系统依赖及最新的应用。

对传统的虚拟机部署来说，一种可行的方式是制作虚拟机镜像，并在镜像上添加要部署的应用程序。而在容器化技术出现之后，Docker 镜像成为了新的不可变基础设施，通常情况下它们都具有不可变的特性。

2.1.6　服务发现

迁移的最后一个挑战是服务发现，服务发现是微服务在不断变化的拓扑结构中相互发现的方式。

对大多数采用 Java 语言开发的应用来说，服务发现约等于 Eureka，它同样是由 Netflix 开源的，使用 Java 编写，提供服务发现、RPC、负载均衡、熔断、请求速率限制等功能。在迁移至云原生和混合云后，采用传统的虚拟机部署的方式仍然可行，但如果集成 Kubernetes 系统，那么原有的技术栈就略显复杂且重复。

Kubernetes 自带服务发现的功能，它通过 Service 和 Endpoint 为一组应用提供稳定的访问方式，用户无须考虑 Pod 重建和漂移导致的 IP 变化。

此外，由云原生计算基金会（CNCF）托管的许多开源项目也能够满足服务发现的需求，例如 Linkerd、Istio、Envoy，这些开源项目提供了与 Eureka 类似的功能。不同的是，它们都与应用的开发语言和环境无关。

2.2 组织云基础设施

当管理在云原生部署的不同的资源时，首先需要询问组织内不同的团队关于如何组织云资源的问题。

- 是否采用"自己吃自己的狗粮"的模式，即团队负责自己的基础设施或采用集中式管理的方式？
- 云基础设施是在同一个账户上，还是分散在不同的账户上？
- 部分应用程序是否需要运行在专有的服务器组中？
- 不同的团队在管理基础设施时是否有不同的习惯和方法？
- 不同的实例或容器是否在相同的服务器组中？
- 云基础设施的资源命名是否规范？不同的资源命名是否代表它们的作用？
- 如何处理内部和外部流量的安全性及负载均衡问题？

只有这些问题得到解答之后，持续部署团队才能确定如何组织云基础设施。

2.2.1 以应用为中心

在几乎所有的公有云控制面板上，组织云资源的方式通常以资源类型而不是应用为中心。例如，云服务器的管理实例、服务器组、安全组及负载均衡都被组织到控制台完全独立的区域。如果你的云资源是跨地区甚至是跨账户的，那么你需要在不同的模块下额外进行数次操作，以便查看某个应用程序的云资源。

现实的情况是，无论是开发人员还是运维人员，他们关注的重点在于应用。例如，当某个应用出现问题时，他们需要先找到其使用的云资源是否有故障，再进行修复。当应用需要进行扩容时，同样也要先找到应用对应的云资源对象，再进行扩容操作。可见，这种组织方式是云提供商对于资源"SKU（商品化）"定义的结果，并不符合团队日常基于应用的管理粒度。

解决该问题的方式之一，是安排一个特殊的基础架构团队来管理整个团队的云资源和使用规范。这种安排是有意义的，但如果能够让每个应用团队自行部署和管理自己的基础设施，那么围绕他们开发的应用程序来组织云资源将变得更加高效。

这也是为什么在 Spinnaker 中，一切资源（包括云基础设施）都是围绕着应用进行管理的。应用组织如图 2-1 所示。

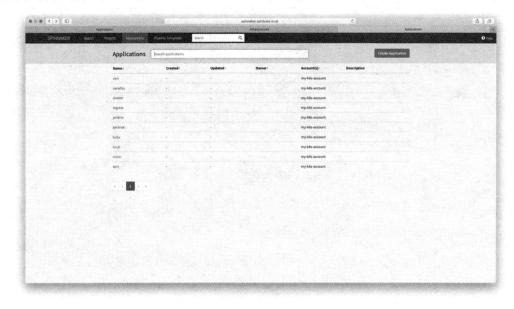

图 2-1　应用组织

2.2.2　抽象对云的操作

一个值得考虑的问题是如何与云资源进行交互，好的交互方式可以让团队实现更快速的交付和循环反馈。通常可以使用云提供商提供的控制台来实现交互，但控制台涉及的产品线广且资源组织不够友好。为了给团队提供一致性和最佳实践方案，许多组织倾向于开发一套自定义的控制台。此类控制台通过接入云提供商的 API 并对云资源操作进行抽象，可以快速处理团队的开发需求，集成审核日志，并与其他上下游的工具进行集成，同时内置部署策略的最佳实践，对云的操作进行标准化。

在 Netflix 团队中，Spinnaker 是作为一套云设施的自定义控制台来使用的，通过内置部署的最佳实践（如蓝绿部署、灰度发布、自动金丝雀发布等）为团队提供部署解决方案。此外，Spinnaker 还支持快速查看和操作应用的基础设施，例如删除实例、快速回滚和禁用等。Spinnaker 基础设施界面如图 2-2 所示。

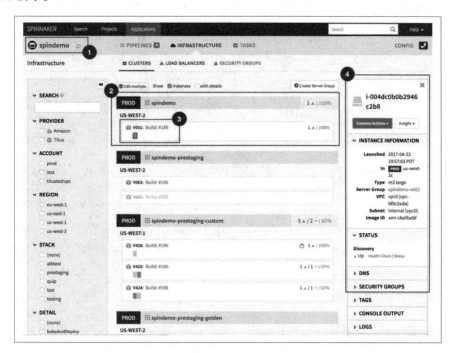

图 2-2　Spinnaker 基础设施界面

图 2-2 是 Spinnaker 进入应用后的第一个界面，展示了应用的所有基础设施，这个界面很好地体现了对云的抽象。

① 代表应用名称。

② 代表一个集群，包含一个云账户（PROD）和服务器组，以及集群的健康状态（100%）。

③ 表示服务器组内包含一个实例，并且在 US-WEST-2 地域运行，运行的制品版本为 V001，对应的 Jenkins Build 是 #189 版本。

④ 展示了这个实例的运行详情，例如状态、启动时间、服务器组、VPC 等信息。

通过对云的抽象，结合工具为团队提供标准化的部署方案，能够显著提高团队的效率。

2.2.3 云模型

云模型是指围绕着云设施的命名约定及服务器组的组织架构。

每个应用通常由一个或多个服务器组构成，每个服务器组又由多个运行着相同版本号应用程序的实例组成，这是一种典型的云模型组合。

在命名规则上，良好的命名约定有助于用户识别设施的环境和版本。参考 Netflix 的约定，可命名为"名称-运行环境（可选）-详情（可选）-版本号"。

- 名称可以是应用名称或服务名称。
- 运行环境可能是开发环境（Dev）、预发布环境（Stag）、生产环境（Pord）等。
- 详情可以用来标注一组用于运行专用应用的服务器组，例如 Redis 缓存或 MySQL 集群。
- 版本号是有序的，每次经过持续集成产生的版本号将加 1。

根据上述约定，一个典型的例子是 website-prod-v1，含义是生产环境 v1 版本的 website 应用对应的服务器组，这样便能对应用涉及的资源一目了然。此外，对应用版本号的管理至关重要，因为当需要对应用进行扩容时，会以当前运行的版本号进行一致性的扩容操作，以便当发布的应用出现问题时根据版本号进行快速回滚。

2.2.4 多云配置

为了进一步提高可用性，避免云提供商锁定的问题，越来越多的企业倾向于使用混合云。常见的使用场景是针对不同的产品使用不同的云提供商，甚至在不同的运行环境中使用不同的云提供商。

即便是仅使用一个云提供商的状态，也应该考虑混合云的情况，因为从商业的角度考量，从一个云迁移至另一个云的情况也时有发生。

每个云提供商的产品概念和功能都有一定的差别，提供的云配置工具差异则较大。这就需要使用自定义的云基础设施控制台对多云管理进行统一化。通过集成云提供商的工具包（SDK），将对云的具体操作抽象为统一对云提供商 API 的访问请求，屏蔽不同云提供商之间的产品和功能差异。

Spinnaker 面向多云的管理和配置正是通过以上原理屏蔽了底层与云提供商的交互细节，实现了单一平台管理多个云的一致性操作。

2.3 流量组织形式

当应用部署在多个实例上时，通常需要考虑实例在这些流量中承担什么角色。

例如，采用多可用区冗余部署时，将用户的请求只分流至某个特定的可用区；当某个可用区出现故障时，则自动将流量切换到其他已经冗余的备用可用区，以便进行快速恢复。

如果应用具备跨区域部署的能力，那么可以将这些区域同时对外提供服务，共同承担用户请求和计算任务。

结合以上特点，我们将流量的组织形式分为两种，一种是启用/不启用，另一种是启用/启用。

2.3.1 启用/不启用

在启用/不启用的流量组织模型中，只有一个区域对外提供服务，其他区域作为冗余不承担请求流量的任务，这与"蓝绿发布"有几分相似。

冗余区域的作用是当区域出现不可用时提供可用方案，当对外提供服务的地域出现故障后，可以自动将流量快速切换到冗余的地域；另一个作用是为发布异常或程序异常提供冗余，以便在不做回滚的情况下快速切换到线上的稳定版本。

对于数据持久性来说，不启用的区域可以通过复制来保持数据的最终一致性，而不对实时性做强制要求。

2.3.2 启用/启用

启用/启用的设置是同时拥有多个地域，这些地域同时对外提供服务，并能够通过跨地域的复制提供一致性及共享存储数据服务。

支持启用/启用的应用程序需要实现跨地域的连接、流量负载均衡及数据同步，尤其是对有状态的应用程序来说，还需要使用特定的会话保持技术。同时，应该尽量避免跨机房调用，因为跨地域的调用存在网络延迟方面的问题。

2.4 持续部署工具对比

本节将介绍目前工程实践上常用的持续部署工具，包括本书的主角——由 Netflix 开源的

Spinnaker，以及由 Google 开源的 Tekton、由 Intuit 开源的 Argo CD。

Spinnaker 和 Tekton 目前是持续交付基金会（CDF）的成员，其他成员还包括 Jenkins、Jenkins X 项目。Argo 由 CNCF 托管，是 CNCF 目前在 CI/CD 领域的唯一项目。

2.4.1 Tekton

Tekton 是专注于 Kubernetes 集群的 CI/CD 工具，它是本节所介绍工具中"最年轻"的项目。Tekton 起源于 Knative Build 组件。

使用 Tekton 之前，需要在集群内安装它，安装完成后，Tekton 会通过 Kubernetes CRD（Custom Resources）的方式扩展负载类型，并实现用自定义控制器来完成对 CRD 的逻辑处理。

Tekton 扩展的 CRD 如下。

- Task：描述任务的模板，用于描述单个任务的执行过程，可以有多个有序的步骤（Step），可包含变量定义。
- TaskRun：用于描述运行 Task，实例化 Task 并支持传递参数。
- Pipeline：TaskRun 一次只能运行一个 Task，当需要运行多个 Task 时，就要使用 Pipeline 对 Task 进行编排。
- PipelineRun：和 Task 一样，PipelineRun 是用于实例化 Pipeline，用于启动 Pipeline，并指出传递参数。
- PipelineResource：资源定义，例如 Git 仓库信息、Docker 仓库信息等，这些资源可以在不同的 Task 之间共享。

Tekton Task 和 Pipeline 的调度关系如图 2-3 所示。

对于 Tekton Task 和 Pipeline 的关系和实现，例如 Task A 内不同的 Step 由同一个 Pod 内不同的 Container 实现流水线逻辑，每个 Step 之间是有序的。在 Tekton 中实现有序，是由每个步骤监听上一个步骤执行完成后，生成用于标识索引的文件（tekton/tools/$index）来控制顺序的。不同的 Task 之间由不同的 Pod 负责运行，Task 之间的依赖关系和启动顺序由 Tekton Controller 通过生成有向无环图（DAG）来进行调谐（Reconcile）。

通过编写声明式 Manifest 文件实现 Tekton 的自定义资源，并提交至 Kubernetes 集群，这样便能够启动 Tekton 流水线。

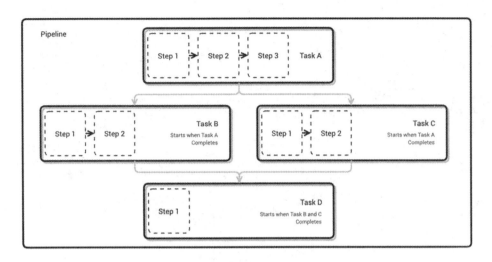

图 2-3　Tekton Task 和 Pipeline 的调度关系

以下是一个最简单的 Task 例子，将以下内容保存为 task.yaml。

```yaml
apiVersion: tekton.dev/v1alpha1
kind: Task
metadata:
  name: echo-hello-world
spec:
  steps:
    - name: echo
      image: ubuntu
      command:
        - echo
      args:
        - "Hello World"
```

定义了 Task 后，需要再定义 TaskRun 才能够运行它，将以下内容保存为 task_run.yaml。

```yaml
apiVersion: tekton.dev/v1alpha1
kind: TaskRun
metadata:
  name: echo-hello-world-task-run
spec:
  taskRef:
    name: echo-hello-world
```

首先在命令行运行 kubectl apply -f task.yaml 提交 Task，再运行 kubectl apply -f task_run.yaml 提交 TaskRun 运行 echo-hello-world Task。

使用 Pipeline 能够对 Task 进行编排，将以下内容保存为 pipeline.yaml。

```yaml
apiVersion: tekton.dev/v1beta1
kind: Pipeline
metadata:
  name: pipeline-with-parameters
spec:
  params:
    - name: context
      type: string
      description: Path to context
      default: /some/where/or/other
  tasks:
    - name: build-skaffold-web
      taskRef:
        name: build-push
      params:
        - name: pathToDockerFile
          value: Dockerfile
        - name: pathToContext
          value: "$(params.context)"
```

还要使用 PipelineRun 来运行 Pipeline，将以下内容保存为 pipeline_run.yaml。

```yaml
apiVersion: tekton.dev/v1beta1
kind: PipelineRun
metadata:
  name: pipelinerun-with-parameters
spec:
  pipelineRef:
    name: pipeline-with-parameters
  params:
    - name: "context"
      value: "/workspace/examples/microservices/leeroy-web"
```

首先在命令行运行 kubectl apply -f pipeline.yaml 提交 Pipeline，再运行 kubectl apply -f pipeline_run.yaml 提交 PipelineRun 运行 Pipeline。

PipelineResource 可以将公用的信息进行存储和复用，例如定义 Git 仓库为 PipelineResource 的代码如下。

```yaml
apiVersion: tekton.dev/v1alpha1
kind: PipelineResource
metadata:
  name: tekton-knative-git
spec:
  type: git
  params:
    - name: revision
      value: master
```

```
      - name: url
        value: "https://github.com/knative-sample/tekton-knative.git"
```

提交到 Kubernetes 集群后，在 PipelineRun 内便能够利用引用的方式。

```
apiVersion: tekton.dev/v1alpha1
kind: PipelineRun
metadata:
  generateName: tekton-kn-sample-
spec:
  pipelineRef:
    name: build-and-deploy-pipeline
  resources:
    - name: git-source
      resourceRef:
        name: tekton-knative-git    # 引用
  params:
    - name: pathToContext
      value: "src"
    - name: pathToYamlFile
      value: "knative/helloworld-go.yaml"
......
```

由于 Tekton 不同，Task 都在单独的 Pod 内运行，可以通过 kubectl apply get pod -n tekton-pipelines 获取运行 Task Pod 的状态。此外，还可以通过 kubectl logs $pod_name -n tekton-pipelines 查看对应 Pod 输出的 Log 来查看流水线的日志信息。

Tekton 通过在 Kubernetes 集群运行，并监听自定义资源的提交及外部资源的变化来实现 CI/CD 流水线，对运行在 Kubernetes 环境下的应用的 CI/CD 相对友好，同时内置最佳实践案例能够快速创建持续部署流水线。

对于容器化的应用及完全使用 Kubernetes 作为运行环境的团队来说，Tekton 是一个很好的选择，且当组织采用各团队"自己吃自己的狗粮"的管理方式时，Tekton 能够为其提供强大的灵活性；对于那些同时使用虚拟机和多个 Kubernetes 集群的大型团队来说，Tekton 无法为他们提供一个中心化的控制和管理中心。

Tekton 提供的流水线编排能力相对较弱，在做技术选型时需要额外注意这一点。

2.4.2　Argo CD

在介绍 Argo CD 之前，首先来了解 Argo CD 背后的核心理念——GitOps。

GitOps 是一种为应用程序实施持续部署的方法。它着重于开发人员的体验，通过使用开发人员已经熟悉的工具（例如 Git 和 CI 工具）对基础架构进行操作和变更。

GitOps 的核心思想是拥有一个 Git 仓库，该仓库始终包含生产环境所需的基础架构的声明式描述文件，结合自动化工具，如果要部署或变更当前的应用程序，只需要像提交代码一样更新描述文件即可自动完成变更。

在 GitOps 的理念中，不同环节的自动化串联可以使用 Webhook 或 Trigger 来实现。Webhook 一般是通过 HTTP 请求的方式来触发下一个自动化阶段；Trigger 的概念则更加广泛，既可以是由上一阶段主动触发的 Webhook 及消息通知或 GRPC 触发的方式，还可以是由下一阶段通过主动拉取检查变化实现触发，其工作流程如图 2-4 所示。

图 2-4 GitOps 工作流程

图 2-4 是一个典型的 GitOps 工作流程，开发者在更新应用时会首先更新应用代码，持续集成流程在收到触发后启动构建流程，并将构建物推送到镜像仓库。如果本次提交涉及对线上环境的修改，那么还会触发持续部署流程对线上基础架构进行变更，例如更新环境变量或更新镜像等。需要注意的是，触发持续部署的流程可能通过 Webhook 触发，也可能是持续部署工具通过定期主动拉取的方式检查是否有差异，进而触发流程。

Argo CD 遵循 GitOps 的思想模式，使用 Git 仓库作为定义应用状态的来源，并可在 Git 仓库发生变化时自动同步和部署应用程序。Argo CD 的实现要依靠 Kubernetes 控制器，该控制器会监视正在运行的应用，以及比较当前状态和 Git 仓库的指定清单文件，一旦文件发生修改，就会自动触发流水线。这意味着对 Git 仓库的任何修改都可以自动应用到对应的环境中。

Argo CD 的核心概念如下。

- Application：定义 Kubernetes 资源清单，这是 Argo CD 的一个自定义资源定义（CRD），存储在 Kubernetes 集群中。

- Application source type：使用哪个工具来构建应用。

- Target state:应用的期望状态,由 Git 仓库存储的文件表示。
- Live state:应用程序实时的状态,例如部署了哪些 Pod。
- Sync status:应用的期望状态和实时状态是否同步。
- ync:使应用状态迁移至期望状态的过程,一般是部署行为。
- Refresh:将 Git 中最新的代码与实时状态进行对比,并找出不同点。
- Health:应用程序的运行状态是否正常运行。
- Tool:从文件目录创建清单的工具,例如 Kustomize 或 Ksonnet。

下面通过简单的示例来详细介绍上述概念。

准备一个 Kubernetes 集群,并执行以下命令安装 Argo CD。

```
$ kubectl create namespace argocd
$ kubectl apply -n argocd -f https://raw.githubusercontent.com/argoproj/argo-cd/stable/manifests/install.yaml
```

使用 kubectl port-forward 进行端口转发。

```
kubectl port-forward svc/argocd-server -n argocd 8080:443
```

打开浏览器访问 localhost:8080,进入 Argo CD 登录页,如图 2-5 所示。

图 2-5 Argo CD 登录页

输入账号 admin,密码为完整的 argo-server Pod 名称(运行 kubectl get pods -n argocd | grep argocd-server 即可获得)。进入首页后,单击左上角的"NEW APP"创建应用,如图 2-6 所示。

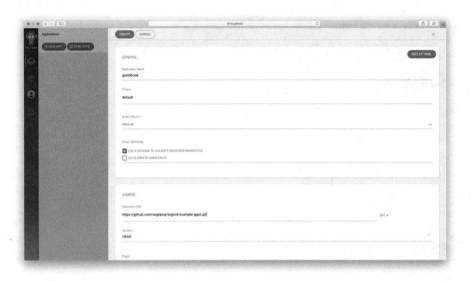

图 2-6　Argo CD 创建应用

以部署实例应用 guestbook 为例,在对应的表单分别选择或填写以下内容。

- Application Name:guestbook。
- Project:default。
- SYNC OPTIONS:USE A SCHEMA TO VALIDATE RESOURCE MANIFESTS。
- Repository URL。[①]
- Revision:HEAD。
- Path:guestbook。
- Cluster URL。[②]
- Namespace:default。

填写完成后,单击上方的"CREATE"完成创建,并展示 guestbook 应用的状态,如图 2-7 所示。

---

① 相关链接见电子资源文档中的链接 2-1。
② 相关链接见电子资源文档中的链接 2-2。

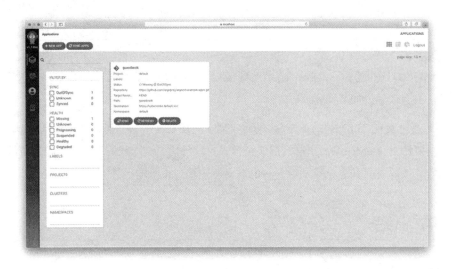

图 2-7 Argo CD 应用状态

注意，完成创建后，Argo CD 并不会立刻进行自动部署，而是需要手动进行触发。查看应用状态当前为 OutOfSync（未同步），意味着集群已部署的应用和 Git 仓库存储的应用状态不同步，手动单击"SYNC"即可完成应用部署。

同步完成后，将显示应用具体的状态，例如 Healthy、Synced、Sync OK，这意味着当前应用状态和 Git 仓库存储的期望状态一致，并展示工作负载的类型和拓扑图，如图 2-8 所示。

图 2-8 Argo CD 应用拓扑图

完成以上步骤即实现了将 Git 仓库存储的 Kubernetes（Manifest）部署到目标集群中，当 Git 仓库被修改后，应用状态将重新变更为 OutOfSync，重复 SYNC 同步动作即可同步应用。

当然，Argo CD 还提供了 Webhook，用于非常方便地实现自动触发，无须人工操作，当 Git 仓库被修改后，会自动触发同步动作。

Argo CD 通过实现 GitOps 的工作流，进而实现了应用状态的自动监控和自动部署。Argo CD 支持多集群，主要针对 Kubernetes 集群的部署场景，同时弱化了流水线的理念，对较复杂的部署场景的支持较弱（如蓝绿发布和金丝雀发布），也不支持传统虚拟机的部署。

2.5 本章小结

本章介绍了迁移至云原生与混合云的几个挑战，尤其是多云架构及跨地域进一步增加了持续部署的难度。

这些挑战需要更加科学的抽象云基础设施组织能力，包括以应用为中心、抽象对云的操作等。

对于流量的组织，本章总结了目前流量组织的两种主流方式。

最后，通过对常见的持续部署工具的介绍，我们了解到目前市面上的持续部署工具并不能很好地满足企业在迁移过程中的部署需求，例如同时面对混合云和不同的运行环境的持续部署，以及实施持续部署的最佳实践，例如蓝绿部署、灰度发布、自动金丝雀发布等。

下一章将带领读者走进本书的主角——Spinnaker，深入了解 Spinnaker 在应对这些挑战的过程中的设计哲学。

03
Spinnaker 简介

Spinnaker 是 Netflix 公司开源的一款持续部署工具，采用 Java 语言编写，遵循微服务的设计思想，目标是为团队提供灵活的持续部署流水线并提高软件的部署效率。公开资料显示，Netflix 公司已经通过数百个团队的数百万次部署验证了 Spinnaker 的生产可用性，其公司内部每天使用 Spinnaker 自动部署达到 4000 次以上。

Spinnaker 主要具有以下优势。

- 支持多云部署：包括 AWS EC2、Microsoft Azure 和不同云提供商的 Kubernetes 容器服务等，同时对每种云提供商的支持都以 Provider 的插件形式提供，非常便于进行扩展。
- 自动发布：可以集成或创建测试集群进行系统测试，支持对服务进行扩容及管理部署流水线，并支持使用 Git 事件、Jenkins、Travis CI、Docker 镜像仓库、CRON（定时任务）的自动触发。
- 内置部署最佳实践：Netflix 在部署方面积累了大量的实践经验，Spinnaker 中内置了几种部署的最佳实践，例如自动化实现回滚操作、在部署策略方面支持蓝绿部署和金丝雀部署。
- 活跃的社区：Google、Microsoft 等顶尖的互联网公司都已经在社区贡献代码。

2019 年 3 月，Netflix 和 Google 共同成立了持续交付基金会（CDF），并将 Spinnaker 捐赠给 CDF，和大名鼎鼎的云原生计算基金会（CNCF）一样，CDF 成为了 Linux 基金会的一部分。CDF 的其他成员包括 Jenkins、Jenkins X、Tekton 等顶尖的持续集成和持续部署项目。

3.1 概念

Spinnaker 是一个开源、支持多云的持续部署平台，可以帮助团队快速构建持续部署，提供更加安全的部署策略。它主要提供两个核心功能，分别是应用管理和应用程序部署。

本节将围绕这两个核心功能展开讲解。此外，Spinnaker 遵循微服务的思想，不同的组件独立工作，组件之间通过相互调用完成应用管理和部署。本节将以全局视角对每个微服务组件的职责分工做进一步阐述。

3.2 应用管理

正如 2.2 节所述，Spinnaker 的应用管理对云基础设施提供了全新的组织方式。

Spinnaker 的应用管理功能可用于查看和管理云资源，现代技术团队的组织分工往往是根据产品或微服务进行划分的，Spinnaker 对这种组织方式进行抽象，并提供了新的"应用"的概念。

应用（Application）、集群（Cluster）和服务器组（Server Group）是 Spinnaker 用来描述服务的关键概念，负载均衡器（Load Balancer）和防火墙（Firewall）用于描述如何向用户公开服务，如图 3-1 所示。

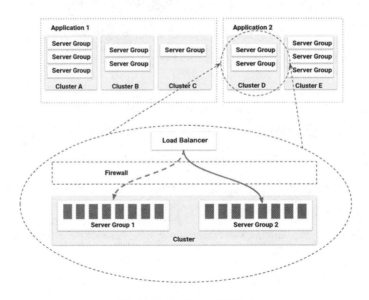

图 3-1　Spinnaker 应用概念

3.2.1 应用

考虑到对多云架构的统一管理，Spinnaker 对云资源重新进行了组织。

Spinnaker 中的应用是集群的集合，而集群又是服务器组的集合，此外还包括防火墙和负载均衡器。应用代表着需要使用 Spinnaker 部署的服务、服务的配置及服务所需要的基础设施。对开发人员来说，所有工作都是围绕着产品或微服务的代码进行的。在 Spinnaker 的实践中，一种较为科学的组织形式是为产品的每个微服务创建一个 Spinnaker 应用。

3.2.2 服务器组

和应用的概念一样，服务器组是 Spinnaker 对服务器的一种组织概念。

服务器组用来标识可部署的制品，包括 VM 镜像、Docker 镜像、Linux 安装源及其基本的配置，例如实例数、自动扩展策略和元数据等。同时，服务器组能够和负载均衡器、防火墙进行关联。当部署完成后，服务器组是运行着软件的实例（VM 实例、Kubernetes 容器）集合。

一般情况下，Spinnaker 的流水线包含创建基础设施的步骤，当服务部署完成后，会自动创建相应的由 VM 实例或 Kubernetes 容器组成的服务器组，这取决于流水线对基础设施的配置。

服务器组屏蔽了不同厂商、不同类型的基础设施差异，不论是 Kubernetes Pod，还是云提供商的云主机，都将其抽象为服务器组的概念进行统一管理，这样就为复杂的混合云和多运行环境的管理提供了统一的展示和控制中心。

常见的服务器组与不同云提供商的映射关系如表 3-1 所示。

表 3-1 服务器组和不同云提供商的映射关系

云提供商	服务器组
Kubernetes	Workload（Deployment、StatefulSets 等）
腾讯云	CVM
华为云	ECS
AWS	ECS
Azure	VMS

3.2.3 集群

集群是 Spinnaker 中对部署应用服务器组的逻辑分组。需要注意的是，此"集群"与 Kubernetes

集群的概念并不相同，Kubernetes 集群在 Spinnaker 中只是服务器组。

服务器组屏蔽了不同云提供商和基础设施的差异，但对应用的流量组织形式来说，一个应用可能同时具有多个不同软件版本的服务器组对外提供服务，例如常见的灰度发布。为了屏蔽不同服务器组之间的差异并对用户提供统一的服务概念，Spinnaker 基于服务器组对集群的概念进行了抽象。

集群可以是横跨多个云的全局部署，由于集群和服务器组相关，所以集群也有自己的工作状态、健康状况、部署的元数据及服务器组中各实例的信息。

在集群的粒度中，可以对资源进行快捷操作，例如调整大小、复制、禁用和回滚等。集群控制台界面如图 3-2 所示。

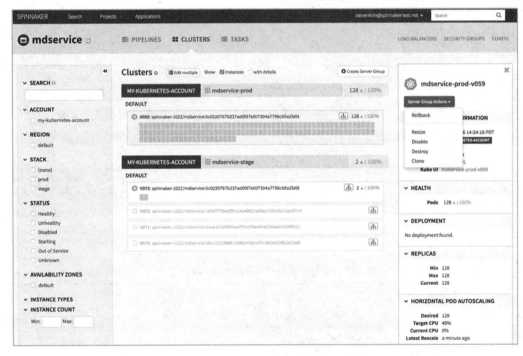

图 3-2　集群控制台界面

- 左侧是已部署的集群，可以对不同的云账户、地域和状态等进行筛选。
- 中间部分列出了已部署的服务，每个小方框是指一个实例（单台 VM 实例或 Kubernetes Pod），所有相同的一组实例构成服务器组。如图 3-2 所示，在 V059:spinnaker-1022/mdservice 服务器组中有 128 个健康的实例。

- 具有不同版本的服务器组进一步组成集群，例如 mdservice-stage 集群由 4 个服务器组组成，其中 V073 服务器组正在对外提供服务，具有 2 个健康的实例。V070、V071 和 V072 服务器组则处于禁用的状态。
- 右侧展示了集群的详细信息和快捷操作界面，例如可以进行回滚、禁用、销毁和复制操作。

Spinnaker 的集群概念为服务和流量管理提供了一种更加直观的展示形式，也进一步屏蔽了底层的细节差异。

3.2.4 负载均衡器

负载均衡器（Load Balancer）用来描述服务对外暴露的协议和端口，例如 HTTP 协议和 80 端口。它能够在服务器组之间分流负载，还能够选择性地启用负载均衡器的健康检查，并定义健康状态，运行健康检查的端点（Endpoint）。

负载均衡器也是 Spinnaker 的抽象概念，不同的云提供商有不同的基础设施映射关系，常见的映射关系如表 3-2 所示。

表 3-2 负载均衡器和不同云提供商的映射关系

云提供商	负载均衡器
Kubernetes	Service
腾讯云	CLB
华为云	ELB
AWS	ELB、NLB、ALB
Azure	Application Gateway

通过对不同云提供商负载均衡器的抽象，Spinnaker 为服务暴露提供了统一的控制界面。在此界面上能够非常方便地创建、修改和删除负载均衡器，便于对服务组进行流量控制。

3.2.5 防火墙

防火墙定义了流量的出入规则，它实际上是由 IP 范围（CIDR）、通信协议（如 TCP）和端口范围定义的一组网络防火墙规则，主要用于配置服务器组的流量访问策略。

Spinnaker 本身不提供防火墙的功能，防火墙是由不同的云环境提供的，例如 Kubernetes 或公有云主机。

同样地，对 Spinnaker 防火墙来说，不同的云提供商具有不同的映射关系，如表 3-3 所示。

表 3-3 防火墙和不同云提供商的映射关系

云提供商	防火墙
Kubernetes	网络策略（Network Policy）
公有云主机	安全组

3.3 应用程序部署

Spinnaker 的应用程序部署主要通过构建部署流水线来管理持续部署的工作流程。

一个完整的持续部署工作流程一般包括流水线、阶段、任务。

3.3.1 流水线

流水线（Pipeline）是用于描述持续部署具体行为的载体。例如，在 Spinnaker 中，一条典型的流水线如图 3-3 所示。

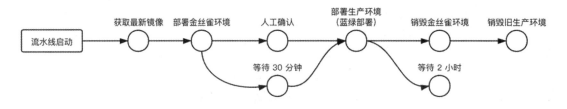

图 3-3 Spinnaker 中的典型流水线

流水线是 Spinnaker 管理部署的关键结构，它由一系列不同类型的自动化行为组成，称为阶段（Stage），流水线的各阶段可以相互传递参数、共享上下文。

在流水线启动阶段，可以由不同的事件进行触发启动，比如手动触发启动或由事件自动触发。例如，在 Jenkins 完成持续集成流程后触发，或当镜像仓库推送了新的镜像之后触发，以及自动定时触发等。

当流水线开始启动、完成或失败时，还可以配置通知发送给相关人员。

3.3.2 阶段

正如前文所述，阶段（Stage）是用于描述流水线中具体的并有顺序的执行动作，这些动作可以通过编排实现并行或串行执行，并能够按需求对各阶段的执行顺序进行排序。编排的阶段集合组成一条持续部署流水线，如图 3-3 所示，每个圆圈都代表一个阶段。

Spinnaker 提供了许多内置的阶段，例如部署、伸缩服务器组、禁用服务器组和人工确认等，后续章节将详细阐述不同阶段实现的功能。

3.3.3 任务

任务（Task）是 Spinnaker 针对每个阶段自动执行的一系列步骤，对特定的阶段具有特定的任务。对用户来说，只需要专注于阶段类型并了解阶段所运行的具体任务，如图 3-4 所示。

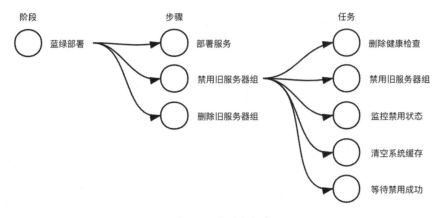

图 3-4　阶段和任务

在图 3-4 中，蓝绿部署阶段会运行一系列的有序步骤来完成阶段的功能，而每个步骤又会完成一系列任务。这些任务通常是对特定云平台 API 进行多次调用，通过相应的云平台对状态进行同步更新。

3.3.4 部署策略

Spinnaker 内置了几种常见的部署策略，包括蓝绿部署、滚动部署、金丝雀部署。这些部署策略及其流量管理如图 3-5 所示。

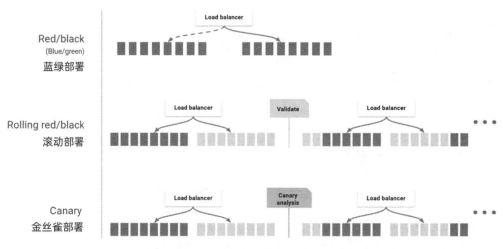

图 3-5 Spinnaker 部署策略及其流量管理

蓝绿部署是一种典型的零中断的发布策略，通过冗余的方式实现。在生产环境中，准备两组用于发布的集群，其中一个集群是正在为线上提供服务的"绿色环境"，另一组是不承担流量的"蓝色环境"。当服务更新时，先更新绿色环境，经过测试验证后，将负载均衡器或反向代理（Nginx）的路由直接指向蓝色环境。同时，绿色环境继续保留为冗余，便于快速回滚。

滚动部署的策略是每次按一定的比例，从生产集群中取出一个或多个实例进行更新，更新完成后，立即投入集群中对外服务，循环此流程，直至集群中的全部实例更新完毕。与蓝绿部署相比，这种部署方式不需要额外的冗余集群，更节约资源。同时缺点也显而易见，更新后的新版本不一定符合预期，但却已经对外提供服务，如果发布异常，集群内将混合着新老版本的部署方式，执行回滚操作会更加复杂。

金丝雀部署又称为"灰度发布"，一般要求入口网关具有流量的控制能力。具体的做法是在原有生产环境的基础上，同时部署一套新版本的服务作为"灰度环境"，此灰度环境并不直接对外提供服务，而是由网关层按照一定比例控制或筛选特殊的流量进入灰度环境。例如，配置 90% 的流量进入原生产环境，10% 的流量进入灰度环境，同时观察灰度环境的性能和指标，得到正向反馈后，进一步加大进入灰度环境的流量比例，直至将所有的用户迁移到新的版本。除了简单的流量比例控制，灰度发布还能够对流量进行更细粒度的控制。例如，对特定的 Header 或 Cookie 进行控制，实现类似针对不同性别、不同地区或特定用户画像类型先体验灰度环境的部署策略。

金丝雀的测试手段最早起源于 17 世纪，英国的矿工们发现金丝雀对瓦斯气体极为敏感。当空气中含有微量的瓦斯时，虽然人类毫无察觉，但金丝雀会毒发身亡。因此矿工们利用这个特性，将金丝雀作为测量瓦斯安全的工具。

针对不同的云提供商，Spinnaker 对部署策略的支持有一定的差异。例如，Kubernetes 原生支持蓝绿发布，Spinnaker 仅提供标准的清单（Manifest）部署；对于虚拟机而言，更多的是利用不同共有云提供商的特性来实现。例如在 AWS 中，Spinnaker 利用伸缩组（AutoScaling Group）来创建服务器集群，一旦新版本通过测试，则将 ELB（负载均衡）直接指向新的服务器集群，从而完成蓝绿部署。

3.4 云提供商

云提供商（Cloud Provider）是 Spinnaker 控制基础设施的接口，即为应用提供基础运行环境的提供商。这些提供商可以是 IaaS 层的公有云资源（例如腾讯云、AWS 的虚拟机服务），也可以是 PaaS 层的容器服务（如腾讯云 TKE 服务），或者是自建的 Kubernetes 容器编排系统。

在 Spinnaker 的部署流水线中，对制品的部署相当于将制品在不同的云提供商中分发、部署和启动。对于不同的云提供商，需要为 Spinnaker 提供账户，例如对虚拟主机的部署，一般要求提供有权访问相应 API 接口的秘钥。而对于 Kubernetes，则要求提供具有相应权限的 Kubeconfig 文件。

截至写作本书时，Spinnaker 1.23.0 支持以下常用的云提供商（部分）。

- Kubernetes
- 腾讯云（支持 TKE、EKS，CVM 完善中）
- 阿里云（支持 ACK、ASK，不支持 ECS）
- 华为云（支持 CCE、CCI，ECS 完善中）
- Amazon AWS
- Microsoft Azure

3.5　Spinnaker 架构

Spinnaker 采用微服务的思想，整个系统一共由 10 个微服务组件构成，主要由 Java 语言开发，这些微服务以"职责或功能"的原则进行拆分，不同的服务负责不同的功能，微服务之间使用 HTTP 协议进行调用。微服务组件如下。

- Deck：用户操作界面。
- Gate：微服务 API 网关。
- Orca：流水线阶段编排引擎。
- Clouddriver：负责与不同的云提供商交互。
- Front50：存储控制。
- Rosco：生成 VM 镜像。
- Igor：调用外部 CI 系统。
- Echo：事件总线。
- Fiat：认证授权中心。
- Kayenta：自动金丝雀分析。
- Halyard：配置中心。

这些微服务组件对外提供服务的监听端口如表 3-4 所示。

表 3-4　不同微服务的监听端口

微服务名	监听端口
Deck	9000
Gate	8084
Orca	8083
Clouddriver	7002
Front50	8080
Rosco	8087
Igor	8088
Echo	8089

续表

微服务名	监听端口
Fiat	7003
Kayenta	8090

各微服务之间的调用关系如图 3-6 所示。

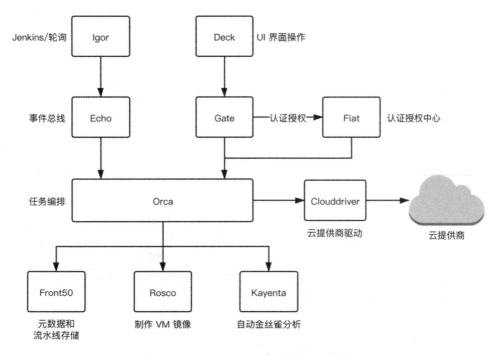

图 3-6　Spinnaker 微服务间的调用关系

在一次完整部署生命周期的部分，微服务间的调用时序如图 3-7 所示。

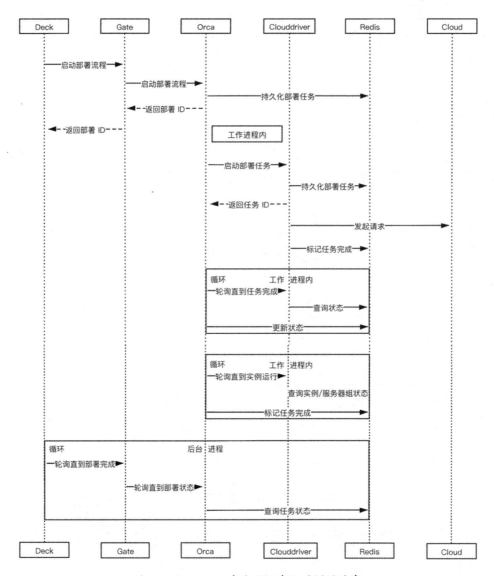

图 3-7　Spinnaker 部分微服务间的调用时序

接下来对各个微服务组件进行简单介绍。

3.5.1　Deck

Deck 是 Spinnaker 的 UI 组件。它为用户提供流水线的可视化界面，使用 TypeScript 编写，并使用 React 框架，在 9000 端口提供服务，主要提供以下功能。

- 应用管理。
- 部署流水线管理。
- 集群管理。
- 防火墙管理。
- 负载均衡器管理。

由于对不同的云提供商构建基础环境所需的表单不同，Deck 内置了所有云提供商创建基础设施所需的表单，并通过配置文件对这些功能进行启用和禁用。在所有微服务组件中，Deck 是一个集成度和复杂度较高的组件。

Deck 体现了 Spinnaker 对云原生和混合云下应用或服务的抽象设计哲学，所有的基础设施均基于应用对粒度进行管理，Deck 的首页即为应用列表。

Deck 首页的创建应用是所有功能的开始，即一切的流水线、集群、服务器组等操作都是基于应用进行的。

Spinnaker Deck 首页如图 3-8 所示，进入应用（Application）后，首页将展示应用信息。

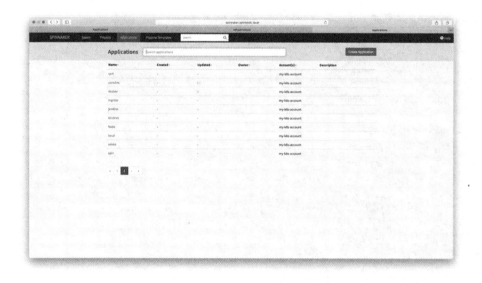

图 3-8　Spinnaker Deck 首页

在这种组织方式下，应用代表一个系统或一套微服务，Deck 下涉及的基础设施包括服务组、集群和防火墙均一目了然。Deck 屏蔽了"多云"的概念，统一了不同云平台之间的展示和操作。

3.5.2　Gate

Gate 是 Spinnaker 的 API 网关，主要为 Deck 提供 REST API，也是所有外部请求的入口。服务启动后，Gate 监听在 8184 端口。

用户在 Deck 界面进行操作时，会对 Gate 发起请求。Gate 收到请求后，将请求转发到对应的某个微服务上进行处理。此外，Gate 不会充当微服务内部调用的网关，微服务之间的内部调用一般由请求方直接对被调用方发起请求。

作为 API 网关，Gate 需要解决服务发现的问题。当使用推荐的 Kubernetes 部署方式运行 Spinnaker 时，每个微服务都将部署在独立的 Pod 内工作，此时可以使用 Kubernetes 的 Service 作为服务发现的方式。如果采用 VM 的部署方式，那么 Spinnaker 的微服务会运行在独立的服务器组中，因此需要借助负载均衡器或服务发现系统（如 Eureka）解决服务发现问题。

3.5.3　Clouddriver

Clouddriver 组件采用 Java 语言开发，负责与不同的云提供商 API 进行交互，并对已部署的资源进行索引和缓存，为 Deck 提供资源的数据源。

Clouddriver 包含非常多的模块，部分模块如图 3-9 所示。

图 3-9　Clouddriver 的部分模块

例如，对 Kubernetes、腾讯云和 AWS 等的支持都是 Clouddriver 针对不同的部署阶段调用相应的模块（Provider）来完成的。Clouddriver 最初只提供了部分国外云提供商的 Provider，其他的 Provider 均为各厂商主动实现对 Spinnaker 的扩展支持。同时，Clouddriver 良好的设计为不同的云提供商提供了友好的扩展性，每个云提供商的扩展都能标准化地实现 Provider 所需提供的功能。

3.5.4 Orca

Spinnaker 因其部署流水线高度可配置和可组合而闻名，这很大程度上归功于 Orca 对流水线阶段的编排能力。

Orca 是 Spinnaker 的编排引擎，当部署流水线启动后，它负责从流水线中同步或异步执行阶段和任务，并协调其他的微服务组件。

Orca 是一个无状态的服务，这意味着它可以进行水平扩展。Spinnaker 将任务执行状态持久化到后端存储系统（例如 Redis 或 MySQL），并通过工作队列均匀地分配任务，只要后端存储层具有足够的容量和性能，就可以对 Orca 服务进行自由伸缩，以此满足 Spinnaker 的编排需求。

通过编排一条流水线内的所有阶段，可以形成一个 DAG（有向无环图），实现复杂的部署工作逻辑。Orca 最重要的功能就是控制何时从 DAG 内取出一个节点（阶段）、何时执行节点的内容、何时执行下一个节点。这些节点可能会被相互依赖，Orca 负责它们的上下文传递，以便判断执行依赖的情况，如图 3-10 所示。

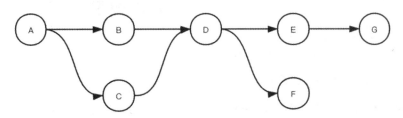

图 3-10　流水线的阶段组成 DAG

Orca 使用分布式队列 Keiko 来管理阶段的任务。Keiko 类似于一种延迟队列，意味着 Orca 可以立即或在将来的特定时间传递消息。在内部实现中，每种消息类型都对应一种 Handler，这些 Handler 负责处理阶段的逻辑。Orca 处理消息的能力在一定程度上依赖线程池的大小，根据负载情况的不同，线程池可以进行调整以满足需求。在默认情况下，消息处理器会以默认 10 毫秒的间隔轮询消息队列，并尝试最大化填充线程池。如果线程池的大小设置为 20，并且已有 5 个线程处于繁忙状态，那么消息处理器会尝试从队列中取出 15 条消息进行处理，而不是每次取出 1 条消息。

3.5.5 Echo

Echo 在 Spinnaker 中主要有如下 3 个作用。

- 事件路由，例如 Igor 轮询到了新的镜像版本产生的触发事件。
- CRON 任务计划触发流水线。
- 外部消息通知。

事件在 Echo 中的流向如图 3-11 所示。

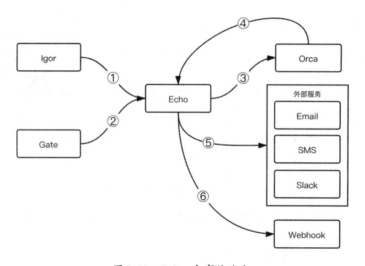

图 3-11　Echo 中事件流向

① Igor 在检测到外部有增量更新时，例如 Dokcer Registry 中镜像的变更或者 SCM（源代码管理器）的变更，会向 Echo 发送事件。

② 从 Gate 发送的事件，例如用户在 Deck 中手动启动流水线或通过 API 调用启动流水线。

③ Echo 将流水线事件提交给 Orca 执行。

④ 当有以下情形时，Orca 会发送事件给 Echo。

- 阶段（Stage）开始或完成，此时 Echo 可以发出外部通知（如果定义了通知）。
- 流水线（Pipeline）正在启动或已完成，Echo 发出通知（如果定义了通知）。
- 正处于人工确认的阶段，Echo 发出外部通知（如果定义了通知）。

⑤ Echo 使用外部服务（例如电子邮件）发送通知。

⑥ Echo 还可以通过 Webhook 的方式调用外部 URL。

Echo 内置的外部通知支持 Email、Slack、Bearychat、Microsoft Teams、SMS(Twilio)、PagerDuty 类型。

除此之外，我们还可以使用 Webhook 阶段实现更多的外部通知。

Echo 可以在两种模式下工作，分别是内存模式和 SQL 模式。内存模式将所有 CRON 计划时间存放在内存中，这意味着如果有多个 Echo 实例，CRON 类型触发的流水线可能会被执行多次。SQL 模式能够将 CRON 触发信息保存在 SQL 数据库中，这样即便在有多个 Echo 实例的情况下，也不会出现重复运行的情况，所以生产环境部署 Spinnaker 建议采用 SQL 的方式运行 Echo。

3.5.6 Front50

Front50 [①] 是 Spinnaker 中负责存储数据的组件，包括应用信息、流水线和其他元数据。

所有的数据都将被持久化存储，其他组件通过 Front50 提供的对外接口获取存储的信息。在对外提供数据时，Front50 将优先从应用运行时的内存缓存中读取数据。

Front50 支持 Redis、SQL、Amazon S3 存储系统持久化数据。其中，推荐 SQL 的存储方式。

Front50 持久化数据的主要类型如表 3-5 所示。

表 3–5　Front50 持久化数据

数据类型	描述
应用（Application）	应用的元数据，包括名称、所属用户、描述等
应用权限（Application Permission）	定义用户组拥有应用的读/写权限
实体标签（Entity Tag）	提供通用的云标记机制
通知（Notification）	定义的通知类型，例如 SMS、Email、Slack 等
流水线（Pipeline）	流水线的 workflow
流水线策略（Pipeline Strategy）	定义自定义部署策略
项目（Project）	为多个应用程序提供（多对多）分组机制
服务账户（Service Account）	定义流水线触发器的运行身份标识，用于触发器权限控制

为了方便存储和屏蔽存储系统差异，在 Front50 中，所有数据都被统一格式化为 Json 并落地到持久化存储中。

---

① 相关链接见电子资源文档中的链接 3-1。

3.5.7　Igor

Igor 是 Spinnaker 与外部持续集成（CI）和源代码管理器（SCM）的集成和管理中心。

Igor 的基本运行单位是轮询器，在其服务内部运行着许多不同类型的轮询器，但它们的工作流程保持一致。

- 定期从外部系统获取项目资源（例如 Jenkins 的构建记录）。
- 将获取到的项目与自身存储缓存进行比较。
- 当外部系统产生新的变更时，向 Echo 发送事件。
- 对新项目进行缓存。

Igor 默认的轮询周期是 60 秒，此配置项可被修改。Igor 还支持分布式锁（依赖于 Redis），开启后，能够对 Igor 进行高可用部署，使其支持横向扩容。

Igor 对 SCM 的支持主要有 GitHub、GitLab、Bitbucket、Stash 类型。

对于 CI 系统的支持有 Jenkins、Travis、GitLab CI、Nexus、Concourse、Artifactory、Wercker 类型。

Igor 可以为以上的 CI 系统启用轮询器。启用后，轮询器会定时获取构建/Jenkins 流水线/部署制品的变更，缓存数据，并向 Echo 发送事件。此外，还能够与 Docker Registry 进行集成，并监听 Docker 镜像的变更。

Igor 对 SCM 和 CI 系统的支持类型丰富，例如，比较典型的是选择 Gitlab（SCM）+ Jenkins（CI）实现 GitOps。

3.5.8　Fiat

Fiat 是 Spinnaker 的认证和授权中心，负责 Spinnaker 用户的权限控制。

Fiat 对外提供了 Rest 接口，以便其他的微服务进行查询，并对以下 3 种粒度的资源类型进行权限控制。

- 云账户。
- 应用权限。
- 服务账户（Service Accounts，用于触发器的权限控制）。

需要注意的是，Fiat 的授权是基于角色（Role）实现的，其本身并不重新创造角色和授权，而是通过集成外部服务来提供角色信息，目前支持的类型有 GitHub Teams、LDAP、SAML Groups、File Based Role Provider。

Fiat 基于角色的权限控制的具体实现为：记录 Spinnaker 的应用分别具有读（Read）、写（Write）和运行（Execute）的角色，当产生对应的读、写和运行的行为时，对当前用户的角色进行判断，并对比是否具有相关权限。

利用 Fiat 的特性，我们可以实现诸如控制用户级的 Spinnaker 应用权限与读写权限隔离，也可以使用 LDAP 和现有用户系统对接。

3.5.9 Rosco

Rosco 组件是 Spinnaker 云主机实例部署中最重要的一环，该组件负责生成云主机的镜像，生成的过程称为构建（Bake）。

Rosco 使用开源工具 Packer[①]生成镜像，以腾讯云 CVM 云主机为例，以下 template.json 定义了 CVM 镜像模板。

```json
{
  "variables": {
    "secret_id": "{{env `TENCENTCLOUD_ACCESS_KEY`}}",
    "secret_key": "{{env `TENCENTCLOUD_SECRET_KEY`}}"
  },
  "builders": [
    {
      "type": "tencentcloud-cvm",
      "secret_id": "{{user `secret_id`}}",
      "secret_key": "{{user `secret_key`}}",
      "region": "ap-guangzhou",
      "zone": "ap-guangzhou-4",
      "instance_type": "S4.SMALL1",
      "source_image_id": "img-oikl1tzv",
      "ssh_username": "root",
      "image_name": "PackerTest",
      "disk_type": "CLOUD_PREMIUM",
      "packer_debug": true,
      "associate_public_ip_address": true,
      "run_tags": {
        "good": "luck"
```

---

① 相关链接见电子资源文档中的链接 3-2。

```
    }
  }
],
"provisioners": [
  {
    "type": "shell",
    "inline": ["sleep 30", "yum install redis.x86_64 -y"]
  }
]
}
```

该模板定义了在 ap-guangzhou 地域 ap-guangzhou-4 可用区，使用 S4.SMALL1 配置的 CVM 以镜像 ID 为 img-oikl1tzv 为基础构建 CVM 镜像，命名为 PackerTest。

接下来，只需要运行 packer build template.json 即可构建镜像，构建完成后，在 CVM 控制台即可找到该镜像。

当 Spinnaker 启动 Bake 阶段时，Rosco 创建并运行一台 VM 实例用于构建，构建完成后产生镜像并自动销毁实例。该镜像用于云主机的部署，并可以用于云主机服务器组的横向扩容。

目前 Rosco 支持的云提供商有腾讯云、华为云、AWS 和 Azure。

3.5.10 Kayenta

Kayenta 组件是用于金丝雀分析的工具，Spinnaker 根据它的分析结果控制自动金丝雀发布。

Kayenta 通过比较新版本和旧版本的关键指标来评估金丝雀发布的质量。如果指标质量相对于旧版有所下降，那么金丝雀会被终止，所有流量将被路由到稳定版本，最大程度降低意外带来的影响。

Kayenta 的金丝雀分析需要收集新老版本的指标数据，它依赖于外部的遥测系统提供，目前支持的遥测系统有 Prometheus、Newrelic、Stackdriver、Datadog。

Kayenta 在实现自动金丝雀发布时主要分为两个阶段，首先是从外部的遥测系统获取指标数据，通常是时间序列的数据，该阶段包括处理输入数据中一些缺失的值及 NaN 值。接着，Kayenta 会对这些指标进行比较，并输出可视化的图形，用来展示这些指标比旧版本升高或降低了。整个过程如图 3-12 所示。

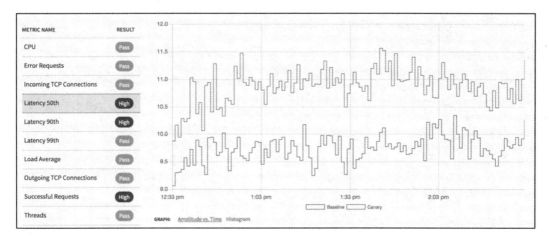

图 3-12　Kayenta 金丝雀分析

最后，Kayenta 会使用一种评分机制（默认为 NetflixACAJudge）对本次金丝雀发布进行评分，当评分高于金丝雀配置的分数时，则认为金丝雀发布通过，如图 3-13 所示。

图 3-13　Kayenta 金丝雀分数计算

3.6　本章小结

本章从全局视角对 Spinnaker 用户层的概念进行了阐述，主要介绍 Spinnaker 的核心概念及其资源组织的设计理念，重点阐述了应用、服务器组和集群等抽象概念。同时，本章讨论了应用的组织设计优点，即屏蔽了不同云提供商之间的细节差异。

此外，本章对 Spinnaker 持续部署的基本工作单位流水线和阶段进行了概述，后续章节还将对其展开，深入讲解内部的细节和实战。

最后，本章对 Spinnaker 微服务架构的组成进行了总结，包括每个组件在系统内承担的功能及其实现原理。

04

安装 Spinnaker

安装 Spinnaker 涉及的组件较多，配置项复杂，本章将使用官方推荐的 Halyard 对 Spinnaker 进行安装。安装过程大致分为以下步骤。

- 安装 Halyard。
- 选择云提供商。
- 选择安装环境。
- 选择存储服务。
- 安装部署 Spinnaker。

4.1 环境要求

对于 Halyard，既可以在本地计算机或 VM（Ubuntu 14.04 / 16.04，Debian 或 macOS）安装它，也可以使用 Docker 容器的方式来运行它。建议内存在 12GB 以上。

安装 Spinnaker 的 Kubernetes 集群，建议至少是 4 核 16GB 内存的。

此外，本节的 Jenkins 和 Docker Registry 并不是 Spinnaker 安装中必需的组件，它们主要用于演示完整的部署流水线。

4.1.1 Kubernetes

Spinnaker 的安装环境可选择本地安装或 Kubernetes 集群安装。考虑到高可用性及生产级的部署，我推荐在 Kubernetes 环境中进行安装，即将所有的 Spinnaker 微服务组件运行在 Kubernetes 环境中。

在安装前，我们要先准备一个 Kubernetes 集群，考虑到 Spinnaker 对集群配置的要求较高，购买公有云集群安装 Spinnaker 的成本也较高，本节将介绍一种在 macOS 和 Windows 系统中通用且简单的创建集群的方法——Kubernetes In Docker。

首先在自己的平台上安装 Docker，此过程不再赘述。

接下来安装 Kind。

对于 macOS 系统，使用 Homebrew 进行安装，命令如下。

```
$ brew install kind
```

对于 Windows 系统，使用 Chocolatey 进行安装，命令如下。

```
$ choco install kind
```

安装完成后，执行以下命令创建集群。

```
➜ ~ cat <<EOF | kind create cluster --config=-
kind: Cluster
apiVersion: kind.x-k8s.io/v1alpha4
nodes:
- role: control-plane
  kubeadmConfigPatches:
  - |
    kind: InitConfiguration
    nodeRegistration:
      kubeletExtraArgs:
        node-labels: "ingress-ready=true"
  extraPortMappings:
  - containerPort: 80
    hostPort: 80
    protocol: TCP
  - containerPort: 443
    hostPort: 443
    protocol: TCP
EOF

Creating cluster "kind" ...
 ✓ Ensuring node image (kindest/node:v1.19.1) 🖼
 ✓ Preparing nodes 📦
 ✓ Writing configuration 📜
 ✓ Starting control-plane 🕹️
 ✓ Installing CNI 🔌
 ✓ Installing StorageClass 💾
```

```
Set kubectl context to "kind-kind"
You can now use your cluster with:

kubectl cluster-info --context kind-kind

Thanks for using kind! 
```

其中，Ensuring node image 步骤需要下载 Node 节点的镜像，过程较为缓慢，请耐心等待。由于 Kind 采用的是 Kubernetes In Docker 的安装方式，集群的 Node 节点运行在 Docker 容器内，所以在创建容器时配置了暴露 80 端口和 443 端口，以便后续通过 localhost 访问集群内部端点。

安装完成后，kind 为我们自动配置了 kubectl 上下文，执行命令查看集群，若能显示以下信息，则说明 Kubernetes 集群安装成功。

```
➜  ~ kubectl get nodes
NAME                 STATUS   ROLES    AGE    VERSION
kind-control-plane   Ready    master   2m10s  v1.19.1
```

为了更方便服务对外暴露，接下来安装 Nginx Ingress。

```
➜  ~ kubectl apply -f https://raw.githubusercontent.com/kubernetes/ingress-nginx/master/deploy/static/provider/kind/deploy.yaml
namespace/ingress-nginx created
serviceaccount/ingress-nginx created
configmap/ingress-nginx-controller created
clusterrole.rbac.authorization.k8s.io/ingress-nginx created
clusterrolebinding.rbac.authorization.k8s.io/ingress-nginx created
role.rbac.authorization.k8s.io/ingress-nginx created
rolebinding.rbac.authorization.k8s.io/ingress-nginx created
service/ingress-nginx-controller-admission created
service/ingress-nginx-controller created
deployment.apps/ingress-nginx-controller created
validatingwebhookconfiguration.admissionregistration.k8s.io/ingress-nginx-admission created
serviceaccount/ingress-nginx-admission created
clusterrole.rbac.authorization.k8s.io/ingress-nginx-admission created
clusterrolebinding.rbac.authorization.k8s.io/ingress-nginx-admission created
role.rbac.authorization.k8s.io/ingress-nginx-admission created
rolebinding.rbac.authorization.k8s.io/ingress-nginx-admission created
job.batch/ingress-nginx-admission-create created
job.batch/ingress-nginx-admission-patch created
➜  ~
```

执行以下命令，确认 Ingress-Nginx 安装成功。

```
➜  ~ kubectl get pods -n ingress-nginx
NAME                                  READY   STATUS      RESTARTS   AGE
ingress-nginx-admission-create-zfwp5  0/1     Completed   0          4m
```

```
ingress-nginx-admission-patch-vwq7f           0/1   Completed   0   4m
ingress-nginx-controller-589c6b758d-b6f7q     1/1   Running     0   4m
```

至此,已完成在 macOS 系统中安装 Kubernetes 集群和 Nginx Ingree。

需要注意的是,采用本地安装的 Kubernetes 集群可以体验 Spinnaker 大部分功能,但无法使用 Spinnaker 可由公网访问的功能(例如 GitHub Webhook 类型的触发器)。

4.1.2 Kubectl

kubectl 是 Kubernetes 集群部署和管理应用的命令行工具,用于检查集群资源、创建、删除和更新 Kubernetes 应用,以及查看集群信息。

在 Spinnaker 的安装过程中,Halyard 安装工具会使用 kubectl 访问集群并创建工作负载。

在 Linux 和 macOS 系统中,请根据以下步骤安装 kubectl。

首先下载最新的发行版。

在 Linux 系统中执行以下命令。

```
curl -LO "https://storage.googleapis.com/kubernetes-release/release/$(curl -s https://storage.googleapis.com/kubernetes-release/release/stable.txt)/bin/linux/amd64/kubectl"
```

在 macOS 系统中执行以下命令。

```
curl -LO "https://storage.googleapis.com/kubernetes-release/release/$(curl -s https://storage.googleapis.com/kubernetes-release/release/stable.txt)/bin/darwin/amd64/kubectl"
```

标记 kubectl 文件可执行。

```
chmod +x ./kubectl
```

将文件放到 PATH 路径下即可完成安装。

```
sudo mv ./kubectl /usr/local/bin/kubectl
```

在 Windows 系统中安装 kubectl 时可参考以下步骤。

下载最新的发行版。

```
curl -LO https://storage.googleapis.com/kubernetes-release/release/v1.19.0/bin/windows/amd64/kubectl.exe
```

下载完成后,将二进制文件放到 PATH 目录下即可完成安装。

Docker Desktop for Windows 会在 PATH 中添加自己的 kubectl 程序。如果你之前安装过 Docker Desktop,那么可能需要将新安装的 kubectl 放到 Docker Desktop 的 PATH 目录中,或者删

除 Docker Desktop 所安装的 kubectl。

4.1.3　Jenkins

在安装 Spinnaker 的过程中，Jenkins 不是必需的。

在持续部署流程中，Jenkins 作为连接源代码和生成部署制品（如 Docker 镜像的 CI 工具），除此之外，它还能够作为 Spinnaker 的自动触发器来触发部署流水线。

执行以下命令即可将 Jenkins 部署至 Kubernetes 集群中。

```
➜  ~ kubectl create namespace jenkins
namespace/jenkins created
```

将以下内容保存为 jenkins.yaml。

```yaml
apiVersion: apps/v1
kind: Deployment
metadata:
  name: jenkins
  namespace: jenkins
spec:
  replicas: 1
  selector:
    matchLabels:
      app: jenkins
  template:
    metadata:
      labels:
        app: jenkins
    spec:
      containers:
      - name: jenkins
        image: jenkins/jenkins:lts
        ports:
          - name: http-port
            containerPort: 8080
          - name: jnlp-port
            containerPort: 50000
        volumeMounts:
          - name: jenkins-vol
            mountPath: /var/jenkins_vol
      volumes:
        - name: jenkins-vol
          emptyDir: {}
```

接下来，使用以下命令创建部署。

```
➜  ~ kubectl apply -f jenkins.yaml
deployment.apps/jenkins created
```

执行以下命令，确认 Pod 的状态为 Running。

```
➜  ~ kubectl get pods -n jenkins
NAME                       READY   STATUS    RESTARTS   AGE
jenkins-794699f9bc-vvtnb   1/1     Running   0          4m50s
```

将以下内容保存为 jenkins-service.yaml。

```yaml
apiVersion: v1
kind: Service
metadata:
  name: jenkins
  namespace: jenkins
spec:
  ports:
    - port: 8080
      targetPort: 8080
  selector:
    app: jenkins
---
apiVersion: v1
kind: Service
metadata:
  name: jenkins-jnlp
  namespace: jenkins
spec:
  ports:
    - port: 50000
      targetPort: 50000
  selector:
    app: jenkins
---
apiVersion: networking.k8s.io/v1beta1
kind: Ingress
metadata:
  name: jenkins
  namespace: jenkins
spec:
  rules:
  - host: jenkins.spinbook.local
    http:
      paths:
      - path: /
        backend:
          serviceName: jenkins
          servicePort: 8080
```

执行命令创建 Service，以便暴露 Jenkins 服务。

```
➜  ~ kubectl apply -f jenkins-service.yaml
service/jenkins created
service/jenkins-jnlp created
ingress.networking.k8s.io/jenkins created
```

修改 /etc/hosts 文件并添加以下内容。

```
127.0.0.1 jenkins.book.com
```

此时使用浏览器访问 Jenkins UI 界面[①]，如图 4-1 所示。

图 4-1　Jenkins UI 界面

按照界面提示执行以下命令，进入容器内部查看 Jenkins 解锁密码。

```
➜  ~ kubectl exec -it $(kubectl get pods --selector=app=jenkins -o jsonpath='{.items..metadata.name}' -n jenkins) -it /bin/bash -n jenkins
jenkins@jenkins-794699f9bc-vvtnb:/$ cat /var/jenkins_home/secrets/initialAdminPassword
86788e68eab343b1a844c01cb44c9aa8
```

在 Jenkins 界面输入以上密码即可解锁 Jenkins。至此，我们便完成了 Jenkins 的安装。

---

① 相关链接见电子资源文档中的链接 4-1。

4.1.4 Docker Registery

在安装 Spinnaker 过程中，Docker Registery 不是必需的，也可以使用 Harbor 作为替代。Docker Registery 在持续部署环节提供镜像推送和拉取的仓库，由于镜像相关的命令默认情况下只支持 HTTPS 的方式，部署 Docker Registry 会涉及 TLS 证书，这里使用一种较为简单的方式进行部署。

首先安装 arkade。

```
# macOS 系统
curl -sLS https://raw.githubusercontent.com/alexellis/arkade/master/get.sh | sudo sh

# Windows 系统
curl -sLS https://raw.githubusercontent.com/alexellis/arkade/master/get.sh | sh
```

```
➜ ~ curl -sLS https://raw.githubusercontent.com/alexellis/arkade/master/get.sh | sudo sh
Downloading package https://github.com/alexellis/arkade/releases/download/0.6.18/arkade-darwin as /tmp/arkade-darwin
Download complete.

Running with sufficient permissions to attempt to move arkade to /usr/local/bin
New version of arkade installed to /usr/local/bin
Creating alias 'ark' for 'arkade'.
                _              _
  __ _ _ __ | | ____ _  __| | ___
 / _` | '__|| |/ / _` |/ _` |/ _ \
| (_| | |   |   < (_| | (_| |  __/
 \__,_|_|   |_|\_\__,_|\__,_|\___|

Get Kubernetes apps the easy way

Version: 0.6.18
Git Commit: 518f66112256610965d8bd28041894a733af0c4c
```

接下来执行以下命令，在本地 Kubernetes 集群安装 docker-registry。

```
➜ ~ arkade install docker-registry
Using kubeconfig:
Using Kubeconfig: /Users/wangwei/.kube/config
Client: x86_64, Darwin
……
Thanks for using arkade!
Registry credentials: admin AL49579Qj7S6A5co0Dw1
```

credentials 后的字符串即为私有镜像仓库的用户名和密码，需要记录下来以便后续使用。

接着，安装 cert-manager 组件。

```
➜ ~ arkade install cert-manager
```

```
……
cert-manager has been installed.
……
```

然后我们对 Docker Registry 的域名签发自签名证书并配置 Nginx Ingress。

```
➜  ~ export DOCKER_REGISTRY=docker.spinbook.local
➜  ~ export DOCKER_EMAIL=docker@spinbook.local
➜  ~ arkade install docker-registry-ingress --email $DOCKER_EMAIL --domain $DOCKER_REGISTRY
……
Docker Registry Ingress and cert-manager Issuer have been installed
……
```

最后，在 /etc/hosts 文件中添加以下内容。

```
127.0.0.1 docker.spinbook.local
```

使用 docker login 输入账号和密码，验证 Docker Registry 的功能。

```
➜  ~ docker login docker.spinbook.local
Username: admin
Password:
Login Succeeded
```

Login Succeeded 代表登录仓库成功、Docker Registry 安装成功，现在我们就能够对私有仓库进行镜像的推拉操作了。

4.2 安装部署

具备以上基础环境后，接下来我们使用官方提供的 Halyard 工具来安装 Spinnaker。

Halyard 的安装方式有两种，分别是在 Debian / Ubuntu 或 macOS 系统中安装、使用 Docker 安装。

Halyard 的用途除了便于安装 Spinnaker，还能够修改其安装后的功能，例如开启某项功能或特性，后续几乎每个章节中都会涉及此工具。

4.2.1 Halyard 命令行工具

Halyard 命令行工具对 Spinnaker 的安装和修改进行生命周期管理，包括编写和验证部署的配置文件、部署 Spinnaker 的每个微服务，以及修改部署。它的原理是通过读取 Bom 配置清单文件安装或修改对应组件及其配置，内置安装和组件启动逻辑，降低了 Spinnaker 安装阶段的复杂度。

安装 Halyard 有两种方法，分别是在本机上安装、使用容器安装。

方法一：在 Debian / Ubuntu 或 macOS 系统上安装。

系统需要符合以下版本要求。

- Ubuntu 14.04、16.04 或 18.04。
- Debian 8 或 9。
- macOS（High Sierra 及以上）。
- 安装 Java 8 及以上。

对于 Debian / Ubuntu 系统，执行以下安装命令。

```
$ curl -O https://raw.githubusercontent.com/spinnaker/halyard/master/install/debian/InstallHalyard.sh

$ sudo bash InstallHalyard.sh
```

对于 macOS 系统，执行以下安装命令。

```
➜ ~ curl -O https://raw.githubusercontent.com/spinnaker/halyard/master/install/macos/InstallHalyard.sh

➜ ~ sudo bash InstallHalyard.sh
……
The halyard daemon isn't running yet... starting it manually
```

查看是否安装成功。

```
➜ ~ hal -v
1.40.0-20201028133206
```

如果想要更新 Halyard，请执行以下命令。

```
sudo update-halyard
```

使用以下命令卸载 Halyard。

```
sudo ~/.hal/uninstall.sh
```

方法二：使用 Docker 容器安装 Halyard。

创建用于存放配置文件的目录。

```
➜ ~ mkdir ~/.hal
```

如果使用 Kind 方式在本地安装了 Kubernetes 集群，那么执行以下命令，将 Kind 集群管理员的凭据写入 ~/.kind/config 文件。

```
➜  ~ mkdir ~/.kind
➜  ~ echo "$(docker exec kind-control-plane sh -c 'cat /etc/kubernetes/admin.conf')" > ~/.kind/config
```

由于 Halyard 部署需要使用 kubectl 和 kubeconfig 文件,所以在启动 Halyard 容器时需要将集群的 kubeconfig 挂载到容器内,以便 Halyard 访问 Kubernetes 集群。

```
➜  ~ docker run \
  --name halyard \
  -v ~/.hal:/home/spinnaker/.hal \
  -v ~/.kind:/home/spinnaker/.kube \
  -d --network kind\
  gcr.io/spinnaker-marketplace/halyard:stable
```

如果不是使用 Kind 安装的本地集群,那么请挂载 ~/.kube 目录到集群 /home/spinnaker/.kube 目录。

进入 Docker 容器。

```
➜  ~ docker exec -it halyard bash
```

在 Docker 容器内,可以执行 hal 相关的命令。

```
bash-5.0$ hal -v
1.40.0-20201028133206
```

在容器内运行以下命令,启用命令提示功能。

```
bash-5.0$ source <(hal --print-bash-completion)
```

如果希望更新 Docker 容器运行的 Halyard,可以执行以下步骤。

首先下载最新版 Halyard。

```
➜  ~ docker pull gcr.io/spinnaker-marketplace/halyard:stable
```

然后停止当前运行的容器。

```
➜  ~ docker stop halyard
```

最后使用之前的命令重新运行容器。

```
➜  ~ docker run -p 8084:8084 -p 9000:9000 \
  --name halyard \
  -v ~/.hal:/home/spinnaker/.hal \
  -v ~/.kube:/home/spinnaker/.kube \
  -d \
  gcr.io/spinnaker-marketplace/halyard:stable
```

执行 docker rm halyard 即可卸载 Halyard 工具。

至此，我们完成了 Halyard 工具的安装。我推荐使用 Docker 容器运行 Halyard，安装简单且不受系统和环境的限制，本书后续将采用此方式运行 Halyard。

Halyard 安装完成后，接下来需要对部署 Spinnaker 清单文件（Bom）进行配置，执行部署命令 hal deploy apply 之前均为准备配置文件的阶段。因配置项较多且人为修改容易出错，所以 Halyard 为我们封装了使用命令行修改配置项的办法。

Halyard 的命令非常多，读者可自行前往 Spinnaker 官网文档查看每个命令的功能和用法。

下面将进入配置云提供商的步骤。

4.2.2 选择云提供商

在 Spinnaker 中，云提供商（Cloud Provider）是应用所要部署的目标平台，例如公有云平台腾讯云、AWS、Kubernetes 集群。

在配置环节中需要对这些准备启用的云提供商提供凭据，在 Spinnaker 中，这些凭据被称为"账户"，Spinnaker 利用这些账户来取得对应用部署的权限。

要使 Spinnaker 运行并能够执行部署，必须要为它配置一个云提供商，并且添加一个账户。接下来，将以配置 Kubernetes 集群作为云提供商为例进行说明。

首先，进入 Halyard 容器内执行以下命令，启用 Kubernetes 云提供商。

```
bash-5.0$ hal config provider kubernetes enable
+ Get current deployment
  Success
+ Edit the kubernetes provider
  Success
Validation in default:
- WARNING You have not yet selected a version of Spinnaker to
  deploy.
? Options include:
  - 1.20.7
  - 1.21.4
  - 1.19.14
  - 1.22.2
  - 1.23.1

Validation in default.provider.kubernetes:
- WARNING Provider kubernetes is enabled, but no accounts have been
  configured.

+ Successfully enabled kubernetes
```

接下来，添加 Kubernetes 集群账户（Kubeconfig）。

```
bash-5.0$ CONTEXT=$(kubectl config current-context)
bash-5.0$ hal config provider kubernetes account add localk8s \
--context $CONTEXT
+ Get current deployment
  Success
+ Add the localk8s account
  Success
+ Successfully added account localk8s for provider kubernetes.
```

以上命令创建了名为 localk8s 的 Kubernetes 集群账户，该账户是使用 Kind 创建的本地 Kubernetes 集群的凭据，后续将用于 Spinnaker 部署工作负载。当采用多集群部署时，可以创建多个 Kubernetes 账户，在后续配置部署流水线时对不同的账户（集群）进行选择。

Kubernetes 账户也可以是不同云平台的容器服务，例如腾讯云的 TKE 集群。

云提供商配置完成后，接下来就可以选择 Spinnaker 运行环境了。

4.2.3　选择运行环境

Spinnaker 支持在多种环境中运行，选择运行环境相当于配置 Spinnaker 微服务的运行环境。官方推荐运行 Kubernetes 环境，Halyard 会在集群内部署所有 Spinnaker 微服务，我强烈建议在生产环境中使用此部署方式。

进入 Halyard 容器，使用以下命令设置 Spinnaker 的运行环境。

```
hal config deploy edit \
   --account-name localk8s \
   --type distributed \
   --location spinnaker
```

注意，--account-name 参数使用上一节创建的 Kubernetes 账户名 localk8s，意味着该集群同时也将用于部署 Spinnaker。

配置好 Spinnaker 的运行环境后，接下来需要配置 Spinnaker 的持久化存储服务。

4.2.4　选择存储方式

Spinnaker 在设计之初是纯粹的持续部署工具，在存储方面依赖外部存储服务。Spinnaker 的设计者认为部署流水线和凭据等数据非常敏感，因此建议使用团队信赖的存储服务来存储这些数据。

Spinnaker 目前支持的存储方式有 Microsoft Azure AZS、Google GCS、Minio、Redis（不建议使

用）、AWS S3、Oracle Cloud Storage。

Spinnaker 的存储服务与云提供商并不是关联的，这意味着如果选择使用 AWS S3 作为存储服务，那么仍然可以将应用部署到 Azure 上。

本例使用 Minio 作为存储系统。Minio 是兼容 AWS S3 协议的对象存储系统，在不使用公有云存储的情况下，Spinnaker 推荐使用 Minio 进行数据持久化存储。

执行以下命令创建 Minio 命名空间。

```
➜  ~ kubectl create ns minio
namespace/minio created
```

执行以下命令安装 Minio。

```
➜  ~ helm repo add minio https://helm.min.io/
"minio" has been added to your repositories
➜  ~ helm install --namespace minio --generate-name minio/minio
WARNING: "kubernetes-charts.storage.googleapis.com" is deprecated for "stable" and will be deleted Nov. 13, 2020.
WARNING: You should switch to "https://charts.helm.sh/stable"
NAME: minio-1604842834
LAST DEPLOYED: Sun Nov  8 21:40:35 2020
NAMESPACE: minio
STATUS: deployed
REVISION: 1
TEST SUITE: None
NOTES:
Minio can be accessed via port 9000 on the following DNS name from within your cluster:
minio-1604842834.minio.svc.cluster.local
……
2. Get the ACCESS_KEY=$(kubectl get secret minio-1604842834 -o jsonpath="{.data.accesskey}" -n minio | base64 --decode) and the SECRET_KEY=$(kubectl get secret minio-1604842834 -o jsonpath="{.data.secretkey}" -n minio | base64 --decode)
……
```

minio-1604842834.minio.svc.cluster.local 是 Minio 的 Service 访问地址。

根据提示执行以下命令，获取 Minio 的 ACCESS_KEY 和 SECRET_KEY。

```
➜  ~ kubectl get secret minio-1604842834 -o jsonpath="{.data.accesskey}" -n minio | base64 --decode
RUBdJgTJY1hmeDkAFKNO

➜  ~ kubectl get secret minio-1604842834 -o jsonpath="{.data.secretkey}" -n minio | base64 --decode
sYqfDTprRImxH3v6Wbtuk9gwimeKIQVHvSejZt4d
```

记录访问地址、accesskey 和 secretkey，以便在接下来的操作中使用。

接下来在 Halyard 容器内执行以下命令配置 Minio 存储。

```
bash-5.0$ hal config storage edit --type s3
+ Get current deployment
  Success
+ Get persistent storage settings
  Success
+ Edit persistent storage settings
  Success
+ Successfully edited persistent storage.

bash-5.0$ hal config storage s3 edit --endpoint http://minio-1604842834.minio.svc.cluster.
local:9000 \
--access-key-id RUBdJgTJY1hmeDkAFKNO \
--secret-access-key sYqfDTprRImxH3v6Wbtuk9gwimeKIQVHvSejZt4d \
--path-style-access true
+ Get current deployment
  Success
+ Get persistent store
  Success
Generated bucket name: spin-87e69f70-38c3-425b-bbdd-26c51dd21c19
+ Edit persistent store
  Success
Validation in default.persistentStorage:
+ Successfully edited persistent store "s3".
```

由于 Minio 不支持对象版本控制，所以需要在 Spinnaker 中将其禁用，将以下内容复制到 ~/.hal/default/profiles/front50-local.yml 中。

```
spinnaker.s3.versioning: false
```

如果以上目录不存在，那么自行创建即可。

配置完成外部存储服务后，接下来就可以开始部署 Spinnaker 了。

4.2.5 部署

在之前的操作中，我们配置了 Kubernetes 作为云提供商，选择了 Kubernetes 作为部署 Spinnaker 的环境，最后配置了 Minio 作为持久化存储。接下来，需要选择一个 Spinnaker 版本，并进行部署。

执行此命令列出可用版本。

```
bash-5.0$ hal version list
+ Get current deployment
  Success
```

```
+ Get Spinnaker version
  Success
+ Get released versions
  Success
+ You are on version "", and the following are available:
 - 1.19.14 (Gilmore Girls A Year in the Life):
   Changelog: https://gist.github.com/spinnaker-release/cc4410d674679c5765246a40f28e3cad
   Published: Thu Aug 13 23:44:46 GMT 2020
   (Requires Halyard >= 1.32)
 - 1.20.7 (Drive to Survive):
   Changelog: https://gist.github.com/spinnaker-release/75d50c7b931f1089e710a0e9d1acf8c4
   Published: Wed Jul 22 22:22:44 GMT 2020
   (Requires Halyard >= 1.32)
 - 1.21.4 (Dark):
   Changelog: https://gist.github.com/spinnaker-release/98c3bab183b507662a8f5524e54626d4
   Published: Thu Aug 13 00:23:38 GMT 2020
   (Requires Halyard >= 1.32)
 - 1.22.2 (Anne):
   Changelog: https://gist.github.com/spinnaker-release/e457272b5aac37a5c6512b80b0c53d5f
   Published: Tue Oct 13 15:18:00 GMT 2020
   (Requires Halyard >= 1.32)
 - 1.23.1 (Hemlock Grove):
   Changelog: https://gist.github.com/spinnaker-release/94280a2b615adccd975eed73359023ac
   Published: Tue Nov 03 14:34:07 GMT 2020
   (Requires Halyard >= 1.32.0)
```

执行 version edit 命令选择 1.23.1 版本。

```
bash-5.0$ hal config version edit --version 1.23.1
+ Get current deployment
  Success
+ Edit Spinnaker version
  Success
+ Spinnaker has been configured to update/install version "1.23.1".
  Deploy this version of Spinnaker with `hal deploy apply`.
```

接着，执行部署命令。

```
bash-5.0$ hal deploy apply
+ Get current deployment
  Success
+ Prep deployment
  Success
Validation in default.stats:
- INFO Stats are currently ENABLED. Usage statistics are being
  collected. Thank you! These stats inform improvements to the product, and that
  helps the community. To disable, run `hal config stats disable`. To learn more
  about what and how stats data is used, please see
  https://www.spinnaker.io/community/stats.
```

```
Validation in default.security:
- WARNING Your UI or API domain does not have override base URLs
  set even though your Spinnaker deployment is a Distributed deployment on a
  remote cloud provider. As a result, you will need to open SSH tunnels against
  that deployment to access Spinnaker.
? We recommend that you instead configure an authentication
  mechanism (OAuth2, SAML2, or x509) to make it easier to access Spinnaker
  securely, and then register the intended Domain and IP addresses that your
  publicly facing services will be using.

+ Preparation complete... deploying Spinnaker
+ Get current deployment
  Success
+ Apply deployment
  Success
+ Deploy spin-redis
  Success
+ Deploy spin-clouddriver
  Success
+ Deploy spin-front50
  Success
+ Deploy spin-orca
  Success
+ Deploy spin-deck
  Success
+ Deploy spin-echo
  Success
+ Deploy spin-gate
  Success
+ Deploy spin-rosco
  Success
+ Run `hal deploy connect` to connect to Spinnaker.
```

从日志中可以发现，Halyard 工具为每个微服务生成了 Kubernetes Manifest 部署文件，并调用了 kubectl 将这些工作负载部署到了所选的环境中（Kubernetes 集群）。deploy 命令运行完成后，并不意味着部署完成，仍需要等待集群拉取镜像、创建容器，使用以下命令可以检查各组件的运行状态。

```
➜  ~ kubectl get pods -n spinnaker
NAME                              READY   STATUS    RESTARTS   AGE
spin-clouddriver-5d66bf9d47-s7jsw  1/1    Running   0          110s
spin-deck-7777f6c9c7-xq5dg         1/1    Running   0          114s
spin-echo-b85fdbcd-49zhn           1/1    Running   0          110s
spin-front50-86476946f5-8wkwn      1/1    Running   0          121s
spin-gate-5d895dd8b6-28pxx         1/1    Running   0          100s
spin-orca-66758f4f5f-56pq2         1/1    Running   0          108s
spin-redis-9bc8cdb5c-2bvvf         1/1    Running   0          101s
```

```
spin-rosco-6554476ff5-ftp8d        1/1      Running   0         120s
```

当所有组件状态为 Running 且 Ready 为 1/1 时，意味着在本机 Kubernetes 集群部署 Spinnaker 已完成。

hal deploy connect 用于自动转发 Deck（9000 端口）和 Gate（8084 端口）组件的端口，便于在本机直接访问部署在 Kubernetes 集群的 Spinnaker 服务。在安装过程中，它不是必须要执行的命令，我们可以直接使用 kubectl port-forward 实现同样的端口转发效果，也可以通过 Nginx Ingress 对外暴露 Spinnaker Deck UI 组件而无须端口转发。

执行以下命令对 Deck 组件进行端口转发。

```
➜ ~ kubectl port-forward svc/spin-deck 9000:9000 -n spinnaker
Forwarding from 127.0.0.1:9000 -> 9000
Forwarding from [::1]:9000 -> 9000
```

打开另一个终端对 Gate 进行端口转发。

```
➜ ~ kubectl port-forward svc/spin-gate 8084:8084 -n spinnaker
Forwarding from 127.0.0.1:8084 -> 8084
Forwarding from [::1]:8084 -> 8084
```

使用浏览器访问 http://localhost:9000 即可打开 Spinnaker Deck 主界面，如图 4-2 所示。

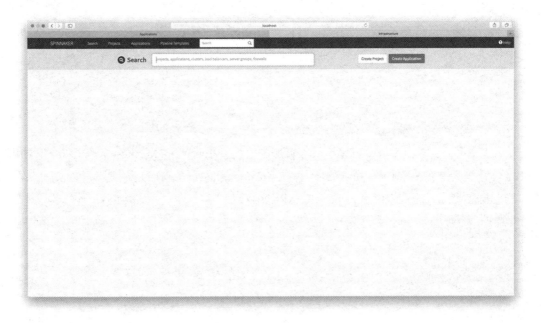

图 4-2　Spinnaker Deck 主界面

以端口转发的方式访问 Spinnaker 较为麻烦，暴露 Spinnaker 服务另一种更简单的方法是使用已提前部署的 Nginx Ingress，保存以下内容为 spin-ingress.yaml。

```yaml
apiVersion: networking.k8s.io/v1beta1
kind: Ingress
metadata:
  name: spin-deck
  namespace: spinnaker
spec:
  rules:
  - host: spinnaker.spinbook.local
    http:
      paths:
      - path: /
        backend:
          serviceName: spin-deck
          servicePort: 9000

---
apiVersion: networking.k8s.io/v1beta1
kind: Ingress
metadata:
  name: spin-gate
  namespace: spinnaker
spec:
  rules:
  - host: spinnaker-gate.spinbook.local
    http:
      paths:
      - path: /
        backend:
          serviceName: spin-gate
          servicePort: 8084
```

上述 Ingress 配置了两个域名，分别为 spinnaker.spinbook.local 和 spinnaker-gate.spinbook.local，前者对应 Deck 服务，后者对应 Gate 服务，执行命令应用 Manifest。

```
➜ ~ kubectl apply -f spin-ingress.yaml
ingress.networking.k8s.io/spin-deck created
ingress.networking.k8s.io/spin-gate created
```

Ingress 创建完成后，需要修改 Spinnaker Deck 和 Gate 的域名配置。

```
bash-5.0$ hal config security ui edit --override-base-url http://spinnaker.spinbook.local
+ Get current deployment
  Success
+ Get UI security settings
  Success
```

```
+ Edit UI security settings
  Success
Validation in default.security:
- WARNING Your UI or API domain does not have override base URLs
  set even though your Spinnaker deployment is a Distributed deployment on a
  remote cloud provider. As a result, you will need to open SSH tunnels against
  that deployment to access Spinnaker.
? We recommend that you instead configure an authentication
  mechanism (OAuth2, SAML2, or x509) to make it easier to access Spinnaker
  securely, and then register the intended Domain and IP addresses that your
  publicly facing services will be using.

+ Successfully updated UI security settings.

bash-5.0$ hal config security api edit --override-base-url http://spinnaker-gate.spinbook.local
+ Get current deployment
  Success
+ Get API security settings
  Success
+ Edit API security settings
  Success
```

重新部署 Spinnaker，使配置生效。

```
bash-5.0$ hal deploy apply
```

最后，修改 /etc/hosts 文件，添加以下内容。

```
127.0.0.1 spinnaker.spinbook.local
127.0.0.1 spinnaker-gate.spinbook.local
```

无须额外的端口转发，使用浏览器访问 http://spinnaker.spinbook.local 即可打开 Spinnaker UI。

4.2.6 升级

使用 Halyard 的安装方式可以使升级变得非常简单，首先查看 Spinnaker 的版本列表。

```
bash-5.0$ hal version list
+ Get current deployment
  Success
+ Get Spinnaker version
  Success
+ Get released versions
  Success
+ You are on version "1.23.1", and the following are available:
 - 1.19.14 (Gilmore Girls A Year in the Life):
   Changelog: https://gist.github.com/spinnaker-release/cc4410d674679c5765246a40f28e3cad
   Published: Thu Aug 13 23:44:46 GMT 2020
   (Requires Halyard >= 1.32)
```

```
- 1.20.7 (Drive to Survive):
  Changelog: https://gist.github.com/spinnaker-release/75d50c7b931f1089e710a0e9d1acf8c4
  Published: Wed Jul 22 22:22:44 GMT 2020
  (Requires Halyard >= 1.32)
- 1.21.4 (Dark):
  Changelog: https://gist.github.com/spinnaker-release/98c3bab183b507662a8f5524e54626d4
  Published: Thu Aug 13 00:23:38 GMT 2020
  (Requires Halyard >= 1.32)
- 1.22.2 (Anne):
  Changelog: https://gist.github.com/spinnaker-release/e457272b5aac37a5c6512b80b0c53d5f
  Published: Tue Oct 13 15:18:00 GMT 2020
  (Requires Halyard >= 1.32)
- 1.23.1 (Hemlock Grove):
  Changelog: https://gist.github.com/spinnaker-release/94280a2b615adccd975eed73359023ac
  Published: Tue Nov 03 14:34:07 GMT 2020
  (Requires Halyard >= 1.32.0)
```

如果有新的版本可用，列表中会有所展示，选择一个新的版本。

```
bash-5.0$ hal config version edit --version $VERSION
```

最后，执行部署命令，升级所有 Spinnaker 的微服务组件。

```
bash-5.0$ hal deploy apply
```

4.2.7 备份配置

当 Spinnaker 部署完成后，可以使用 Halyard 对当前部署的配置进行备份，以便在其他的计算机中使用这些配置重新安装。

Halyard 使用~/.hal 目录保存当前部署所需的所有数据，但需要注意的是，安装过程涉及的部分凭据文件和用户数据可能分散在不同的文件夹中，而 Halyard 的备份会自动解决上述问题，将部署配置数据和用户数据同步进行打包。

执行命令创建备份。

```
bash-5.0$ hal backup create
+ Create backup
  Success
+ Successfully created a backup at location:
/home/spinnaker/halyard-2020-11-14_08-19-33-540Z.tar
```

命令运行完成后，将生成一个 tar 压缩文件，包含安装所需的所有配置文件及修改后的 halconfig 文件。该文件对本地文件的引用已被修改为备份文件夹的目录，解压后，压缩文件的目录结构如下。

```
.
├── .backup
```

```
│       ├── config
│       └── required-files
│           └── 2054179555-config
├── config
├── default
│   ├── connect.sh
│   ├── history
│   │   ├── service-profiles.yml
│   │   └── service-settings.yml
│   ├── install.sh
│   ├── profiles
│   │   └── front50-local.yml
│   └── staging
│       ├── aws
│       │   ├── front50-credentials_home_spinnaker
│       │   └── front50-credentials_root
│       ├── clouddriver.yml
│       ├── dependencies
│       │   └── 2054179555-config
│       ├── echo.yml
│       ├── front50-local.yml
│       ├── front50.yml
│       ├── gate.yml
│       ├── orca
│       │   └── shutdown.sh
│       ├── orca.yml
│       ├── rosco
│       │   └── packer
│       │       ├── alicloud-multi.json
│       │       ├── alicloud.json
│       │       ├── aws-chroot.json
│       │       ├── aws-ebs.json
│       │       ├── aws-multi-chroot.json
│       │       ├── aws-multi-ebs.json
│       │       ├── aws-windows-2012-r2.json
│       │       ├── azure-linux.json
│       │       ├── azure-windows-2012-r2.json
│       │       ├── docker.json
│       │       ├── gce.json
│       │       ├── huaweicloud.json
│       │       ├── install_packages.sh
│       │       ├── oci.json
│       │       └── scripts
│       │           ├── aws-windows-2012-configure-ec2service.ps1
│       │           ├── aws-windows.userdata
│       │           ├── windows-configure-chocolatey.ps1
│       │           └── windows-install-packages.ps1
│       └── rosco.yml
```

```
|       ├── settings.js
|       └── spinnaker.yml
└── uninstall.sh
```

其中，default/staging 目录下保存了 Spinnaker 组件的安装配置，该目录下的 dependencies 保存着安装环境的集群凭据。

备份文件包含凭据信息，注意妥善保管。

有了该备份文件后，可以随时在具有 Halyard 的计算机上运行恢复命令。

```
bash-5.0$ hal backup restore --backup-path <backup-name>.tar
```

Halyard 会使用解压后的目录替换当前的 ~/.hal 目录，执行部署命令后，即可自动恢复部署。

注意，Halyard 的备份目标是方便将 Spinnaker 在其他计算机上重新安装，其备份功能仅限于 Spinnaker 组件。Spinnaker 的应用、持续部署流水线和权限等应用数据依赖于外部服务，这取决于安装时所选的存储服务，Halyard 无法备份和恢复这些存储服务的数据。

4.2.8 常见问题

本小节会介绍安装过程中的一些常见问题，读者可根据错误提示找到对应的解决方案。

（1）打开应用程序（Application）界面，报错如下。

```
Error initializing dialog. Check that your gate endpoint is accessible. Further information on troubleshooting this error is available here.
```

出现此错误最常见的原因是本地无法访问 Gate（默认为 http://localhost:8084）。

要避免该错误，请按以下步骤进行检查。

- 如果使用端口转发暴露 Spinnaker 服务，则检查本地是否能够同时访问 http://localhost:9000（Deck UI）和 http://localhost:8084（Gate）。

- 如果通过自定义 URL 访问 Spinnaker，请确保配置了 override-base-url 为 UI（Deck）和 API（Gate）进行了设置，这涉及跨域资源共享（CORS）。如果配置不正确，将导致拒绝访问。

- 如果在本地部署了 Spinnaker，请确保 Redis 连接可用。

（2）Front50 启动失败，查看日志报错。

```
Unable to execute HTTP request: spin-87e69f70-38c3-425b-bbdd-26c51dd21c19.minio-1604842834.minio.svc.cluster.local
```

这是由于存储服务不支持虚拟主机形式的请求，常出现在使用 Minio 作为存储服务时。只需要执行命令 hal config storage s3 edit --path-style-access true，并且重新执行执行部署命令 hal deploy apply 即可解决该问题。

（3）Front50 启动失败，查看日志报错。

```
Caused by: com.amazonaws.SdkClientException: Unable to execute HTTP request: Read timed out
```

报错提示无法连接存储服务，常见于将 Minio 的连接地址或端口号配置（例如默认为 9000 端口）错误。

（4）Front50 启动失败，查看日志报错。

```
Factory method 's3StorageService' threw exception; nested exception is com.amazonaws.SdkClientException : Unable to execute HTTP request : Unsupported or unrecognized SSL message
```

这是由于配置 Minio 连接地址时未指定协议，将导致 Front50 默认使用 HTTPS 协议连接 Minio，应该指定 HTTP 协议，正确的配置如 http://minio-1604842834.minio.svc.cluster.local:9000。

（5）执行 hal deploy apply 时只需要部署部分服务。

可以运行以下命令，只部署 gate 和 clouddriver 服务。

```
hal deploy apply --service-names gate clouddriver
```

（6）删除 Spinnaker。

运行 hal deploy clean 删除现有的 Spinnaker 服务，然后再运行 sudo ~/.hal/uninstall.sh 删除 Halyard 即可。

4.3　本章小结

本章详细阐述了安装的环境要求，如 CPU、内存和基本工具，并记录了如何通过 Halyard 的方式来安装 Spinnaker，主要步骤包括选择云提供商、选择环境、选择存储方式和部署。

本章选择了较为典型的安装方式来说明 Spinnaker 的安装过程，具体是使用 Kubernetes 作为云提供商，使用 Kubernetes 提供 Spinnaker 的运行环境，使用 Minio 提供存储服务。

需要注意的是，安装过程涉及的 Spinnaker 微服务和外部组件较多，这会导致安装的复杂性变高。当安装出现问题时，读者可在 4.2.8 节中查找解决方案。

在使用 Kubernetes 集群作为运行环境的场景下暴露 Spinnaker 服务，有两种方案，一种是通过 kubectl port-forward 的方案暴露 Deck 和 Gate（同 hal deploy connect 命令），另一种是使用 Nginx Ingress 结合 Hosts 映射对外暴露服务。

最后，本章对如何备份 Spinnaker 的部署配置进行了详细说明，以便于我们在其他的计算机上重新安装服务。

05
Spinnaker 基本工作流程：流水线

持续部署流水线是 Spinnaker 的基本工作流程，在设计流水线时，Netflix 的工程师发现大部分部署流程是类似的，例如都需要经过编译和构建、部署到测试环境进行测试，然后部署到生产环境。但是一些团队可能采取的是手工的功能测试方法，而另一些团队则采用自动测试的方法。此外，对于某些受到高度控制的生产环境，在部署前需要相关人员的批准或者手工判断，有一些环境则可以实现自动更新。

这意味着持续部署流水线需要实现不同团队对部署的定义和工作流，通过构建流水线的方式来满足不同团队的部署需求。Spinnaker 持续部署流水线正是在这种背景下被提出的。

另一个背景是在 Netflix 的研发体系中存在着数量众多的微服务，这些微服务在不同的团队中的部署方式大体上是一致的，Spinnaker 的持续部署流水线能够让工程师构建自己的流水线并且自由地进行实验，团队只需要专注于构建部署策略和业务本身，从而有效地提高了研发效率。

要想查看 Spinnaker 持续部署流水线，首先要进入某个应用，单击左侧的"PIPELINES"（流水线），查看当前应用的持续部署流水线主界面，如图 5-1 所示。

持续部署流水线能够实现灵活的编排，这要归功于功能最复杂且可组合的"阶段"类型。

本章将从全局的角度出发，对持续部署流水线的基本内容进行介绍，为后续实战打下良好的基础。

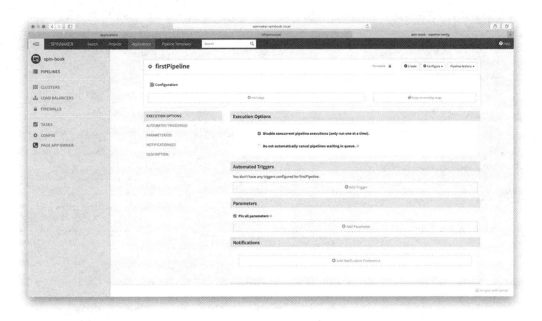

图 5-1　持续部署流水线

5.1　管理流水线

流水线是 Spinnaker 的核心工作流程，本节将讲解流水线的基本操作，这些基础操作围绕着管理流水线的生命周期，例如从创建流水线到添加阶段、禁用流水线、锁定流水线、删除流水线等，为高效地管理流水线打下良好的基础。

5.1.1　创建流水线

流水线的组织方式是围绕着应用的，一个应用可以由多条流水线组成。要创建流水线，必须要先创建应用，进入图 5-1 所示的 Spinnaker 主界面后，单击上方的"Application"进入应用页，单击右侧的"Create Application"创建应用，弹出的对话框如图 5-2 所示。其中，Name 和 Email 为必填项，其他为选填项。

应用创建完成后，将自动跳转至应用详情页，单击图 5-1 左侧的"PIPELINES"菜单进入当前应用的流水线列表，单击右侧的"Configure a new pipeline"并输入流水线名称，单击"Create"，如图 5-3 所示。

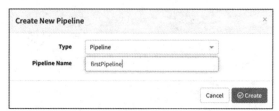

图 5-2　创建应用　　　　　　　　　图 5-3　创建流水线

创建完成后，将自动跳转到流水线配置页，如图 5-4 所示。

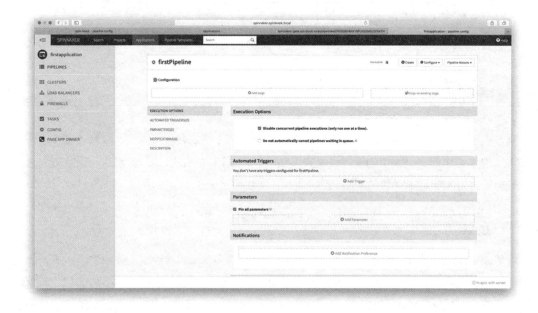

图 5-4　流水线配置页

单击左侧的"PIPELINES"菜单即可显示刚才创建的流水线，如图 5-5 所示。

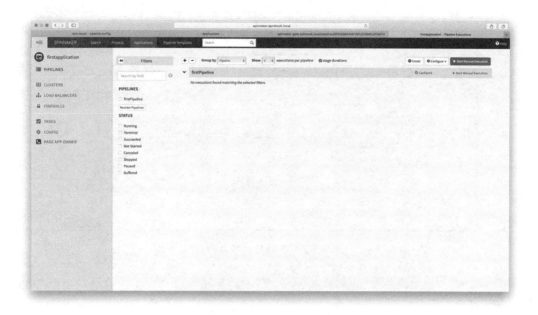

图 5-5　应用流水线列表

至此，我们便完成了应用和流水线的创建。

5.1.2　配置流水线

流水线配置是管理和修改流水线的入口，可通过单击对应流水线的"Configure"按钮进入流水线配置页，所有关于流水线的配置和修改功能都在该页面下，如图 5-6 所示。

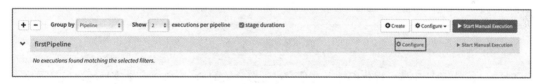

图 5-6　流水线配置页入口

5.1.3　添加自动触发器

触发器用于描述流水线如何自动触发。进入流水线配置页面后，在首页下方找到"Automated Triggers"区域，单击"Add Trigger"添加自动触发器，如图 5-7 所示。

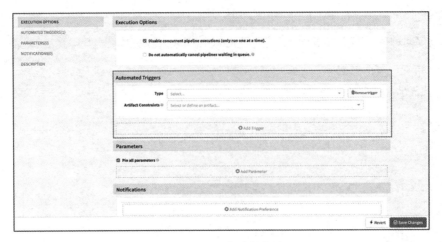

图 5-7　添加自动触发器

选择"Type"可以添加不同类型的触发器，注意，在添加完成后，单击右下方的"Save Changes"来保存流水线。

5.1.4　添加阶段

阶段是 Spinnaker 流水线调度中的最小单位，在流水线配置页，单击"Add stage"便能够添加阶段，如图 5-8 所示。

图 5-8　添加阶段

Spinnaker 的阶段支持可视化编排，这是通过配置阶段的 Depends On 来实现的，通过对每个阶段提供上游依赖信息，流水线的阶段将被组合为一个有向无环图（DAG）。

最简单的例子是串行阶段的流水线，如图 5-9 所示。

图 5-9　串行阶段

还可以实现多个阶段同时运行的并行阶段，如图 5-10 所示。

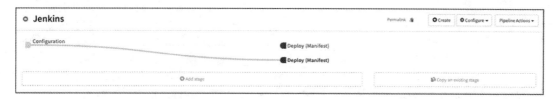

图 5-10　并行阶段

此外，还能够实现分支阶段，例如根据不同的条件执行不同的分支阶段，如图 5-11 所示。

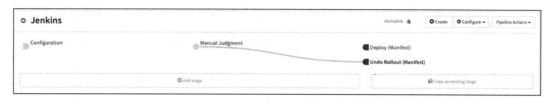

图 5-11　分支阶段

最后，还可以使下游阶段配置依赖于上游的两个分支阶段，将分支阶段合并到下游的主干分支，如图 5-12 所示。

图 5-12　分支阶段合并

在这种情况下，只有被依赖的 Deploy (Manifest) 的两个阶段都完成后，下游的 Manual Judgement 阶段才会运行。

Spinnaker 提供了强大的阶段编排能力，这为构建复杂的持续部署流水线提供了基础。

5.1.5　手动运行流水线

进入应用 PIPELINES 流水线列表页，单击相应流水线右侧的"Start Manual Execution"按钮即可手动启动，如图 5-13 所示。

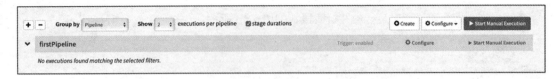

图 5-13　手动运行流水线

接着，Spinnaker 会弹出一个对话框，可以在此输入或选择必要的启动参数，如图 5-14 所示。

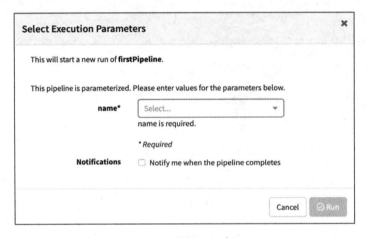

图 5-14　选择启动参数

同时，也可以通过 Spinnaker 内置的 URL 快速访问流水线的手动运行对话框。

- 应用名为 firstapplication。
- 该应用内包含名为 firstPipeline 的流水线，流水线 pipelineConfigId 为 a99947a0-51c8-403e-a232-af53441dba9c。
- 流水线中有一个 name 参数。
- Spinnaker 地址[1]。

利用两个链接可以直接跳转到对应流水线的手动运行对话框[2]。

如果希望在打开对话框的同时自动填充变量值，可以使用两个 URL[3]，例如自动填充 name 参数。

---

[1] 相关链接见电子资源文档中的链接 5-1。
[2] 相关链接见电子资源文档中的链接 5-2。
[3] 相关链接见电子资源文档中的链接 5-3。

5.1.6 禁用流水线

如果希望实现暂时停用但又不删除流水线,那么可以使用禁用流水线功能。禁用流水线可以停用该流水线内的所有触发器,也可以防止用户手动运行它。

进入流水线配置页,单击右上角的"Pipeline Actions",在下拉菜单中选择"Disable"即可禁用当前流水线,如图 5-15 所示。

图 5-15 禁用流水线

被禁用后的流水线在界面上将不可用,并且隐藏"Start Manual Execution"按钮,无法通过手动启动来运行。

要想重新启用流水线,需要重新进入流水线配置页,单击右上角的"Pipeline Actions",在下拉菜单中选择"Enable"即可。

5.1.7 删除流水线

删除流水线意味着删除流水线本身及所有配置项,删除后的数据无法找回,请慎重操作。

进入流水线配置页,单击右上角的"Pipeline Actions",在下拉菜单中选择"Delete",并在弹出的对话框中再次选择"Delete"即可删除当前流水线,如图 5-16 所示。

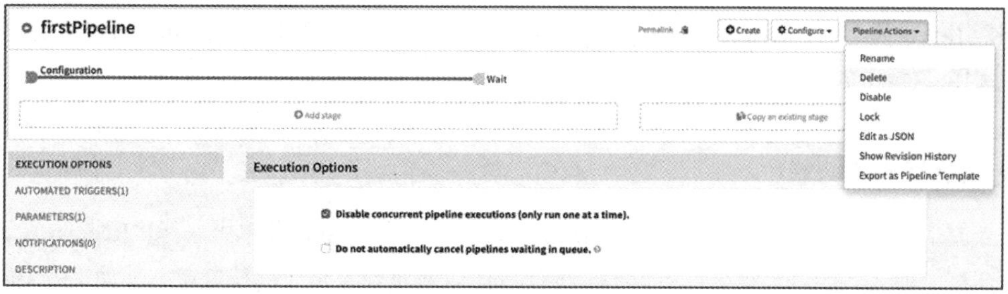

图 5-16 删除流水线

5.1.8 锁定流水线

如果当前配置的流水线趋于稳定，需要防止修改导致的错误，可以使用"锁定流水线"功能，禁止所有用户使用 Spinnaker UI 界面修改流水线。注意，锁定流水线仅从界面上禁止了对流水线的修改，但仍然可以使用 API 来更新被锁定的流水线。

进入流水线配置页，单击右上角的"Pipeline Actions"，在下拉菜单中选择"Lock"即可锁定当前流水线，如图 5-17 所示。

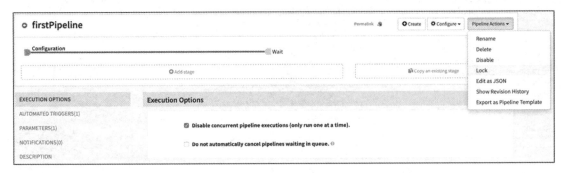

图 5-17　锁定流水线

锁定流水线后，在流水线的配置页面详情将出现一行警告"This pipeline is locked and does not allow modification"，并且对流水线的任何修改均无法保存，如图 5-18 所示。

图 5-18　锁定流水线

和禁用流水线类似，如果要解除锁定，单击流水线配置页右上角的"Pipeline Actions"，在下拉菜单中选择"Unlock"即可。

5.1.9 重命名流水线

进入流水线配置页，单击右上角的"Pipeline Actions"，在下拉菜单中选择"Rename"，在弹出的对话框中输入新的流水线名称，单击"确认"即可对当前流水线进行重命名，如图 5-19 所示。

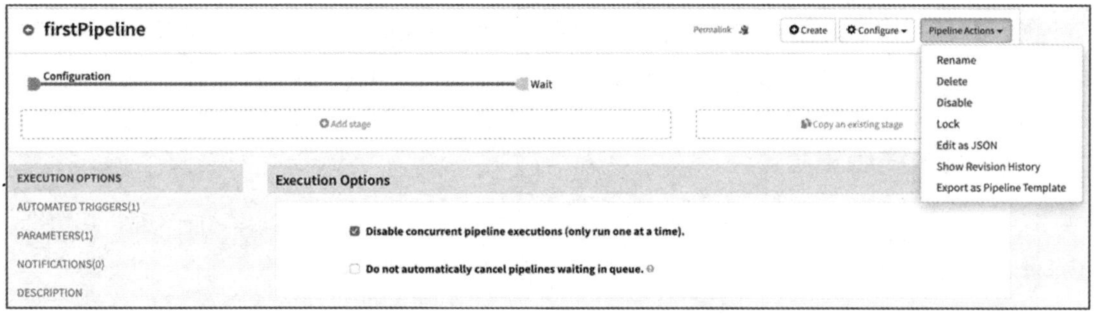

图 5-19　重命名流水线

5.1.10　通过 JSON 编辑流水线

在 Spinnaker 中，流水线最终都以 JSON 的数据格式进行保存。也就是说，在 UI 界面对流水线的任何操作，实际上是对流水线 JSON 字段及其值的增、删、改。在单击保存流水线时，Spinnaker Deck 将表单数据转化成 JSON 并传递给后端进行存储。

在通过 JSON 编辑流水线时，可以跳过 Deck UI 界面直接对其进行编辑，例如设置一些在界面中尚未公开的字段或属性。

在修改流水线的 JSON 数据时，将不再验证这些数据。这意味着用户可以在文本框中自由地进行修改，但这是一种比较危险的操作，极易破坏流水线。

若要通过 JSON 编辑流水线，在流水线配置页单击右上角的"Pipeline Actions"，在下拉菜单中选择"Edit as JSON"即可，如图 5-20 所示。

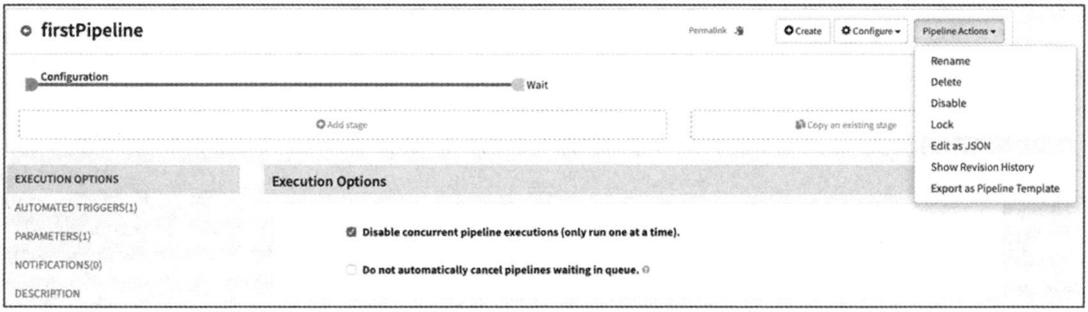

图 5-20　通过 JSON 编辑流水线

在文本框内编辑完成后，需要注意的是，单击"Update Pipeline"并不会保存流水线，而是使用 JSON 数据来更新当前界面。要继续保存，需要单击流水线右下角的"Save Changes"。

5.1.11 流水线历史版本

每次保存流水线时，Spinnaker 都将记录当前版本并添加到历史版本记录中。使用历史版本修改记录可以区分不同版本流水线的区别或还原流水线到某个历史版本。

如果使用 Minio 或 Redis 作为存储服务，将无法使用流水线历史记录，因为它们都不支持对数据的版本控制。

要查看流水线的历史版本，需要进入流水线配置页单击右上角的"Pipeline Actions"，在下拉菜单中选择"Show Revision History"，页面会以 JSON 格式显示当前流水线的历史版本记录，如图 5-21 所示。

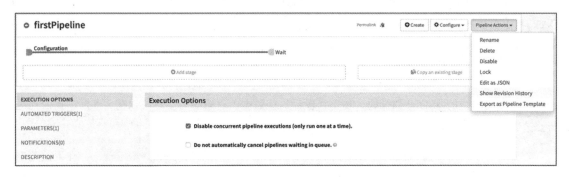

图 5-21　进入流水线配置页

要查看流水线历史版本和差异，需要单击"Revision"，从下拉菜单中选择一个历史版本，选择"compare to"和上一个版本或当前版本进行比较，即可显示差异，如图 5-22 所示。

选择"Revision"下拉菜单中的某个版本，然后单击"Restore this version"按钮，即可将流水线恢复到所选版本。

如果在恢复时选择了旧的历史版本，Spinnaker 会将恢复前的流水线保存为一个历史版本，以便后续恢复。

图 5-22 流水线历史版本和差异比较

5.2 部署制品

Spinnaker 的部署制品是一组 JSON 对象，用来指向外部资源。

部署制品支持的类型非常多，可以引用一个或多个外部资源，举例如下。

- Docker 镜像。
- 存储在 Git 仓库的文件。
- VM 的镜像。
- Amazon S3 存储的二进制文件。

其中每个制品都可以使用 URI 来获取并在流水线中使用，但在实际的使用中，除 URI 引用的外部资源外，还可能获取其他的元数据，例如本次构建资源的提交或者具有下载权限的账户信息等。

为了解决以上问题，Spinnaker 部署制品遵循一套规范，其中除了 URI 作为最基本的信息，还有其他字段用于存储元数据。

需要注意的是，部署制品是对外部资源的引用，而不是资源本身。

如果使用的是 Spinnaker 1.20 之前的版本，那么需要手动开启部署制品功能。

```
hal config features edit --artifacts-rewrite true
```

如果是 1.20 及更高的版本，则默认已启用部署制品的支持。

1.20 版本的部署制品在界面和操作方面有较大的修改，在 1.20 版本之前，部署制品是在流水线的配置页中的"Expected Artifacts"菜单进行配置的；1.20 版本之后删除了"Expected Artifacts"的单独配置，部署制品将在"Triggers"（触发器）菜单中进行添加。如果不想采用这种方式，并希望回到以前的配置模式，我们可以修改 settings-local.js。

```
window.spinnakerSettings.feature.legacyArtifactsEnabled = true;
```

这不是必需的，后续章节将对基于新版本的部署制品进行讲解。

部署制品有一套规范的定义，例如以下是 Docker 镜像的部署制品。

```
{
  "type": "docker/image",
  "reference": "gcr.io/project/image@sha256:29fee8e284",
  "name": "gcr.io/project/image",
  "version": "sha256:29fee8e284"
}
```

GitHub 文件类型的制品如下。

```
{
  "type": "github/file",
  "reference": "https://api.github.com/repos/myorg/myrepo/contents/path/to/file.yml",
  "name": "path/to/file.yml",
  "version": "aec855f4e0e11"
}
```

构成 Spinnaker 部署制品的字段如表 5-1 所示。

表 5-1　Spinnaker 部署制品的字段

字段	说明	是否必需
type	部署制品的类型	是
name	部署制品的名称	是
reference	获取外部资源的 URI	是

续表

字段	说明	是否必需
artifactAccount	有权限获取外部资源的部署制品账户，需要单独配置	是
version	外部资源的版本，仅在相同的名称和类型下进行版本比对	否
provenance	产生制品外部系统的相关 URI	否
metadata	与外部资源有关的元数据，可以是任何的键值对	否
location	外部资源的所属区域或空间名称，一般用于外部资源具有多区域的类特性，例如 Amazon S3 类型的部署制品	否
uuid	系统唯一标识	由 Spinnaker 分配

在流水线的触发器或阶段中，可以声明期望触发器或阶段被使用的部署制品，这被称为"Expected Artifacts"（期望部署制品）。在触发器被触发时，Spinnaker 会对传入的制品与期望部署制品进行比较，如果传入的制品与期望部署制品匹配，则将传入的部署制品绑定到该期望部署制品中，并可以在接下来的阶段内使用。例如，图 5-23 展示了 GitHub 文件类型的期望部署制品，这个制品可以是一个 Kubernetes Manifest 文件。

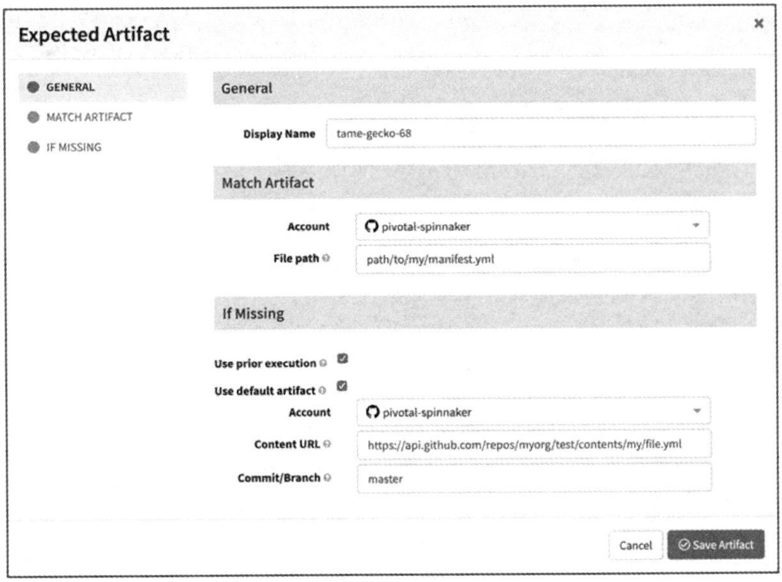

图 5-23 期望部署制品

默认的期望部署制品名称将自动生成，我们可以对其进行修改。

期望部署制品共有如下 3 个配置项。

- General：配置期望部署制品的名称。

- Match Artifact：匹配触发器传入的部署制品，不同类型的部署制品具有不同的匹配方法，例如可以对路径、版本、镜像名称或元数据进行匹配。当触发器传入的部署制品与配置参数匹配时，触发器才会开始执行流水线。

- If Missing：指定触发器无法匹配到期望部署制品时的行为，可以选择"Use prior execution"指定使用上一次执行成功的部署制品，或选择"Use default artifact"指定使用默认的部署制品。这是非常重要的，例如在有多个期望部署制品时，触发器的来源可能无法保证每次触发都携带所有的期望部署制品，此时就需要使用默认部署制品来补充在触发器内未携带的期望部署制品。

5.2.1 在流水线中使用制品

在流水线中使用部署制品有两种方案，分别是直接使用、从其他流水线中查找制品并使用期望部署制品。

为流水线的触发器配置好期望部署制品后，便能在流水线下游的特定阶段中使用它了。这些特定的阶段一般与部署制品相关联，例如期望部署制品是 Kubernetes Manifest 文件，那么此部署制品可以在 Kubernetes 相关的阶段被使用。

定义来源于 Github Manifest 文件、名为 nginx 的期望部署制品，其内容如下。

```yaml
apiVersion: apps/v1
kind: Deployment
metadata:
  name: nginx-deployment
spec:
  selector:
    matchLabels:
      app: nginx
  replicas: 1
  template:
    metadata:
      labels:
        app: nginx
    spec:
      containers:
      - name: nginx
        image: nginx:1.14.2
        ports:
        - containerPort: 80
```

Spinnaker 中的界面如图 5-24 所示。

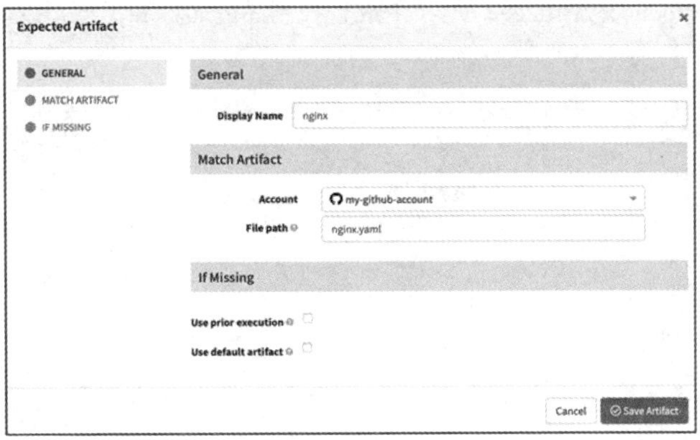

图 5-24　定义期望部署制品

有了期望部署制品后，便能够在对应的阶段进行消费，例如选择 Deploy (Manifest) 阶段，选择云账号及 Manifest Artifact 为"nginx"即可，如图 5-25 所示。

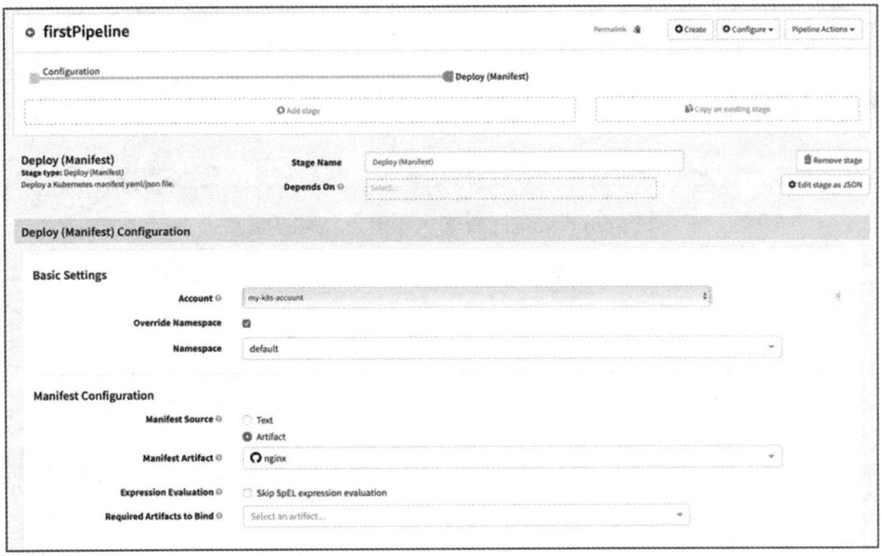

图 5-25　在流水线中使用期望部署制品

配置完成后，Spinnaker 在收到 GitHub 触发器消息时，会运行流水线、部署 nginx.yaml，并创建 Deployment 类型的工作负载。

除了在流水线中直接使用期望部署制品，还可以在其他执行成功的流水线中查找期望部署制品。

查找其他阶段的部署制品，需要在 Find Artifacts From Execution 阶段进行配置，如图 5-26 所示。同时，在该阶段配置 Produces Artifacts，定义生成查找制品的名称和类型，以便在后续阶段使用，如图 5-27 所示。

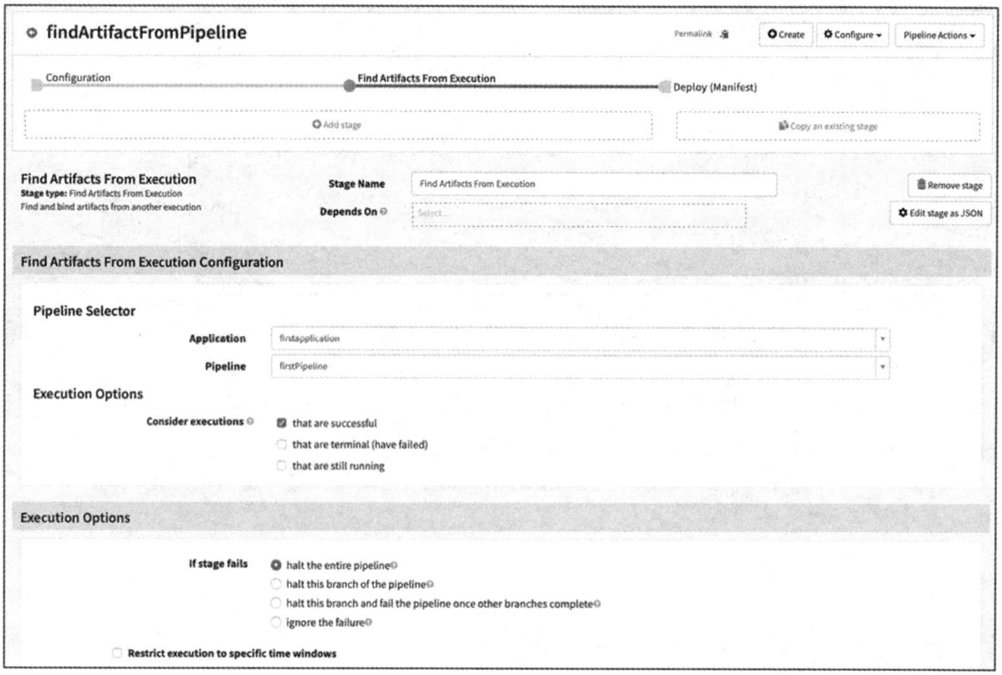

图 5-26　从其他的流水线中查找部署制品

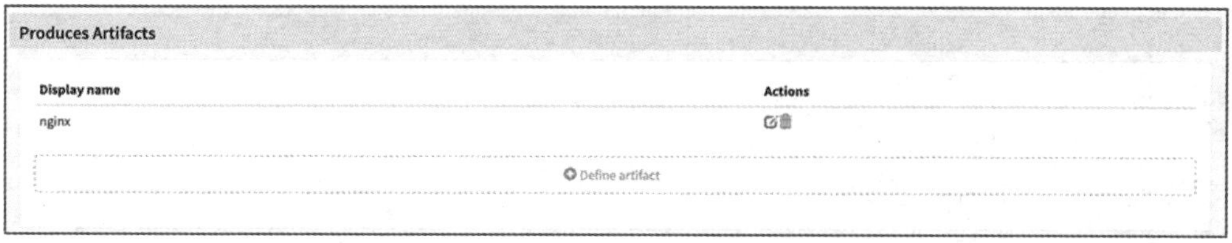

图 5-27　配置 Produces Artifacts

流水线在执行时，在 Find Artifacts From Execution 阶段会生成对应的部署制品，在这之后的阶段便能够像期望部署制品一样直接使用。

期望部署制品还具备一种非常重要的特性——能够在流水线中进行传递。

例如，如果流水线 A 执行完成后，以触发器的形式触发了流水线 B，那么流水线 B 将能访问流水线 A 中的任何期望部署制品，既包括流水线 A 触发器携带的期望部署制品，也包括流水线 A

生成的期望部署制品。

在不同的流水线传递期望部署制品的具体配置如下。

- 流水线 A 触发流水线 B：在流水线 B 中添加自动触发器，该触发器指向流水线 A。当流水线 A 完成后，将触发流水线 B 运行，并且流水线 B 能够访问流水线 A 中的所有期望部署制品。
- 作为子流水线运行：在父流水线 A 中添加 Pipeline 类型的阶段，并指向流水线 B，在这种情况下，流水线 B 将可以访问触发它的流水线 A 的期望部署制品及其上游产生的期望部署制品。

为了更加深刻地理解期望部署制品的工作方式，下面以一条完整的流水线为例，其关键信息如图 5-28 所示。

图 5-28　流水线关键信息

假设我们已经配置了持续部署流水线，阶段如图 5-29 所示。

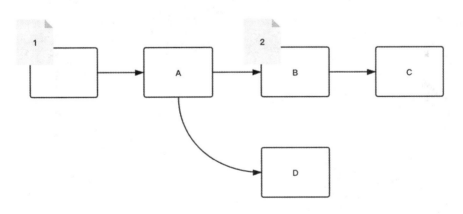

图 5-29　流水线阶段

该流水线声明了在启动阶段匹配期望部署制品 1（例如 Docker 镜像），这是在流水线的 Configuration 选项中配置的。此外，流水线还在阶段 B 中匹配了期望部署制品 2，这可能是使用

Find Artifact from Execution 来查找的。

如图 5-30 所示，当流水线被携带了期望部署制品的触发器（如 Webhook）所触发时，期望部署制品 1 已被绑定，并且两个期望部署制品都将放入触发器内，因此任何下游的阶段都可以消费它们。期望部署制品的优点是下游阶段可以显式地引用它们，而不需要在运行时检查部署制品是否存在。

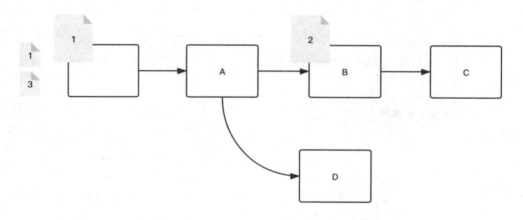

图 5-30　触发流水线

当流水线运行到阶段 B 时，它需要绑定期望部署制品 2，例如可以使用 Find Artifact from Execution 从其他流水线的阶段中查找制品并绑定，如图 5-31 所示。

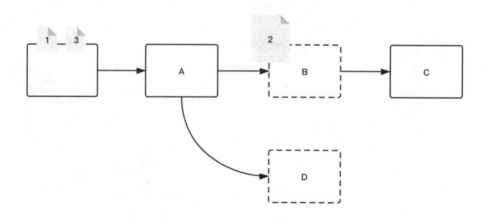

图 5-31　绑定期望部署制品 2

最后，当阶段 C 或 D 需要引用上游的期望部署制品时，因为它们所具有的上游阶段不同，所以它们可引用的制品也有所不同，例如，阶段 D 无法引用制品 2，如图 5-32 所示。

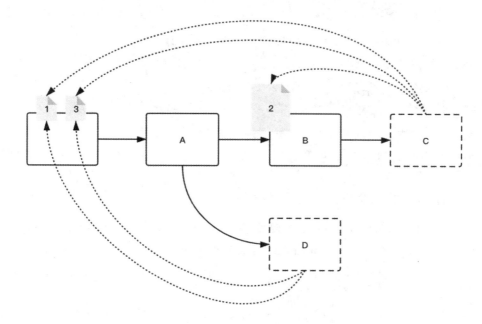

图 5-32　不同阶段所能引用的制品

5.2.2　自定义触发器制品

当使用外部 CI 系统触发持续部署流水线时，Spinnaker 可以使用 CI 构建信息将相关的期望部署制品注入流水线中。

使用 Jinja 模板从构建信息中提取部署制品，模板使用触发器作为上下文，并输出期望部署制品到流水线中。Spinnaker 提供了一组用于提取标准部署制品的模板，用户可以对其进行扩充。

要将 Spinnaker 配置为从 Jinja 模板中提取部署制品，需要从 CI 构建中导出以下属性。

- messageFormat：要使用的 Jinja 模板名称。
- customFormat：true 表示使用用户配置的模板，false 表示使用 Spinnaker 内置的模板。

例如，要使用 Spinnaker 提供的 JAR 模板，则需要在 Jenkins 中生成以下格式的 properties 文件。

```
messageFormat=JAR
customFormat=false
```

配置部署制品的模板可以使用 hal config artifact templates。

```
hal config artifact templates add <name of template> --template-path <path to the template>
```

此外，还可以将以下内容添加到 igor-local.yml 进行手动配置。

```
artifacts:
  templates:
  - name: <name of template>
    templatePath: <path to the template>
```

然后从 CI 构建中导出以下内容作为属性来使用配置的自定义模板。

```
messageFormat=<name of template>
customFormat=true
```

配置好模板后，下一步需要将变量绑定到模板内。

通常，提取部署制品模板将读取 CI 构建导出的属性。例如，将 Jenkins 构建的.jar 上传到 Maven 制品库，我们可以使用 custom-jar.jinja 定义 Jinja 模板。

```
{
    "reference": "{{ properties.group }}-{{ properties.artifact }}-{{ properties.version }}",
    "name": "{{ properties.artifact }}-{{ properties.version }}",
    "version": "{{ properties.version }}",
    "type": "maven/file"
}
```

然后通过 CI 构建导出以下内容，便能够生成可用的部署制品。

```
group=test.group
artifact=test-artifact
version=123
messageFormat=custom-jar
customFormat=true
```

Spinnaker 默认提供的模板可以在 GitHub 中查看。[①]

5.2.3 Kubernetes Manifest 制品

Manifest 在 Kubernetes 中起着重要的作用，从部署的 Manifest 文件到它们所引用的 Docker 镜像或 ConfigMap 的所有内容，都可以使用部署制品来表示及部署。

在 Spinnaker 中，有两种部署 Manifest 的方法，分别是作为静态文件或部署制品提供给流水线。

---

① 相关链接见电子资源文档中的链接 5-4。

例如，图 5-33 展示了一个来源于 GitHub 文件类型的 Manifest 部署文件。

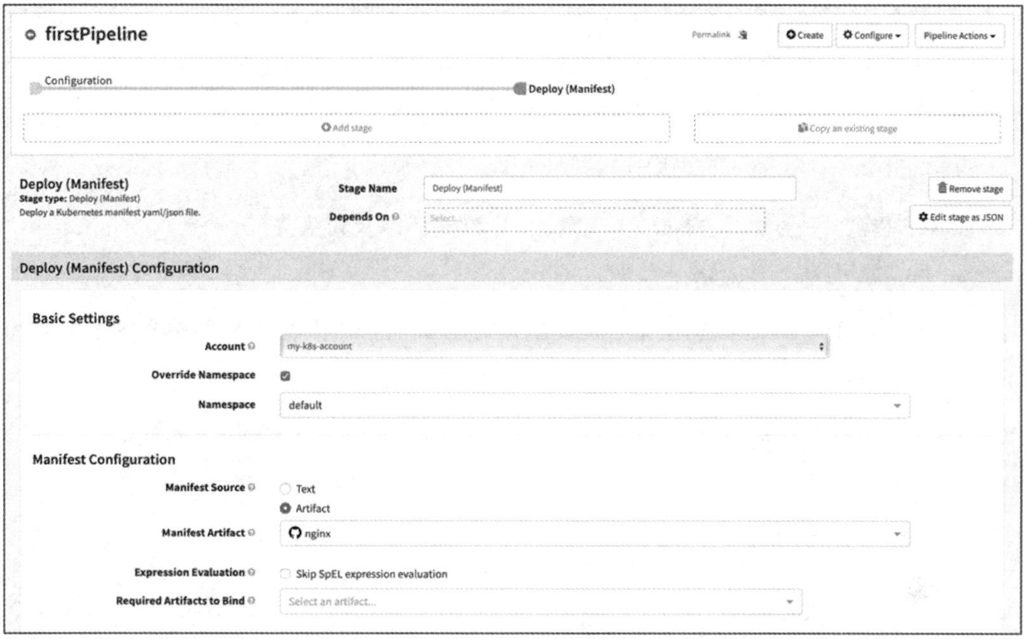

图 5-33　GitHub Manifest 文件

根据流水线的配置，它将在 GitHub 修改了此文件后触发流水线。

在对 Kubernetes 的部署中，Spinnaker 有两个特定的资源类型是会自动进行版本化管理的，分别是 configMap 和 Secret。

例如，以下 Manifest 描述了一组 ConfigMap，并存储在 GitHub 中。

```
{
    "type": "github/file",
    "name": "manifests/frontend-configs.yml",
    "reference": "https://api.github.com/repos/your-application/..."
}
```

当该 Manifest 被部署后，将生成以下 Kubernetes 部署制品。

```
{
    "type": "kubernetes/configMap",
    "name": "frontend-configs",
    "location": "prod",
    "version": "v001"
}
```

这意味着部署阶段会消费 Manifest 制品，并产生新的 ConfigMap 制品。

当这些版本化的资源对应的 Manifest 被修改后，Spinnaker 在部署时会自动为其使用新的后缀名 -vNNN 并应用它们，这对支持不可变部署至关重要。当对这些资源进行版本化管理后，回滚将变得更加可靠。

除了 Manifest 本身，部署资源中还有一种资源也是经常被更新的，它就是 Docker 镜像。

Spinnaker 提供两种方法对 Manifest 文件中的镜像进行绑定和替换，分别是在 Manifest 中的书写表达式、自动绑定 Docker 镜像。

其中，自动绑定 Docker 镜像是 Spinnaker 推荐的方式。它的工作原理是当字段引用的类型值与传入的部署制品的名称和类型相匹配时，该字段会被替换为部署制品。

例如，Manifest 中的 spec.template.spec.containers.*.image 字段始终是匹配 Docker 类型的制品，而 spec.template.spec.volumes.*.configMap.name 字段则始终匹配 ConfigMap。

接下来通过例子来阐述，例如有以下 Manifest 文件需要进行部署。

```yaml
apiVersion: apps/v1
kind: Deployment
metadata:
  labels:
    app: nginx
  name: nginx-deployment
spec:
  replicas: 3
  selector:
    matchLabels:
      app: nginx
  template:
    metadata:
      labels:
        app: nginx
    spec:
      containers:
        - image: gcr.io/my-images/nginx #可绑定制品
          name: nginx
          ports:
            - containerPort: 80
          volumeMounts:
            - mountPath: /opt/config
              name: my-config-map
      volumes:
        - configMap:
```

```
      name: configmap                    #可绑定制品
      name: my-config-map
```

当执行部署阶段时,假设上下文中有以下部署制品(它们可能是由触发携带或之前的部署查找所得的)。

```
[
  {
    "type": "docker/image",
    "name": "gcr.io/my-images/nginx",
    "reference": "gcr.io/my-images/nginx@sha256:0cce25b9a55"
  },
  {
    "type": "kubernetes/configMap",
    "name": "configmap",
    "version": "v001",
    "location": "default",
    "reference": "configmap-v001"
  }
]
```

ConfigMap 和 Docker 镜像会被上下文中的部署制品替换,并且生成新的 Manifest 部署到集群中。

```
apiVersion: apps/v1
kind: Deployment
metadata:
  labels:
    app: nginx
  name: nginx-deployment
spec:
  replicas: 3
  selector:
    matchLabels:
      app: nginx
  template:
    metadata:
      labels:
        app: nginx
    spec:
      containers:
      # Spinnaker 自动绑定制品
      - image: gcr.io/my-images/nginx@sha256:0cce25b9a55
        name: nginx
        ports:
          - containerPort: 80
        volumeMounts:
          - mountPath: /opt/config
```

```
            name: my-config-map
    volumes:
    - configMap:
        # Spinnaker 自动绑定制品
        name: configmap-v001
        name: my-config-map
```

当然，也可以使用条件表达式对 Manifest 模板进行自动替换，例如将 image 字段修改为条件表达式 gcr.io/my-images/nginx:${trigger["artifacts"].?[type=="docker/image"]["version"]}。使用条件表达式后，意味着 Manifest 文件将和表达式引擎强绑定，无法再通过标准的部署方法（例如 kubectl apply）对其进行部署，故不推荐此方式。

5.2.4 制品类型

部署制品是 Spinnaker 中的部署对象，Spinnaker 支持的制品类型非常多，具体有 Docker 镜像、Base64 Raw、Google GCS 对象、AWS S3 对象、Git 仓库、GitHub 文件、GitLab 文件、HTTP 文件、Kubernetes 对象、Maven。

对于一般的使用场景，Docker 镜像常与 Kubernetes 对象一起使用，Kubernetes Manifest 可以存储在 Git 中，通过 Webhook 触发器携带制品。而对虚拟机的部署则可以使用 AWS S3 存储业务制品，例如 Jar 包或可执行二进制文件，也可以使用 Maven Repo 来存储。

后续的章节将对每种制品类型进行深入阐述。

5.3 启动参数

启动参数是为流水线提供启动时的参数并注入上下文的键值对，常与"阶段"的条件表达式结合，根据不用的启动参数执行不同的流水线分支或跳过特定的阶段，也可以为阶段提供变量，实现动态的流水线。

要添加启动参数，首先进入流水线配置页面，找到下方的"Parameters"功能区域，单击"Add Parameter"，如图 5-34 所示。

启动参数的每个字段的含义如下。

- Name：必填参数，启动参数的名称，可在阶段内通过表达式 ${#parameter("Name")} 获取对应名称的值。

- Label：可选参数，当手动运行流水线时，用于展示此参数的标签。

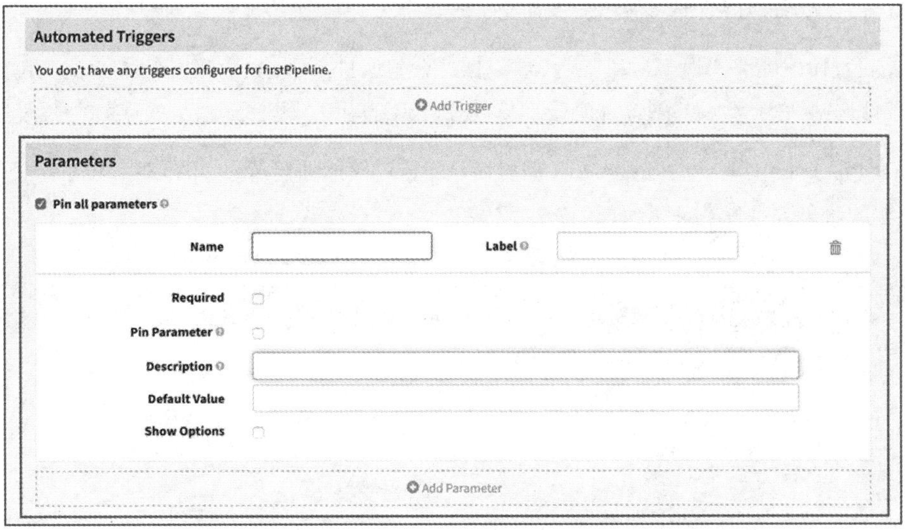

图 5-34　添加启动参数

- Required：可选参数，是否为必需参数，如果选中，但在启动流水线时未提供，那么 Spinnaker 会以空代替。
- Pin Parameter：可选参数，如果选中，启动参数会被固定在当前流水线执行的详情中，否则默认被折叠。
- Description：可选参数，填写的内容会在手动运行时以提示信息的形式展示给用户，支持 HTML。
- Default Value：如果在流水线启动时未提供当前启动参数，则使用默认值。
- Show Options：为启动参数提供一组内置的值，在手动运行流水线时可以进行选择。

用户可以创建多个启动参数，添加启动参数后，即可在流水线运行时的上下文中用表达式来获取它。

5.4　阶段

在 Spinnaker 中，每个持续部署流水线都有自己的配置信息，它们定义了触发器、通知及一系列的阶段。当流水线被执行时，每个阶段会按照编排的顺序运行，不同的阶段实现不同的目的和操作，阶段运行完成后，持续部署流水线便执行完成。

在编排上，阶段能够实现串行或并行，可以任意调整编排顺序，具有极高的灵活性。在 Spinnaker 中，阶段可以分为四大类：基础设施阶段、集成外部系统阶段、测试阶段、流量控制阶段。

在 first Pipeline 中单击"Add stage"即可创建不同的流水线阶段，如图 5-35 所示。接下来将对这几个类型的阶段进行分类讲解。

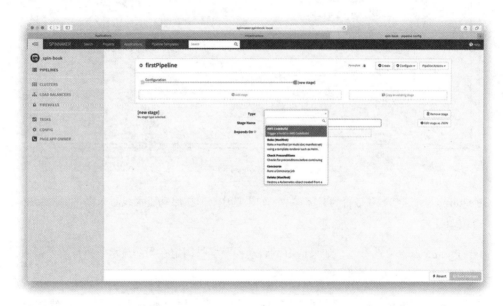

图 5-35　创建流水线阶段

5.4.1　基础设施阶段

基础设施阶段用于创建、更新或删除云基础设施，这些基础设施既可以是公有云的虚拟机、虚拟机镜像和负载均衡器，也可以是 Kubernetes 的工作负载。

基础设施阶段适用于不同的云提供商，特别是在多云混合云的环境下使用基础设施阶段可以屏蔽不同云提供商的概念，提供一致性的操作，从而减轻工程师对不同云的认知负担。

虚拟机部署的基础设施阶段如下。

- Bake 阶段：创建虚拟机镜像的过程，由 Hashicorp Packer 提供支持，此阶段用于创建虚拟机部署场景中不可变的部署制品。

- Tag Image（镜像标记）阶段：使用指定的标签标记镜像，Spinnaker 将这些标签转化为云提供商的等效标签，例如 AWS 镜像标签等。
- Find Image From Cluster（从集群中查找 VM 镜像）：从现有的部署集群中查找镜像，这些镜像可以用于服务器组的扩容。
- Find Image From Tags（从标记中查找 VM 镜像）：查找指定标签的镜像，无论是通过 Spinnaker 标记的镜像还是在外部标记的镜像，都能在 Spinnaker 阶段中找到它们。
- Find Artifact From Execution（从执行中查找部署制品）：从持续部署流水线中查找绑定的部署制品，需要指定部署制品的类型，例如 GitLab 或 Docker 镜像及名称，Spinnaker 将从最新的持续部署流水线中查找并返回部署制品。
- Deploy（部署阶段）：使用指定的部署策略来部署 Bake 阶段的镜像或者查找到的镜像，内置对蓝绿部署的支持，也支持自定义的部署策略。
- Disable Cluster（禁用集群）：禁用指定的集群，这意味着这些集群是启用的状态，但并不对外提供服务（承担业务流量）。
- Disable Server Group（禁用服务器组）：禁用指定的服务器组，这些服务器组仍然可用，但不对外提供服务（承担业务流量）。此外，与该服务器组有关的自动扩容策略也将被禁用，此阶段一般用于流量在新旧服务器组之间的切换。
- Enable Server Group（启用服务器组）：恢复服务器组对外提供服务并承担业务流量，此阶段一般用于云提供商的负载均衡器，同时还将启用服务器组的自动缩放策略。
- Resize Server Group（调整服务器组大小）：能够根据百分比或数量对服务器组进行调整，调整策略有如下 4 种可选。
    - 扩容：增加服务器组的实例数量。
    - 缩容：减小服务器组的实例数量。
    - 缩放至集群大小：增加服务器组的实例数量以匹配集群最大的服务器组数量。
    - 缩放为精确数量：将服务器组的实例调整到指定的数量。
- Clone Server Group(复制服务器组)：将原来的服务器组的所有属性复制到新的服务器组中，创建时可以选择覆盖原来的属性。
- Rollback Cluster（回滚集群）：回滚集群。

- Scale Down Cluster（缩小集群）：缩小集群服务器组的数量，或者选择使一定数量的服务器组保持当前大小，而将其他的服务器组按比例缩小。

Kubernetes 部署的基础设施阶段如下。

- Bake（渲染清单文件）：从模板中渲染一个或多个 Manifest，例如 Helm。
- Delete（删除）：删除 Kubernetes 对象，可以指定多个标签选择器来筛选对象。
- Deploy（部署）：部署 Yaml 或 Json 格式的 Manifest 文件。
- Find Artifacts From Resource（查找部署制品）：从 Kubernetes 资源中查找部署制品。
- Patch（补丁）：使用 Kubernetes 的 Patch 对已存在的对象进行更新操作，Spinnaker 可以在不知道整个资源的情况下更新资源的部分属性，例如可以为一组资源添加标签或者更新 Sidecar 容器；它还可以用于部署策略，例如将 Service 的标签选择器修改指向新的 ReplicaSet 以进行蓝绿发布。
- Scale（缩放）：对资源进行缩放操作，一般是对 ReplicaSet 进行操作。
- Undo Rollout（回滚）：将 Manifest 回滚到指定的版本。
- Run Job（运行 Job）：在集群内运行一个容器，特指 Kubernetes Job。

注意，在对应的功能未开启之前，部分阶段可能无法在阶段类型中选择。

5.4.2 集成外部系统阶段

Spinnaker 可以与外部的系统进行集成，并允许将这些外部系统的执行逻辑与 Spinnaker 的执行逻辑连接在一起。

集成外部系统包含如下阶段。

- Jenkins 任务：运行指定的 Jenkins 任务，必须设置 Jenkins 后才能使用，配置完成后，在下拉菜单中可以选择所有的 Jenkins 任务，该阶段可用于运行自动化测试。
- Script（运行脚本）：在持续部署流水线中执行脚本，必须设置 Jenkins 后才能使用，这些脚本将在 Jenkins 中以沙箱的形式运行。
- Webhook 阶段：在持续部署流水线中对外部系统发起 HTTP 请求，可以使用多种 HTTP 请求方法及自定义请求的负载，并能够将阶段运行状态与 HTTP 响应码进行对应；Webhook

阶段提供了一些高级功能（例如等待完成），Spinnaker 会不断轮询外部接口直到获取了期望的状态。

5.4.3 测试阶段

Spinnaker 的测试阶段作用在持续部署的过程中，而不是单元测试或功能测试，主要阶段如下。

- 自动化混沌测试（可整合第三方系统实现）：主要是对线上系统的随机破坏和关闭，以此来找到分布式系统潜在的弱点。
- 渐进式压力测试（未开源）：将越来越多的流量引入需要对其进行评估的集群，以便找到它的负载极限。
- Canary（自动金丝雀分析，开源可用）：主要是创建新的集群，并引入一部分线上流量用于构建关键指标，将这些指标和当前生产环境的指标进行对比，确认新的版本是否会导致更多的错误或者性能下降。自动金丝雀分析阶段主要由 Spinnaker Kayenta 组件完成。

5.4.4 流程控制阶段

流程控制阶段用于控制持续部署流水线的流程，主要分为以下阶段。

- Check Preconditions（检查前提条件）：在继续执行之前检查前提条件，例如设置检查集群是否为特定大小，或者添加表达式。
- Manual Judgment（人工确认阶段）：等待用户手动单击"继续"按钮，可以指定是否继续，也可以指定选择项，若配合 Check Preconditions 阶段，则可以实现当用户选择了特定的选择项后才继续运行。
- Wait（等待阶段）：等待指定的时间后再继续运行持续部署流水线，在执行过程中也可以手动选择跳过。
- Pipeline（运行流水线阶段）：选择其他的流水线用作当前流水线的子流水线运行，可以选择是否等待子流水线运行结果，如果未选择，则子流水线一旦启动，父流水线将被标记为成功。

利用以上的阶段可以实现强大的部署流水线流程控制，例如对于一些严格的生产环境，可以引入人工确认的阶段进行控制。条件检查阶段中的阶段表达式则更加强大，在后续的章节中会进一步讲解。

5.4.5 自定义阶段

自定义阶段是扩展系统内置阶段的一种方法，此阶段一般利用 Webhook 或调用外部系统来实现。

- 自定义 Webhook 阶段：通过添加自定义 Webhook 阶段，可以将常用的 Webhook 外部请求包装到系统的内置阶段中，在持续部署流水线中，这些自定义阶段就像系统内置阶段一样可以被直接选择，实现简单的复用。
- 自定义 Job 阶段：与自定义 Webhook 阶段类似，自定义 Job 阶段用于对外部系统调用的封装，例如数据库迁移、运行 Jenkins 任务等，在不同的持续部署流水线中，这些任务具有重复性，它们可以被定义为自定义的 Job 阶段，并在每个持续部署流水线中复用。

5.5 触发器

在持续部署流水线中，触发器非常重要，它一方面描述了流水线如何启动，另一方面通过携带制品信息，将上游系统系统的制品（例如 Git 仓库文件、Docker 镜像、Helm Chart 等）传递给 Spinnaker 进行部署。

流水线触发器能够将启动和某一个事件绑定，当事件发生后，流水线触发器携带制品信息自动触发流水线启动。

在 Spinnaker 中，触发器是在流水线配置中的"Automated Triggers"（自动触发器）内配置的，如图 5-36 所示。

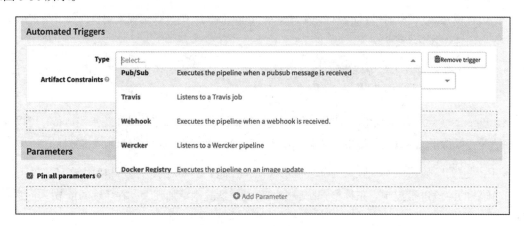

图 5-36 触发器的配置

触发器有以下两大类，每个类别中又有不同的类型。

- 时间型触发器：Manual、Cron。
- 事件型触发器：Git、Jenkins、Docker Registry、Helm Chart、Nexus、Travis CI、Webhook、Wercker、Pipeline、Pub/Sub。

每个持续部署流水线可以配置一个或多个自动触发器，任何一个自动触发器在收到对应的事件时都会启动流水线。需要注意的是，如果多个自动触发器在同一时间收到事件，自动触发器会一起生效，多次启动流水线，但是否能够并发运行取决于对流水线的配置。

5.5.1 时间型触发器

基于时间的触发器有两种类型。

- Manual：手动触发，这种触发方式主要是通过 Deck 的手动运行持续部署流水线并启动。在 Spinnaker 中，手动触发也属于一种特殊的触发器，它和其他自动型的触发器的不同之处在于由用户手动触发。
- Cron：任务计划类型的触发器，在 Spinnaker 中，可以为持续部署流水线配置计划任务，就像 Linux Crontab，单位可以被配置为分钟、小时、天、周和月，同时还支持高级的表达式配置。

5.5.2 事件型触发器

基于事件的触发器类型一般用于监听某个事件的产生，进而触发持续部署流水线，这些自动触发器都可以携带制品信息并向 Spinnaker 传递，事件型触发器有以下类型。

- Git：指在收到新的代码提交时，利用 Git Webhook 将消息通过 Webhook 的形式传递给 Spinnaker，进而触发持续部署流水线，支持对特定分支的条件触发，例如当 master 分支被更新时，才触发流水线。
- Jenkins：通过对 Jenkins 任务主动状态监听来触发持续部署流水线，配置时可以选择 Jenkins 特定的 Job 进行触发。
- Docker Registry：指监听其中的镜像变化进行自动触发，配置时可选择镜像仓库内特定的镜像进行监听，一旦有新的镜像版本变化，则自动触发持续部署流水线。
- Helm Chart：指对 Helm 仓库的包进行监听，当有新的版本被提交时，自动触发持续部署流水线，配置时可选包名及版本规则。

- **Nexus**：监听 Nexus 仓库的制品变化来触发流水线。
- **Travis CI**：监听 Travis CI Job 运行情况来触发流水线。
- **Webhook**：指通过创建 Webhook 触发器及 HTTP 请求进行触发，可以指定 source 作为流水线请求 URL 的唯一标识，同时可以对请求负载进行检查，在包含键值对时才允许流水线触发启动，常用于外部系统触发持续部署流水线。
- **Wercker**：监听 Wercker Job 的运行情况，当任务执行完成后，触发持续部署流水线。
- **Pipeline**：监听其他流水线状态来触发当前流水线，可配置为当特定流水线成功、失败或被取消时触发流水线。例如当部署流水线失败时，触发额外的流水线处理回滚和流量转移。
- **Pub/Sub**：是一种订阅/发布的消息机制，支持的平台有 Amazon 和 Google，Spinnaker 会订阅消息通道，当接收到特定的消息时，自动触发持续部署流水线。

5.6　通知

对于自动触发的持续部署流水线，如果希望在启动、完成和失败时收到对应的消息通知，那么可以配置特定类型的"通知"来发送流水线运行状态消息。Spinnaker 的通知配置在持续部署流水线的配置页面 Notifications 菜单中，如图 5-37 所示。

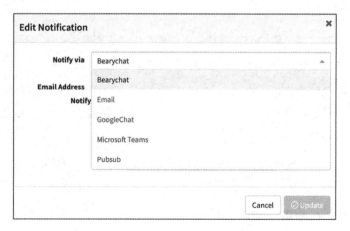

图 5-37　Spinnaker 配置通知

通知的途径主要有以下 5 种。

- Bearychat：将消息发送至 Bearychat，截至写作本书时，Bearychat 处于不可用状态。
- Email：通过邮件的方式发送通知，可以配置收件地址和抄送地址，需要提前配置 SMTP 邮箱服务器。
- GoogleChat：将消息发送至 GoogleChat，需要输入指定的 Webhook URL 地址，并提前配置相关信息。
- Microsoft Teams：将消息发送至 Microsoft Teams，需要输入指定的 Teams Webhook URL 地址，并要提前配置相关信息。
- Pubsub：将消息发送至 Amazon 或 Google GCP，需要提前配置发送通道信息。

在默认情况下，消息通知的标准模板将包含持续部署流水线、阶段信息、所属应用和流水线状态及流水线的访问连接信息。同时，消息通知支持自定义的模板消息，所有标准的 SpEL 表达式都可以被使用，在添加自定义消息时，有两个特殊的变量可以被使用——excutionId（流水线的执行 ID）及 link（当前被触发流水线的完整 URL）。要使用这些变量，只需要将它们用两个大括号括起来即可，例如{{link}}。

要想使用自定义的消息模板，需要在流水线编辑页面找到最右侧的"Pipeline Actions"—"Edit as Json"来编辑流水线的 Json，并将以下自定义 Email 消息通知加入流水线的 Json 中。

```
{
  "customSubject": "Beginning deployment to production (started by: ${trigger.user})",
  "customBody" : "*Pipeline parameters:* ${parameters.toString()}\n\n [View the stage]({{link}}) here.",
  "notifications": [
    {
      "address": "spinnakerteam@spinnaker.io",
      "level": "stage",
      "type": "email",
      "when": [
        "stage.starting"
      ],
    }
  ],
  //......
}
```

customSubject 是用于发送的邮件主题，customBody 是邮件的正文内容。

另一种自定义消息通知的方法是在添加消息通知时输入自定义消息模板，但只能对正文部分进行自定义，例如输入上述的 customBody 字段对应的模板来自定义通知正文部分，如图 5-38 所示。

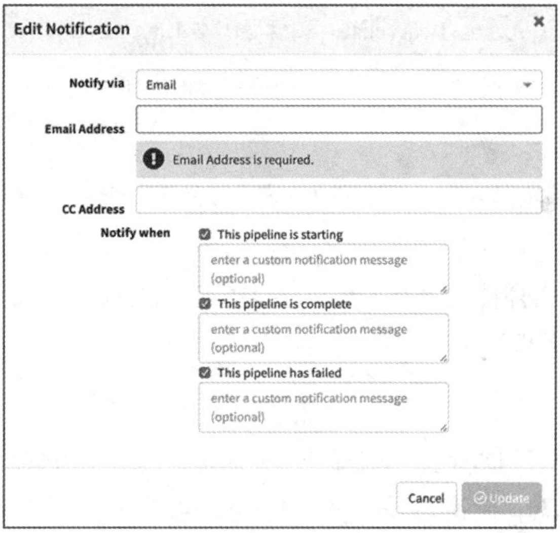

图 5-38　自定义消息通知模板

5.7　流水线表达式

表达式可以在流水线运行过程中动态设置或访问变量，几乎在 Spinnaker 所有的 text 类型的输入框内都可以使用流水线表达式。表达式通常用于控制流水线阶段，例如根据不同情况进入不同的阶段，以及根据运行过程系统变量值来执行其他操作。

管道表达式语法基于 Spring Expression Language（SpEL）。

管道表达式最常见的格式由 $ 和{}组成，例如：

```
${this is expression}
```

如果表达式无法被运算，那么 Spinnaker 会返回表达式字符串，例如上面的例子将返回"this is expression"。

还可以对多个表达式进行连接，例如：

```
${expressionA}-randomString-${expressionB}
```

返回的结果为"expressionA-randomString-expressionB"。

需要注意的是，表达式不能被嵌套使用，例如${ expression1 ${expression2} } 不会被计算。

表达式可以使用在大部分配置流水线的输入框中，当流水线开始运行时，表达式会被计算。

5.7.1 编写表达式

Spinnaker 表达式内置了一些辅助表达式可以简化常见的使用场景，例如从字符串中去除非字母数字字符或解析 JSON。这些辅助表达式可以在几乎所有的流水线阶段的输入框中使用。辅助表达式主要有 3 种类型：辅助函数、辅助属性、阶段上下文。

1. 辅助函数

例如，添加人工确认阶段，在 "Instructions"（说明）中输入 ${#} 即可显示所有的辅助函数列表，如图 5-39 所示。

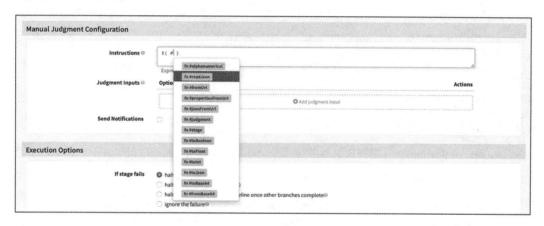

图 5-39 辅助函数列表

常见的辅助函数及其功能如下。

- #alphanumerical(String)：返回传入字符串的字母和数字，意味着会返回 A~Z（含小写）和 0~9 的字符串。

- #deployedServerGroups(String)：将部署阶段名称作为参数，并返回执行阶段创建的服务器组。

- #readJson(String)：将 JSON 字符串转化为 Map，然后可以进一步处理。

- #readYaml(String)：将 YAML 字符串转化为 Map，然后可以进一步处理。

- #fromUrl(String)：以字符串形式返回 URL 的内容，可以通过它访问任何无须身份验证的 URL 并获取内容。

- #jsonFromUrl(String)：获取指定 URL 的 JSON 内容，并转化为 Map 或 List。

- #yamlFromUrl(String)：获取指定 URL 的 YAML 内容，并转化为 Map 或 List。

- #judgment(String)：获取特定人工确认阶段的输入值，例如，${#judgment("my manual judgment stage")} 意味着将获取人工确认阶段名称为 my manual judgment stage 的人工确认输入的内容。注意阶段名称区分大小写，例如，如果阶段名为 My Manual Judgment Stage，则无法匹配。
- #manifestLabelValue(String stageName, String manifestKind, String labelKey)：从 Deploy (Manifest) 阶段中 Kubernetes 部署阶段的清单返回某一个键的值。
- #propertiesFromUrl(String)：获取指定 URL 的 Java 属性文件内容，并转化为映射关系。
- #stage(String)：获取特定名称的流水线阶段，例如，${#stage("Bake")} 将获取名为 Bake 的阶段，注意名称区分大小写。获取阶段包含上下文信息，所以可以访问其内部任意的属性，例如${#stage("Bake")["context"]["desiredProperty"]}。
- #stageByRefId(String)：通过 refId 获取阶段，例如，${#stage("3")} 将获取 refId = 3 的阶段。
- #currentStage()：返回当前阶段。
- #stageExists(String)：检查指定的阶段是否存在，一般对阶段名称进行检查。
- #pipelineId(String)：返回特定名称的流水线 ID，例如，${#pipelineId("Deploy to prod")}可能会返回 9b2395dc-7a2b-4845-b623-838bd74d059b。
- #pipelineIdInApplication(String pipelineName, String applicationName)：查找特定应用名称下和特定流水线名称的 ID 。
- #toBoolean(String)：将字符串转化为布尔值。
- #toFloat(String)：将字符串转化为浮点数。
- #toInt(String)：将字符串转化为整数。
- #toJson(Object)：将任意的 JSON 对象转化为 JSON 字符串。
- #cfServiceKey(String stageName)：获取在上一阶段中创建的服务秘钥，例如，${#cfServiceKey("Create MySQL Service Key")["username"]} 将在名为 Create Service Key 的阶段中查找 username 字段。
- #triggerResolvedArtifact(String)：在触发器中通过名称查找已解析的制品，如果找到多个，则仅返回一个。例如，${#triggerResolvedArtifact("my-image")["reference"]}可能返回 gcr.io/spinnaker-marketplace/orca@sha256:b48dbe7d7cb580db8512e4687d31f3710185b08afcf3cb53c0203025f93f9091。
- #triggerResolvedArtifactByType(String)：在触发器中按类型查找已解析的制品，如果找到多个，则仅返回一个。例如，${#triggerResolvedArtifactByType("docker/image")["reference"]}可能返回 gcr.io/spinnaker-marketplace/orca@sha256:b48dbe7d7cb580db8512e4687d31f3710185b08 afcf3cb53c0203025f93f9091。

辅助函数可以用来辅助处理外部信息，当我们需要获取或处理内部信息（例如执行过程中流水线的参数、触发器的信息等），就需要使用到辅助属性。

2．辅助属性

辅助属性用于引用有关当前流水线执行的全局信息，在表达式中输入"？"即可查看可用的辅助属性，如图 5-40 所示。

图 5-40　辅助属性列表

辅助属性主要有以下类型。

- execution：获取当前执行的流水线。
- trigger：获取触发器。
- parameters：获取流水线参数，例如使用 trigger["parameters"] 获取触发器参数。
- scmInfo：触发器或最近执行的 Jenkins 阶段的 git 详细信息；scmInfo.sha1 返回上次构建的 git commit 的散列值；scmInfo.branch 返回上次构建的 git 分支名称。
- deployedServerGroups：上一个阶段创建的服务器组，类似于 {"account":"my-gce-account", "capacity":{ "desired":1.0,"max":1.0,"min":1.0}, "region":"us-central1", "serverGroup":"myapp-dev-v005"}。

部分辅助属性下还会包含 Map 类型粒度更细的属性，称为子属性。在表达式内输入"?"并选择"execution"，按回车键选中后，输入任意的字符，将弹出当前辅助属性的子属性，如图 5-41 所示。

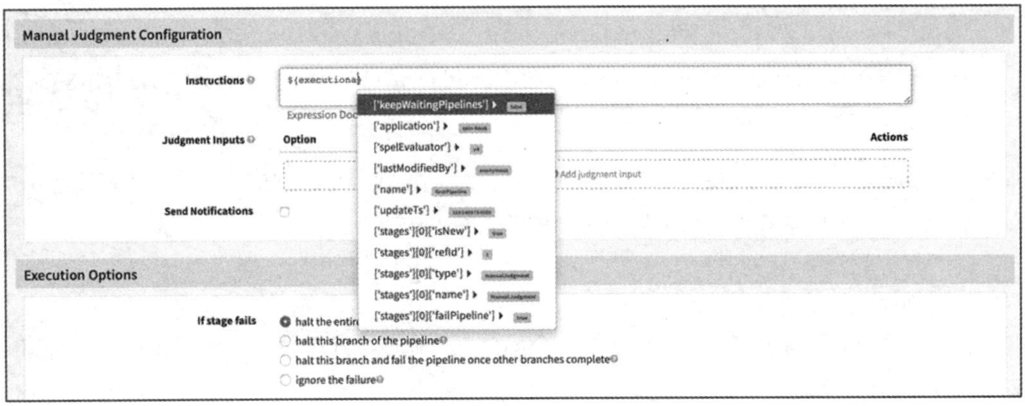

图 5-41　辅助属性的子属性

同理，trigger 辅助属性内部也有非常多的子属性。

3. 阶段上下文

获取上下文一般使用 #stage 辅助函数来实现。在实际使用过程中经常会用到上下文，所以这里对其单独进行讲解。

#stage 辅助函数几乎可以获取流水线运行时的所有上下文属性，例如，使用 ${#stage("Deploy to Prod")["type"]} 返回阶段名为 Deploy to Prod 的阶段类型。

要查看 #stage 辅助函数可获取的流水线属性，可以获取流水线输出的 JSON，最简单的方法如下。

- 跳转到流水线执行页面。
- 单击"Execution Details"获取执行详情。
- 单击流水线下方的"Source"获取流水线执行输出的 JSON。

查看入口如图 5-42 所示。

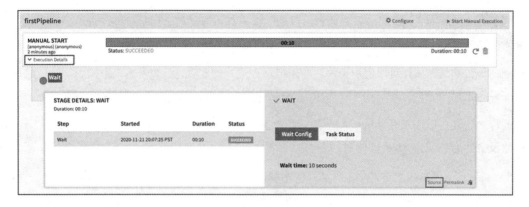

图 5-42　查看 Stage 上下文

例如，以下是一段流水线执行后输出的 JSON。

```
{
    ……
    "stages": [{
        "id": "01EQQ2JPWKKCSN3M40KEEPZTFS",
        "refId": "1",
        "type": "wait",
        "name": "Wait",
        "startTime": 1606018489311,
        "endTime": 1606018499381,
        "status": "SUCCEEDED",
        "context": {
            "waitTime": 10
        },
        "outputs": {},
        "tasks": [{
            "id": "1",
            "implementingClass": "com.netflix.spinnaker.orca.pipeline.tasks.WaitTask",
            "name": "wait",
            "startTime": 1606018489368,
            "endTime": 1606018499326,
            "status": "SUCCEEDED",
            "stageStart": true,
            "stageEnd": true,
            "loopStart": false,
            "loopEnd": false
        }],
        "requisiteStageRefIds": []
    }],
    ……
}
```

当 JSON Key 为 stages 时，其中任意阶段的 Value 都可以通过 #stage(stage name)来获取，例如获取阶段名为 Wait 的 startTime 可以表示为#stage("Wait")["startTime"]。

辅助函数和辅助属性可以使用条件判断来增强表达式的逻辑，例如表达式中使用?来设置默认值，${parameters["region"] ?: 'us-east-1'} 表示当 parameters["region"] 不存在时，该值返回 us-east-1。

同样，.? 还可以用来对 Map 进行条件筛选，例如，使用${execution["stages"].?[type == "bake"]} 返回阶段中所有类型为 bake 的阶段列表。

Spinnaker 的流水线表达式是实现动态流水线的核心，使用表达式能够对基于流水线的运行时进行逻辑判断和处理，为流水线提供类似于可编程的动态变量控制，以静态的持续部署流水线实现了动态创建流水线的运行时。例如，在阶段内配置 Conditional on Expression（表达式条件），对不同的流水线启动参数动态执行或者跳过阶段。

5.7.2 测试表达式

Spinnaker 的流水线表达式功能强大，编写起来烦琐且容易出错。为此，Spinnaker 提供了一个 API Endpoint 对表达式进行测试，测试表达式无须每次重新运行流水线，只需要有上一次运行成功的流水线 ID 即可。

在使用表达式测试之前，需要提供上一次运行成功的流水线 ID。

可以使用上一节提供的方法查看流水线 ID，进入流水线执行详情的 Execution Details，进入 Source，找到流水线运行输出的 JSON，最顶层的 ID 字段即为本次流水线执行的 ID，类似于 01CGYV7Q4PMEBDYS146CCED0M6。

接下来，使用 Curl 将表达式当作参数传递给测试的 Endpoint。

```
➜  ~ curl http://spinnaker-gate.spinbook.local/pipelines/01EQQ8D4NXY6PJ32QMSJ2FS4TH/evaluateExpression \
-H "Content-Type: text/plain" \
--data '${ #stage("Wait1").status.toString() }'
```

注意，URL Endpoint 是本机 Spinnaker Gate 的 URL。以上请求代表使用 ID 为 01EQQ8D4NXY6PJ32QMSJ2FS4TH 的流水线运行 ${ #stage("Wait1").status.toString() } 表达式。

返回的结果为 JSON 数据，例如：

```
{"result":"SUCCEEDED"}
```

如果表达式运行失败，那么 Spinnaker 将返回失败的详情，例如，以下返回的内容代表表达式内的阶段不存在。

```
{
    "result":"${ #stage("Wait").status.toString() }",
    "detail":{
        "#stage( #root.execution, "Wait").status.toString()":[
            {
                "description":"Failed to evaluate [expression] Unable to locate [Wait] using #stage(Wait) in execution 01EQQ8D4NXY6PJ32QMSJ2FS4TH - EL1023E: A problem occurred whilst attempting to invoke the function 'stage': 'null'",
                "exceptionType":"com.netflix.spinnaker.kork.expressions.SpelHelperFunctionException",
                "timestamp":1606026997706,
                "level":"ERROR"
            }
        ]
    }
}
```

需要注意的是，表达式在 Endpoint 上运行的行为和实际的运行可能并不完全相同。因为在持续部署流水线中，使用实际的流水线上下文来运行表达式；而在使用 Endpoint 测试表达式时，使用的是已经结束的流水线（运行结果）来运行表达式。

5.8 版本控制和审计

在 Spinnaker 中，所有流水线的数据都以版本控制的形式存储，由持久化存储提供支持。通过版本化控制，用户能够清晰地查看每次流水线的修改历史记录，并且可以通过回滚流水线来修复问题。

查看修改历史及回滚流水线的操作详情，见 5.1.11 节。

Spinnaker 通过记录修改流水线事件，并对其进行持久化存储来实现审计。

要查看流水线的审计信息，需要进入某个应用，单击左侧的"TASKS"菜单栏进入事件记录，如图 5-43 所示。

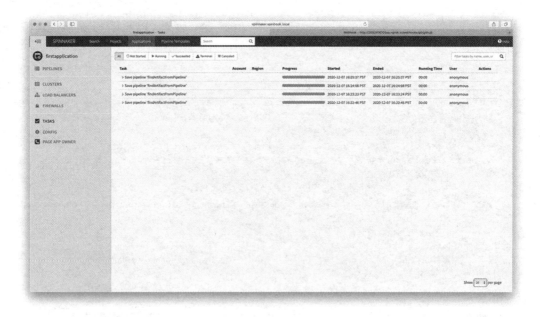

图 5-43　流水线审计信息

展开每条审计记录后，单击"source"即可查看每条审计信息的详情。

5.9　动态流水线示例

本节将使用表达式来设计一个动态流水线，主要实现以下功能，如图 5-44 所示。

图 5-44　动态流水线示例

该流水线共有两个平行的流水线分支，意味着每次只会执行其中的一条。为了实现此目标，可以为流水线配置启动参数，并由启动参数来决定流水线的行为。

启动参数中设置两个选项——开发环境（dev）和生产环境（pro），如果选择的环境值是 dev，那么执行一号流水线分支，即部署开发环境—通知开发组。如果选择的环境值是 pro，那么执行二号流水线分支，即部署预发布环境—>人工确认：是否部署生产环境—>部署生产环境—>通知开发组。为了降低实验难度，所有创建的阶段的类型都选择为"Wait"（等待），以便模拟每个阶段实际的部署行为。

首先创建名为 Dynamic Pipeline 的流水线并进入配置页，在 Parameters（启动参数）中按照图 5-45 所示增加一项名为 env 的启动参数并提供两个值，分别是 pro 和 dev。

图 5-45　增加启动参数

接下来，单击"Add stage"添加阶段，将 Stage Name（名称）修改为"部署开发环境"，Type 为"Wait"，如图 5-46 所示。

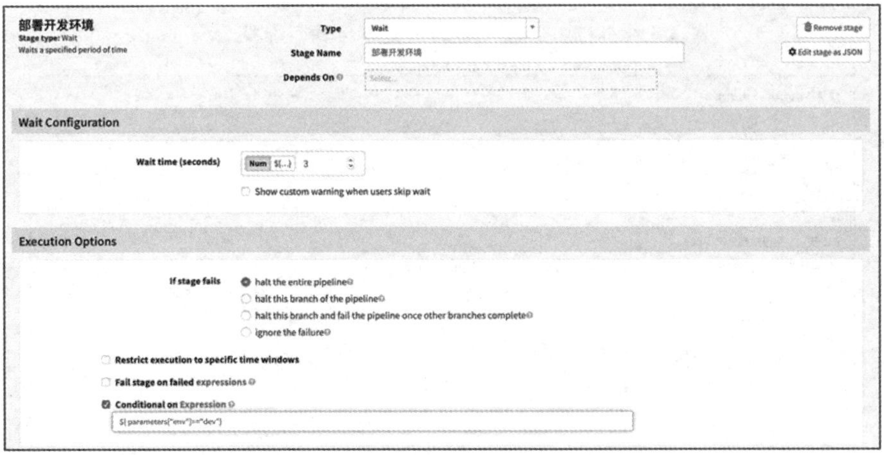

图 5-46　创建"部署开发环境"阶段

等待时间可随意填写,例如 3s。注意,在 Execution Options 区域中选中"Conditional on Expression"，并且在输入框内填写表达式"${ parameters["env"]=="dev"}"，代表当启动参数 Key env 为 dev 时，当前阶段才会被运行。

重新单击 Configuration 返回流水线配置页。此时，再单击"Add stage"添加一个和部署开发环境平行的阶段，Type 选择"Wait"，Stage Name 为"部署预发布环境"，如图 5-47 所示。

接下来，确认当前焦点在部署预发布环境后，单击"Add stage"再添加阶段，注意 Type 选择为"Manual Judgment"（人工确认）阶段，将 Stage Name 重命名为"人工确认：是否发布生产环境"，并在 Judgment Inputs 选项中单击"Add judgement input"添加"是"和"否"两个人工确认选项。同样地，选中"Conditional on Expression"，在输入框内填写表达式"${ parameters["env"]=="pro"}"，代表当启动参数 Key env 为 pro 时，当前阶段才会被运行，如图 5-48 所示。

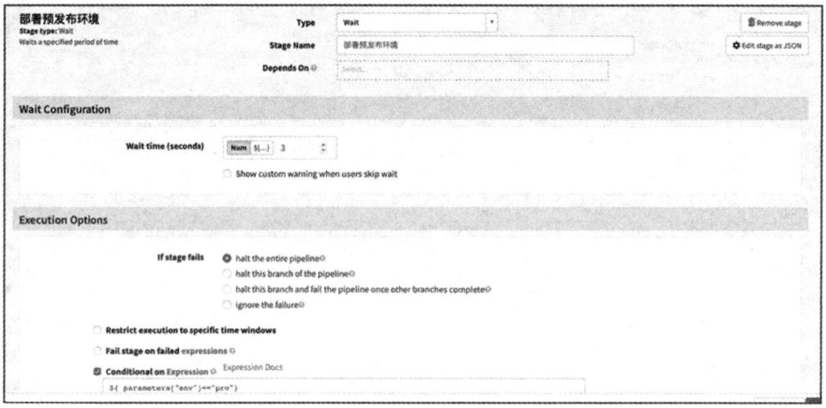

图 5-47　创建"部署预发布环境"阶段

图 5-48　创建"人工确认"阶段

确认当前焦点在"人工确认：是否发布生产环境"阶段，单击"Add stage"再次添加阶段，Type 为"Wait"，将 Stage Name 重命名为"部署生产环境"，选中"Conditional on Expression"，在输入框内填写表达式"${#judgment("人工确认：是否发布生产环境")=="是"}"，表示当人工确认阶段被选择为"是"时，当前阶段才会被运行，如图 5-49 所示。

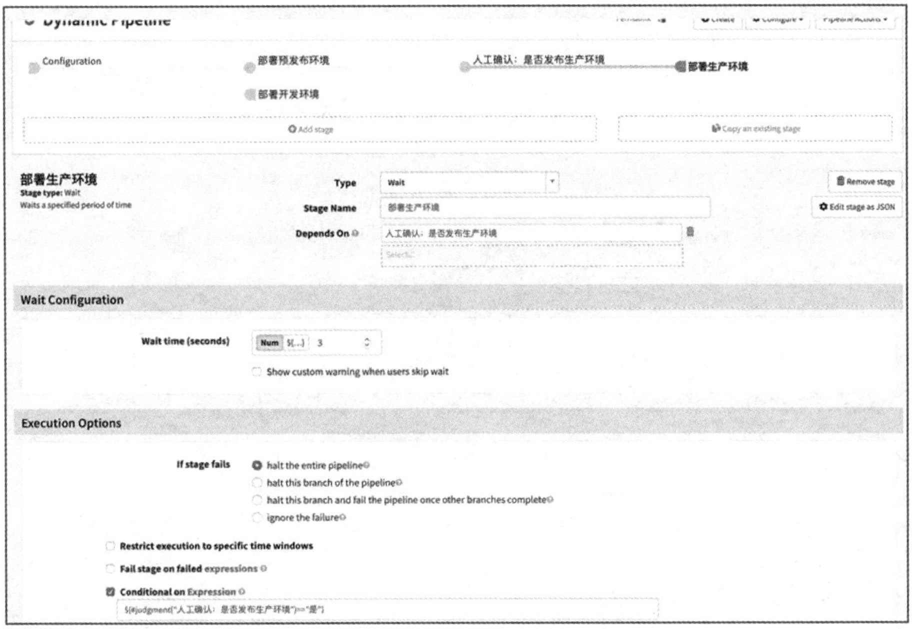

图 5-49 创建"部署生产环境"阶段

最后，确认当前焦点在"部署生产环境"阶段，单击"Add stage"添加最后一个阶段，Type 为"Wait"，将 Stage Name 重命名为"通知开发组"。注意，当创建完成后，会发现该阶段的连线在部署生产环境阶段后，这意味着只有当流水线运行在预发布环境分支时才会运行当前阶段，这是不符合需求的。我们希望不管是部署开发环境还是预发布环境，都能够执行通知开发组阶段。注意，阶段内的 Stage Name 下方的 Depends On 选项，其当前的值为"部署生产环境"，单击下方的"Select"，选择"部署开发环境"，即可实现以上目标，如图 5-50 所示。

至此，所有的阶段已创建完成，单击右下方的"Save Changes"保存流水线，单击左侧的"PIPELINES"选项进入流水线列表。

在 Dynamic Pipeline 流水线右侧单击"Start Manual Execution"来手动启动流水线，启动时，因配置了选择部署环境的"启动参数"，所以系统将给出之前配置的选项，即 dev 和 pro，如图 5-51 所示。

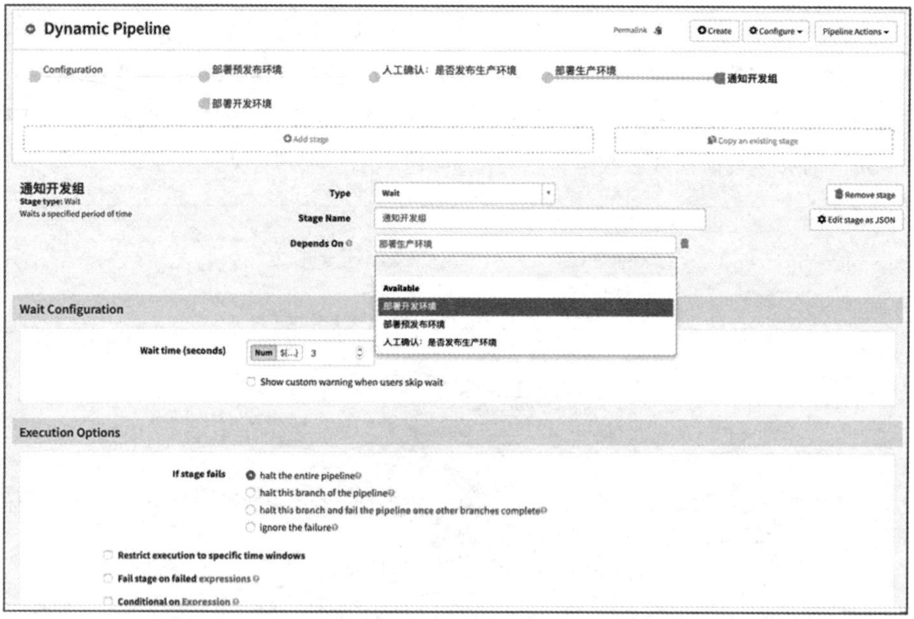

图 5-50 创建依赖两个阶段的"通知开发组"阶段

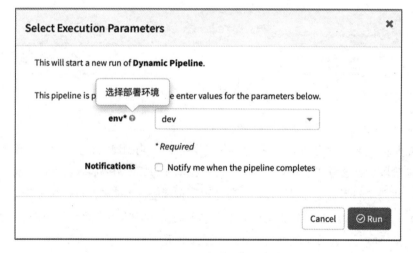

图 5-51 选择部署环境

选择"dev"并单击"Run"运行流水线，Spinnaker 将按照预期的配置只运行一号流水线，阶段的绿色方块表示运行完成，"-"表示已跳过，如图 5-52 所示。

图 5-52　部署开发环境

再次运行流水线，这次选择"pro"，Spinnaker 将按照预期的配置只运行二号流水线，先运行"部署预发布环境"阶段，完成后，运行"人工确认：是否发布生产环境"阶段等待选择，如图 5-53 所示。

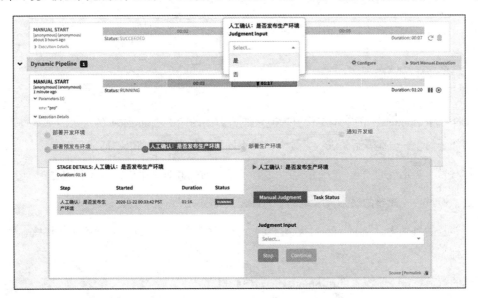

图 5-53　人工确认：是否发布生产环境

当选择"是"时，将运行下一个阶段"部署生产环境"，结束后，最后运行"通知开发组"阶段，完整的"部署生产环境"流水线如图 5-54 所示。Spinnaker 根据启动参数跳过了"部署开发环境"阶段，符合预期。

图 5-54　部署生产环境

以上例子展示了 Spinnaker 表达式的强大之处：对于不同的启动参数，根据配置的策略自动选择不同的流水线分支执行。除启动参数外，还可以通过辅助函数和辅助属性来获取所需的状态和参数，例如从自动触发器中获取条件，动态执行流水线分支或跳过某些阶段。

5.10　本章小结

本章介绍了 Spinnaker 的基本工作流程流水线，详细阐述了 Spinnaker 的流水线基本操作，并对流水线的部署对象——部署制品进行了分类，对不同类型的部署制品进行简述。

同样对另一个重要的概念——触发器，进行了基于时间和事件维度的分类和简述。

最后，通过一个简单的动态流水线例子将涉及的部分概念串联起来。

本章涉及的概念均为 Spinnaker 中最重要的功能，掌握它们将为读者后续深入理解核心概念打下坚实的基础。

后续的章节将进一步深入剖析 Spinnaker 的核心概念。

06

深入核心概念

上一章讲解了流水线的组成部分，并对每一部分进行了简单的归纳。

本章将继续深入 Spinnaker 的核心概念，围绕持续部署流水线的核心（如阶段类型、部署制品、触发器、消息通知和监控等）进行全面讲解。

对于多云的部署模型，本章将深入讲解虚拟机部署阶段和 Kubernetes 部署阶段，为多云环境的部署打下坚实的基础。

6.1 虚拟机阶段

虚拟机（VM）阶段是传统云主机部署相关的阶段，主要围绕云主机提供相关操作，例如 Bake（生成镜像）、Tag Image（标记镜像）、Deploy（部署镜像）、Clone Server Group（复制服务器组）等。

需要注意的是，VM 阶段内置了对 AWS、Azure、Cloudfoundry 和 Google 的支持，国内的云提供商正积极参与完善 Spinnaker，为自家虚拟机提供支持，如腾讯云和华为云在官方文档中已经提供相关的配置命令，但仍处于完善阶段。

6.1.1 Bake

Bake 阶段将从指定的包生成 VM 镜像。Bake 是指创建 VM 镜像的过程，由 Hashicorp 的 Packer 提供支持，Spinnaker 提供了默认的 Packer 模板和基本计算机镜像。

注意，如果 Spinnaker 检测到不需要重新生成镜像，那么会跳过 Bake 阶段。Spinnaker 会基于 Bake 阶段参数（OS、版本化的软件包等）为每个 Bake 生成唯一的密钥；如果软件包或 Bake 阶段参数发生更改，则 Spinnaker 会触发新的 Bake 阶段。

要更改默认行为并在每次管道运行时重新在 Bake 阶段生成新的镜像，可以在 Bake 阶段中选中 Rebake 选项。

Bake 阶段一般需要配合 Jenkins 触发器将外部 CI 系统构建好的程序包与镜像一起 Bake 为不可变的交付物，构建完成后，将由云提供商的镜像服务提供这些镜像的存储，例如 AWS AMI。

Bake 阶段可以选择镜像存储的区域（Region），这将决定生成的镜像后续将在该选定区域的虚拟机使用。

- Package 为需要和基础镜像一起打包的程序名，一般和外部 CI 构建的产物相匹配。
- Base OS 可以选定使用的基础镜像，例如 Ubuntu、Windows 等，以便在不同环境下使用镜像。
- VM Typ 为虚拟机类型，根据云提供商提供的类型来使用。
- Base Label 可以为生成的镜像打上对应的标签，用来标识该镜像的发布类型。
- Rebake 被选中后，意味着不管是否已存在该镜像，都重新生成新的镜像。

Bake 阶段在运行时，实际上会自动开通一台云提供商的虚拟机来运行基础镜像和用户的程序包，并使用 Packer 生成新的镜像，存储在云提供商的镜像服务中，完成后，自动释放虚拟机结束整个 Bake 过程。

以下是一个典型的 Bake 配置阶段，如图 6-1 所示。

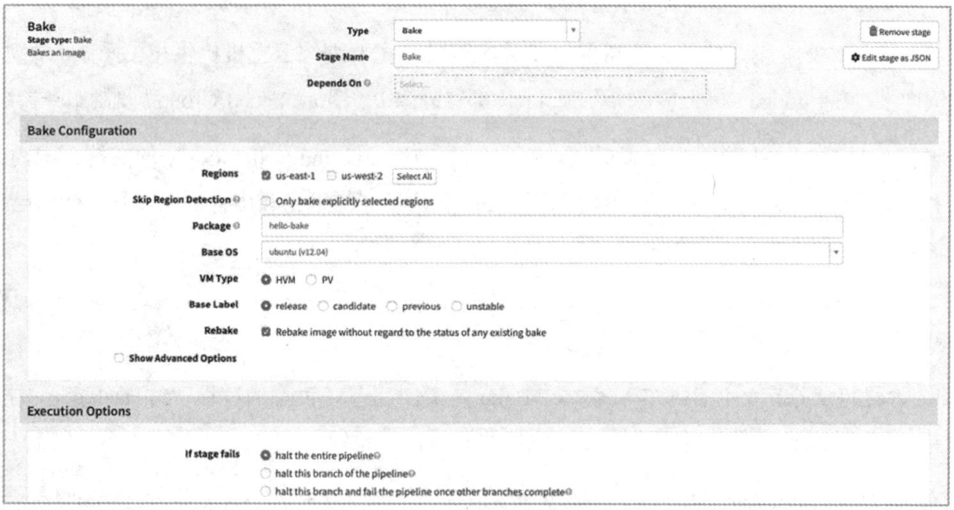

图 6-1　Bake 配置阶段

6.1.2 Tag Image

Tag Image 标记镜像阶段的主要目标是以 K/V 形式标记生成的镜像，如图 6-2 所示。

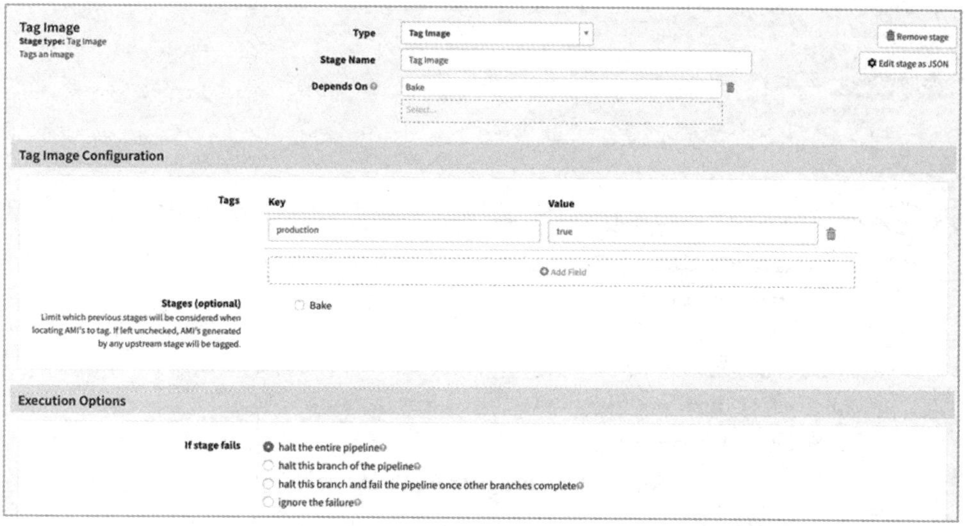

图 6-2　Tag Image 阶段

Tag Image 阶段可以将镜像打上多个标签，在查找镜像时，可以使用这些标签来找到它们。

选中"Stages (optional)"时，会对指定 Bake 阶段生成的镜像进行标记；如果不选中，则会对该阶段之前所有的 Bake 阶段进行标记。

Tag Image 阶段生成的 K/V 标签数据也将存储在云提供商的镜像服务中。

6.1.3 Find Image From Cluster

Find Image From Cluster 是从指定的集群中查找镜像，查找镜像可以有以下不同的策略。

- Largest：当有多个服务器组存在时，选择实例数量最大的服务器组来查找。
- Newest：当有多个服务器组存在时，选择最新创建的。
- Oldest：当有多个服务器组存在时，选择最后创建的。
- Fail：当有多个服务器组存在时，失败。

该阶段配置如图 6-3 所示。

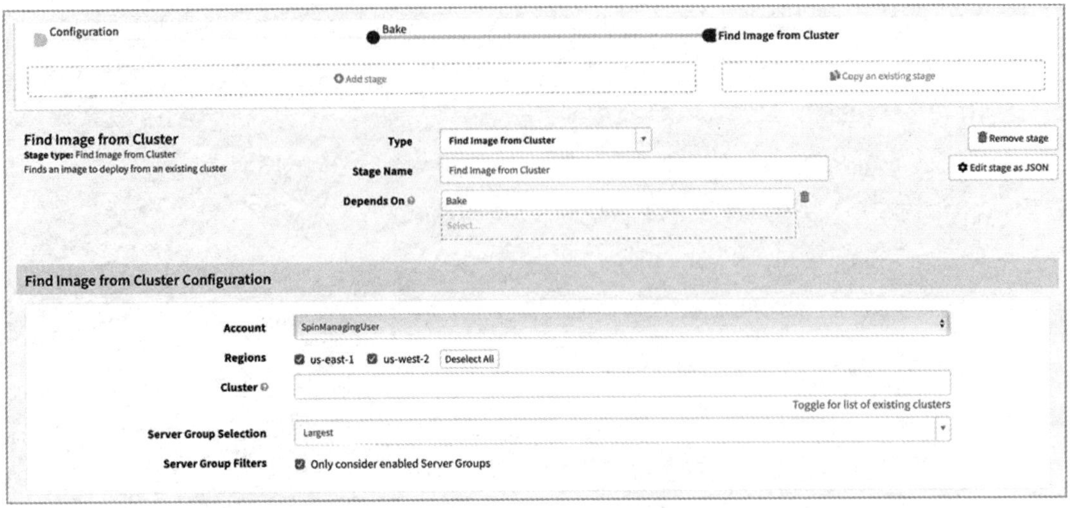

图 6-3　Find Image From Cluster 阶段

在查找集群时，首先需要选择"Account"，即云账户，输入或选择需要查找的集群，并选择策略，即完成了该阶段的配置。

6.1.4　Find Image From Tags

Find Image From Tags 是从指定的 Tags 中查找镜像。

镜像的标签可以来自任意阶段，无论是在 Spinnaker 镜像标记阶段，还是通过外部标记镜像，只要 Spinnaker 之前访问过云提供商的镜像列表，就可以在该阶段通过 Tags 找到对应的镜像。

在 Spinnaker 中，Tags 只能包含小写字母、数字、_、- 字符，根据不同的云提供商，可能需要指定查找镜像的区域。

典型的配置如图 6-4 所示。

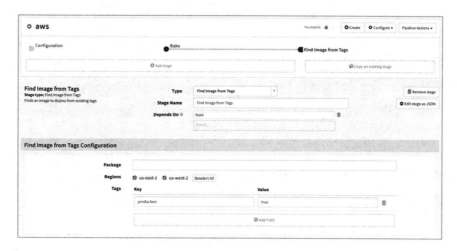

图 6-4　Find Image From Tags 阶段

6.1.5　Deploy

Deploy 阶段可以使用来自 Bake、Find Image From Cluster、Find Image From Tags 阶段的镜像，并使用指定的部署侧策略对镜像进行部署。

Deploy 阶段配置的参数非常多，如图 6-5 所示。

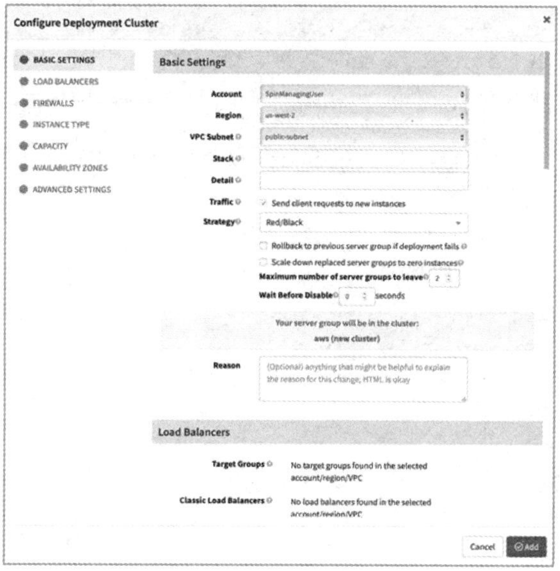

图 6-5　Deploy 阶段

- Account：选择需要部署的云账号。
- Region：选择需要部署的地域。
- VPC Subnet：服务器组所属的 VPC 子网。
  - None：例如 AWS EC2 Classic 实例将无法运行在 VPC 内。
  - Internal：实例仅限于内部访问，外部访问一般需要使用 VPN。
  - External：实例可以从外部网络访问。
- Stack：可选项，命名 Stack 集群。
- Detail：可选项，用于对集群的命名或标识。
- Traffic：将实例自动添加到负载均衡器，选择任何非自定义部署策略时，会自动启用。
- Strategy：选择部署策略，将决定 Spinnaker 如何处理先前的部署版本。
  - Custom：自定义部署策略。
  - Highlander：新的服务器组通过健康检查后，立即销毁之前的服务器组。
  - None：不处理旧的服务器组，并创建新的服务器组。
  - Red/Black：红黑部署，新的服务器组通过健康检查后，立即禁用之前的服务器组。
  - Rolling Red/Black（Experimental）：滚动红黑部署，创建一个新的服务器组的版本，对新的服务器组进行扩容，同时以相同的比例缩容旧服务器组。
  - Monitored Deploy：创建一个新的服务器组版本，并使用特定的部署监控器对服务器组进行伸缩。
  - Rolling Push（Not Recommended）：更新实例的启动配置，并立刻终止实例。随后以新的配置来启动这些实例，这并不是最佳实践，并且不建议使用。
- LOAD BALANCERS：创建负载均衡器的相关配置。
- FIREWALLS：选择一个防火墙。
- INSTANCE TYPE：选择运行虚拟机实例的配置。
- CAPACITY：是否启用自动伸缩器，如启用，则需要配置 Min、Max、Desired 参数。
- AVAILABILITY ZONES：配置多可用区。

- ADVANCED SETTINGS：一些高级配置项，根据不同的云提供商可能有所不同，例如配置 Cooldown 冷却时间、Metrics 指标、健康检查的类型等。

通过以上的配置，Spinnaker 便能够自动使用所选择的镜像来创建实例，自动创建服务器组和负载均衡器，并根据所选择的部署策略切换流量。

6.1.6　Disable Cluster

Disable Cluster 阶段用于禁用指定的集群，这意味着该集群保持着启动状态，但并不接受外部的流量，可以在部署时控制流量的切换。

具体的配置如图 6-6 所示。

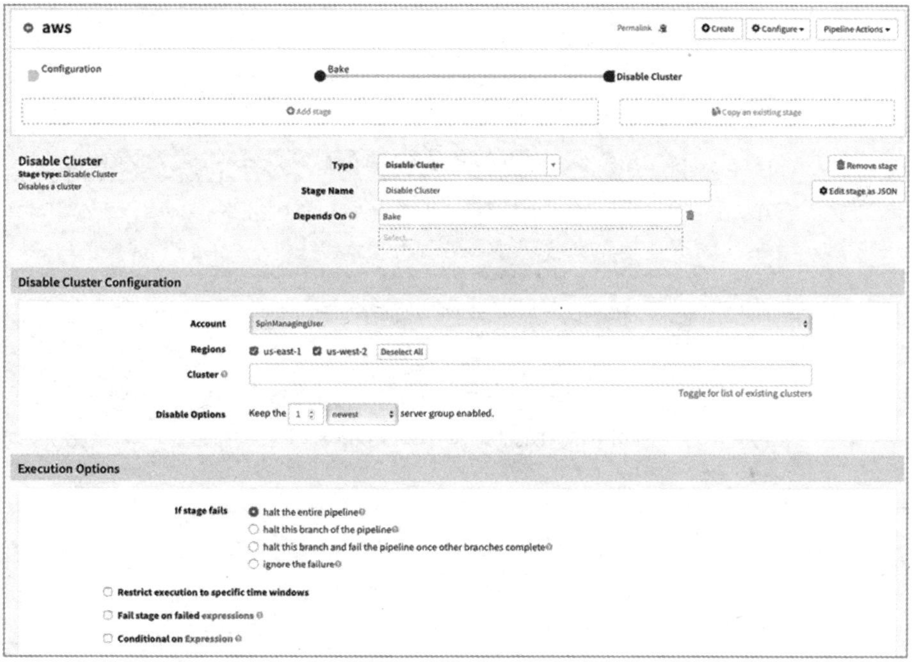

图 6-6　Disable Cluster 阶段

- Account：选择一个云账号。
- Regions：选择需要禁用集群的地域。
- Cluster：输入或选择需要禁用的集群。
- Disable Options：保持 N 个最新的服务器组处于启用状态。

6.1.7 Disable Server Group

Disable Server Group 阶段用于禁用集群中的某个服务器组，这些服务器组将仍然可用，但不会接受外部流量，与该服务器组相关的任何自动扩容的策略也将被禁用。禁用服务器组可以很容易地将流量路由到新的服务器组，并在必要时回滚这些改动。

具体配置如图 6-7 所示。

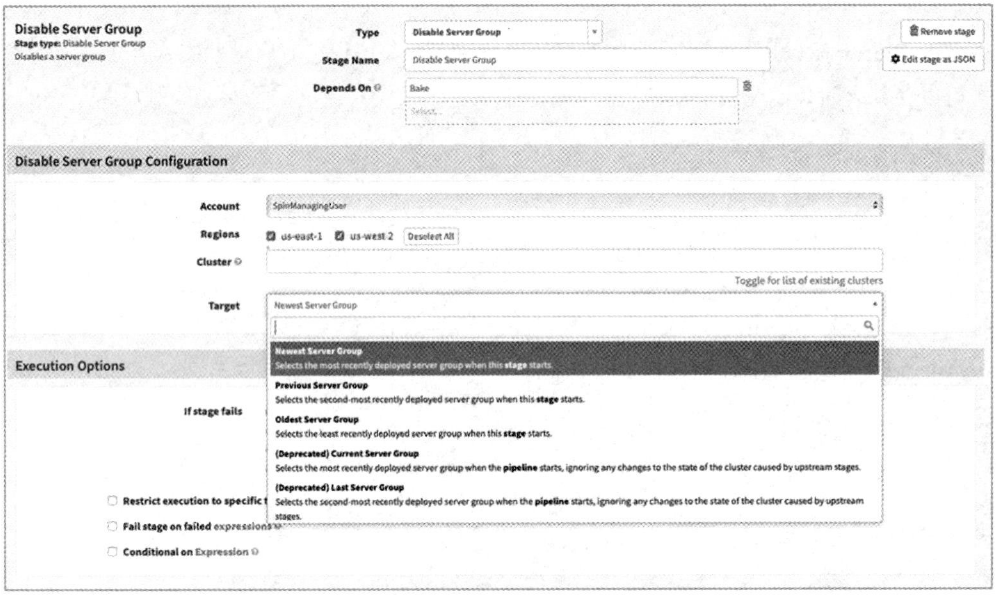

图 6-7　Disable Server Group 阶段

- Account：选择一个云账号。
- Regions：选择需要禁用的地域。
- Cluster：输入或选择需要禁用的集群。
- Target：选择禁用的服务器组策略。
  - Newest Server Group：选择禁用最新部署的服务器组。
  - Previous Server Group：选择禁用次新部署的服务器组。
  - Oldest Server Group：选择禁用最旧的服务器组。

6.1.8 Enable Server Group

Enable Server Group 阶段是告诉 Spinnaker 恢复指定服务器组接受外部流量，启动服务器组后还会重新启动自动伸缩策略。

具体配置如图 6-8 所示。

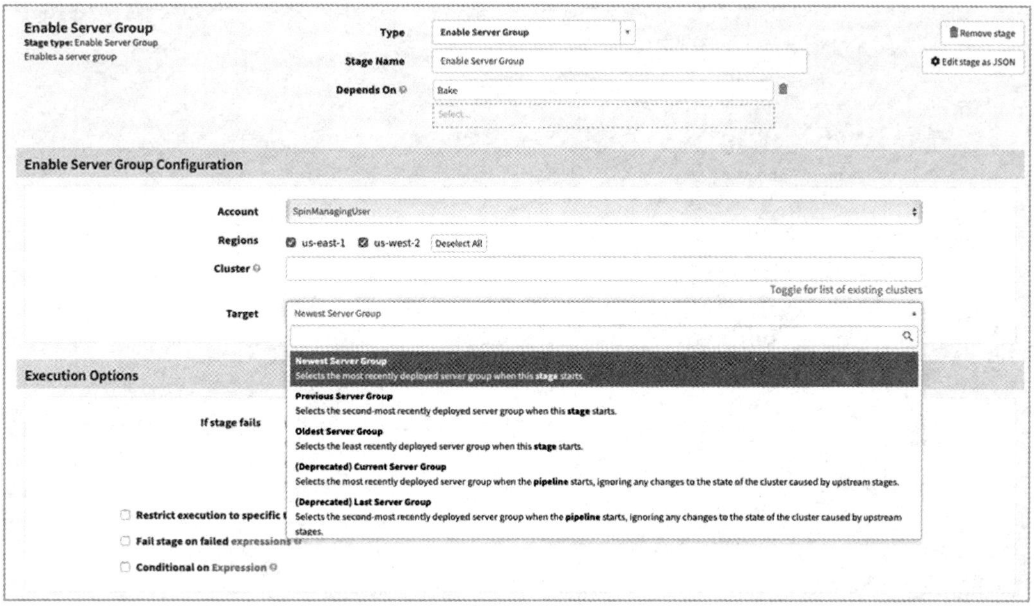

图 6-8　Enable Server Group 阶段

- Account：选择一个云账号。
- Regions：选择需要启用的地域。
- Cluster：输入或选择需要启用的集群。
- Target：选择启用的服务器组策略。
    - Newest Server Group：选择启用最新部署的服务器组。
    - Previous Server Group：选择启用次新部署的服务器组。
    - Oldest Server Group：选择启用最旧的服务器组。

6.1.9　Resize Server Group

Resize Server Group 阶段可以调整最新、次新或最旧的服务器组大小，并且可以按照当前大小的百分比或特定的数量来调整服务器组的实例大小。

阶段配置如图 6-9 所示。

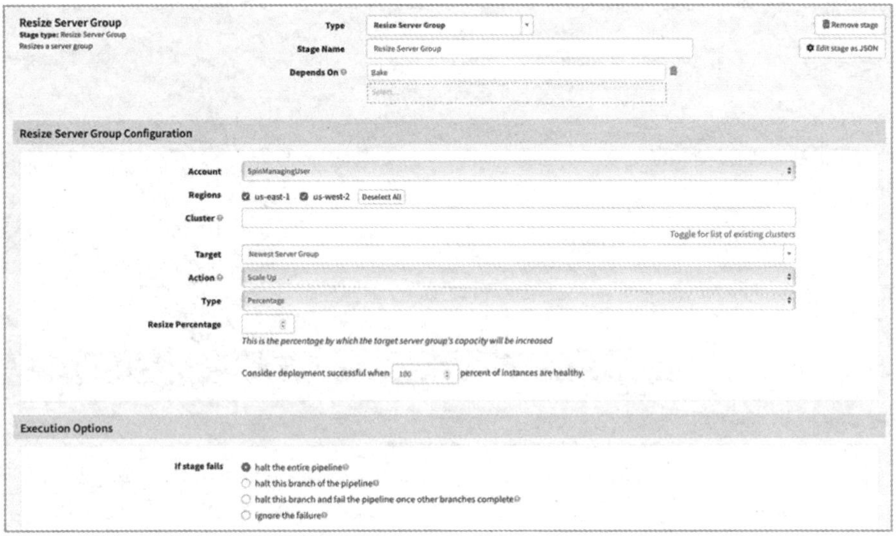

图 6-9　Resize Server Group 阶段

- Account：选择一个云账号。

- Regions：选择需要调整的地域。

- Cluster：输入或选择特定要调整实例数的集群。

- Target：选择需要调整的服务器组策略。

  - Newest Server Group：选择启用最新部署的服务器组。
  - Previous Server Group：选择启用次新部署的服务器组。
  - Oldest Server Group：选择启用最旧的服务器组。

- Action：调整服务器组实例数的策略。

  - Scale Up：扩容服务器组的实例数量。
  - Scale Down：减少服务器组的实例数量。

- Scale to Cluster Size：缩放至集群大小，这将增加目标服务器组的实例数量以匹配集群中最大的服务器组。
   - Scale to Exact Size：缩放为指定的数量大小。
- Type：选择缩放的类型。
   - Percentage：按比例缩放。
   - Incremental：按精确的数值缩放。

6.1.10 Clone Server Group

Clone Server Group 阶段用于将原始服务器组的所有属性复制到新的服务器组，例如已部署的虚拟机镜像或实例数的大小。创建新的服务器组时，可以选择覆盖原始服务器组的任何属性。

该阶段的配置如图 6-10 所示。

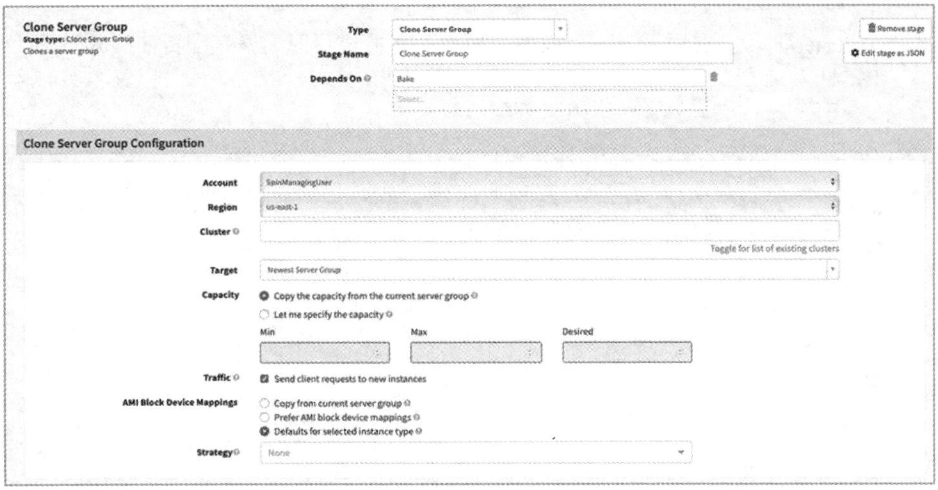

图 6-10　Clone Server Group 阶段

- Account：选择一个云账号。
- Region：选择需要部署的地域。
- Cluster：输入或选择需要复制的集群。
- Target：选择复制的服务器组策略。

- Newest Server Group：选择复制最新部署的服务器组。
- Previous Server Group：选择复制次新部署的服务器组。
- Oldest Server Group：选择复制最旧的服务器组。
- Capacity：复制时服务器组大小配置的策略，服务器组需要能支持自动伸缩。
  - Copy the capacity from the current server group：以当前的服务器组大小为准并复制。
  - Let me specify the capacity：指定新的服务器组的大小。
- Traffic：是否将服务器端的请求发送到新的服务器组。
- AMI Block Device Mappings：选择 AMI 镜像映射策略。
- Strategy：选择复制服务器组的部署策略。

6.1.11 Rollback Cluster

Rollback Cluster 阶段主要用于对一个或多个地域的集群进行回滚，其配置如图 6-11 所示。

图 6-11　Rollback Cluster

- Account：选择一个云账号。
- Regions：选择需要部署的地域。
- Cluster：输入或选择要回滚的集群。

6.1.12 Scale Down Cluster

Scale Down Cluster 阶段用于对集群实例数的缩容，配置如图 6-12 所示。

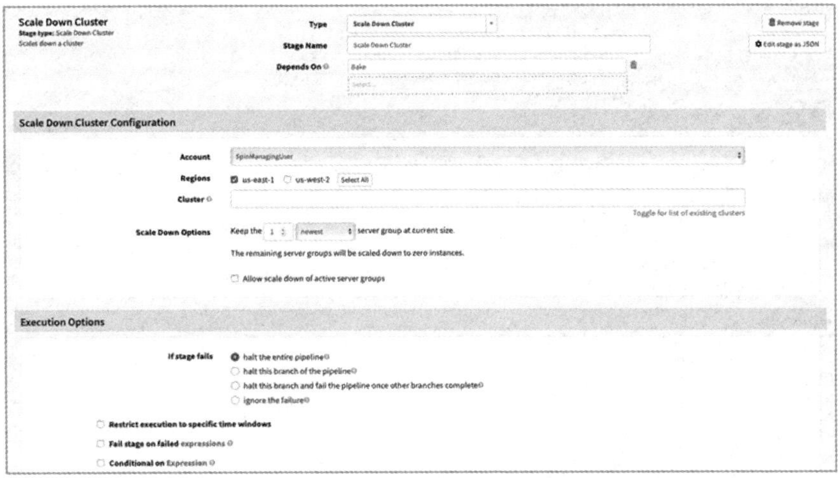

图 6-12　Scale Down Cluster 阶段

- Account：选择一个云账号。
- Regions：选择需要部署的地域。
- Cluster：输入或选择需要缩容的集群。
- Scale Down Options：缩容的策略。
  - 保持最大服务器组的实例数量。
  - 保持最新服务器组的实例数量。

6.2　Kubernetes 阶段

Kubernetes 阶段是指围绕着集群的一系列操作，例如 Bake (Manifest)、Deploy (Manifest)、Scale (Manifest)、Patch (Manifest)。

这些阶段可以在标准的 Kubernetes 集群中使用，例如腾讯云 TKE 和 EKS、华为云 CCE 和 CCI、阿里云 ACK 和 ASK 集群等。Spinnaker 提供多云的账户管理，能够轻松地对不同云提供商的集群资源进行查看、管理和部署工作负载。

6.2.1 Bake (Manifest)

Bake (Manifest) 阶段是对 Kubernetes (Manifest) 模板进行渲染的阶段，目前支持的类型有 Helm2、Helm3、Kustomize。该阶段典型的配置如图 6-13 所示。

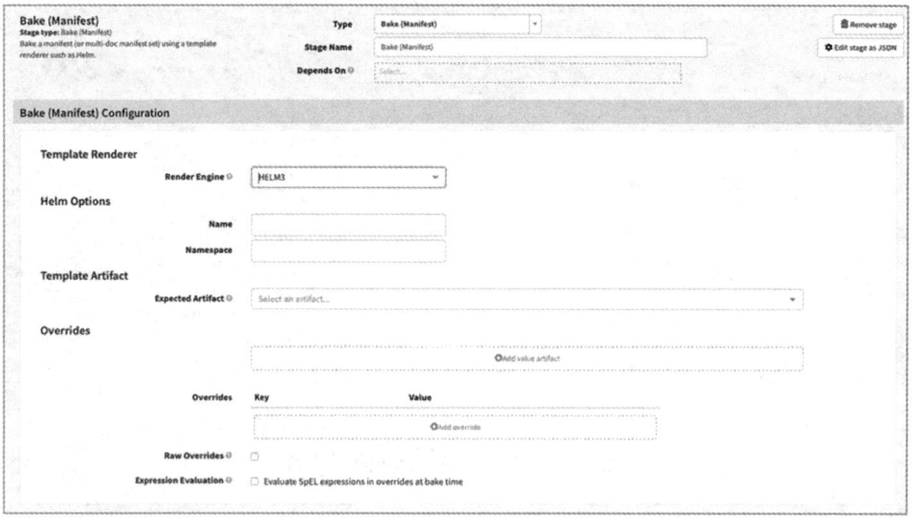

图 6-13 Bake (Manifest) 阶段

主要配置的参数如下。

- Template Renderer：模板引擎，支持 Helm2、Helm3、Kustomize。
- Helm Options：Helm 额外配置。
  - Name：指定 Release Name。
  - Namespace：指定安装的命名空间。
- Template Artifact：想要渲染的模板制品，一般来源于触发器。
- Overrides：对于渲染的覆盖选项。
  - Add value artifact：选择一个 value.yaml 来覆盖模板的默认的值。
  - Overrides：使用 Key/Value（键值对）来覆盖模板的默认值。
  - Raw Overrides：注入覆盖值时，使用--set 而不是--set-string，注入的值将被 Helm 转换为原始类型。

- Expression Evaluation：使用条件表达式对 value 值进行渲染。
- Kustomize File：存放在 Git 仓库的 kustomization.yaml 相对路径，例如 examples/wordpress/mysql/kustomization.yaml。
- Produces Artifacts：模板渲染后生成的制品名称，以便后续使用。

Bake (Manifest)阶段经过渲染后，将生成可以直接用于部署的 Kubernetes Raw Manifest，渲染的 Manifest 将生成一个新的制品，以便在后续的 Deploy 阶段使用它们。

6.2.2 Delete (Manifest)

Delete (Manifest)阶段用于销毁在 Manifest 中创建的 Kubernetes 对象，可以将其理解为 kubectl delete 命令。如果指定了多个标签选择器，会使用 AND 的逻辑运算符组合在一起。

该阶段主要的配置如图 6-14 所示。

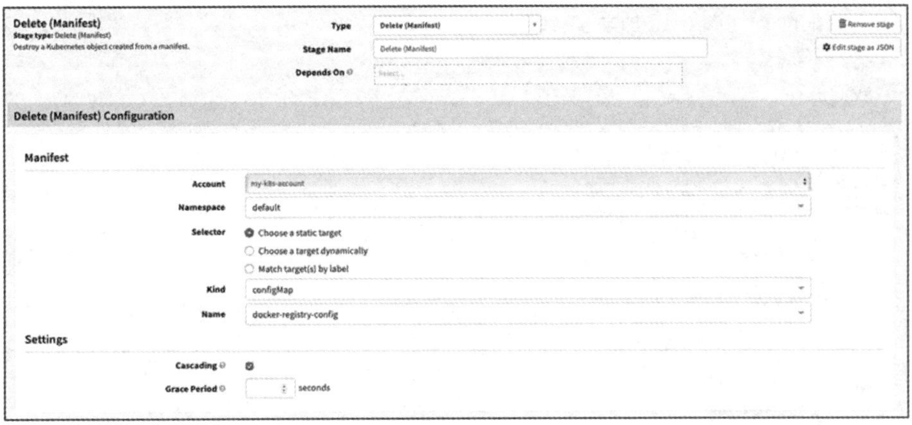

图 6-14 Delete (Manifest)阶段

- Account：选择一个 Kubernetes 账号。
- Namespace：选择要删除资源的命名空间。
- Selector：资源选择器，有以下类型。
  - Choose a static target：选择静态资源，使用 Kind 和 Name 作为静态选择，例如选择名称为 docker-registry-config 的 configMap。
  - Choose a target dynamically：动态选择要删除的资源策略，例如最新部署的资源、次新部署的资源、最旧的资源、最大的资源（Pod 数量）、最小的资源（Pod 数量）。
- Match target(s) by label：使用标签选择器进行匹配，主要由 Kind 和 Labels 进行控制，多个 Labels 将使用 AND 逻辑运算符进行组合。
- Settings：删除设置。
  - Cascading：选中时，会删除该资源下管理的所有资源，例如副本集拥有的所有 Pod。取消设置时，可能会导致出现孤立的资源。
  - Grace Period：可选参数，设置资源以正常的方式终止的秒数。

6.2.3　Deploy (Manifest)

Deploy (Manifest)阶段是部署 Kubernetes (Manifest) 的阶段，例如 YAML 或 JSON 文件，可以将其理解为 kubectl apply 命令。

该阶段主要的配置如图 6-15 所示。

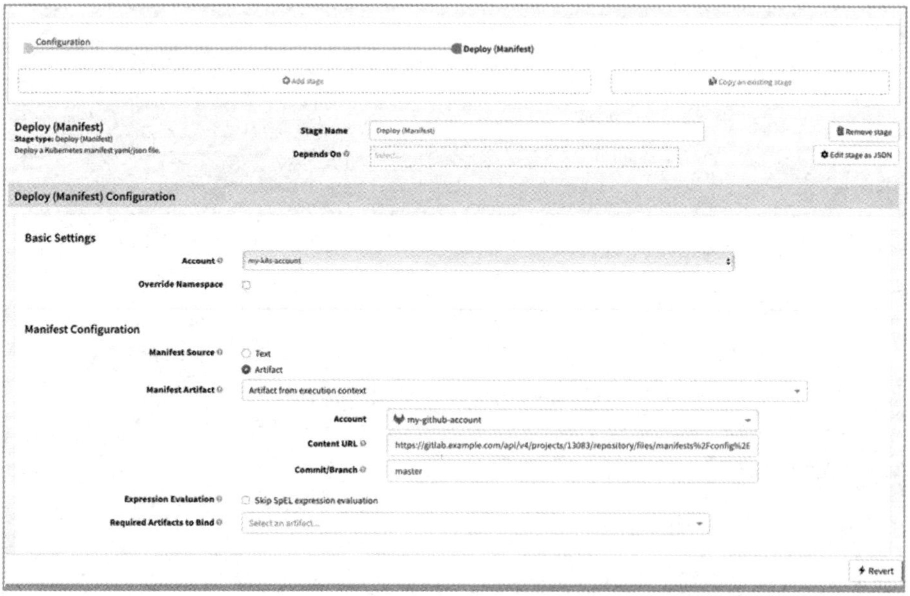

图 6-15　Deploy (Manifest)阶段

- Account：选择一个 Kubernetes 账号。
- Override Namespace：是否由 Manifest 覆盖命名空间。

- Manifest Source：Manifest 来源，可以是 Text 输入，也可以是一个 Artifact 制品。
  - Text：支持直接输入 Manifest 进行部署。
  - Manifest Artifact：当来源于 Artifact 时，需要选择一个 Manifest 制品。
- Expression Evaluation：是否使用流水线表达式替换 Manifest 的内容，这意味着 Manifest 支持动态的流水线表达式语法。
- Required Artifacts to Bind：此选项是 Deploy 阶段最重要的参数，用来绑定 Manifest 的部署对象，例如 Image 镜像、configMap 配置清单、Secret 等。

Spinnaker 在部署 Manifest 时，对于特定的对象会自动进行版本化部署。例如，对于相同 Name 的 configMap，会使用新的后缀（-vNNN）重新部署它们，这对于不可变的部署至关重要，因为要部署新的 configMap、Secret 及其他版本化资源时，也应该修改引用它们的资源，但在 Spinnaker 中，会自动处理这些版本化的引用。

通常，在 Kubernetes 环境下的持续部署中，Docker 镜像和 configMap 可能会被经常更新，因此 Spinnaker 提供了自动注入的方式——基于类型和名称的自动替换。

例如，spec.template.spec.containers.*.image 字段始终引用 Docker 镜像，因此与它匹配的制品类型是 docker/image。如 spec.template.spec.volumes.*.configMap.name 字段始终引用 configMap 类型的制品，制品绑定的原理如图 6-16 所示。

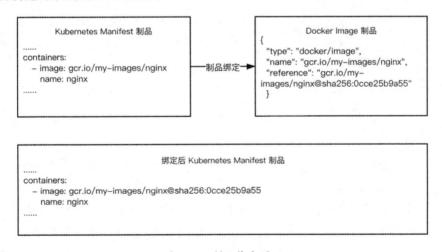

图 6-16　制品绑定原理

在 Manifest 文件中，image 是可被绑定制品的字段。当部署阶段执行时，如果该流水线的上下文中有以下制品（例如来源于触发器）。

```
[
  {
    "type": "docker/image",
    "name": "gcr.io/my-images/nginx",
    "reference": "gcr.io/my-images/nginx@sha256:0cce25b9a55"
  }
]
```

那么 Docker 镜像会被上下文中的制品替换，并且生成新的 Manifest 部署到集群中。

```
apiVersion: apps/v1
kind: Deployment
metadata:
  labels:
    app: nginx
  name: nginx-deployment
spec:
  replicas: 3
  selector:
    matchLabels:
      app: nginx
  template:
    metadata:
      labels:
        app: nginx
    spec:
      containers:
        - image: gcr.io/my-images/nginx@sha256:0cce25b9a55   # 自动绑定制品
          name: nginx
          ports:
            - containerPort: 80
```

基于这种自动的绑定机制，虽然用户提供的 Manifest 是静态的，但 Spinnaker 能够将每次发布变更的部分与 Manifest 进行绑定替换，实现自动化的发布，而非传统的在每次发布之前需要手动修改 Manifest 文件。

除了自动绑定，Spinnaker 还支持在 Manifest 中使用流水线表达式。例如，要想实现动态的 image，那么可以使用诸如 gcr.io/my-images/nginx:${#stage("Jenkins job")["context"]["version"]} 的条件表达式，Spinnaker 渲染后会得到对应的动态值，达到动态部署的效果。但我并不建议这么做，因为这会让 Manifest 文件依赖于 Spinnaker 的表达式引擎，并且无法使用 kubectl 在本地部署该文件。

6.2.4 Find Artifacts From Resource (Manifest)

Find Artifacts From Resource (Manifest)阶段用于从指定的 Kubernetes 集群中查找资源。该阶段主要的配置如图 6-17 所示。

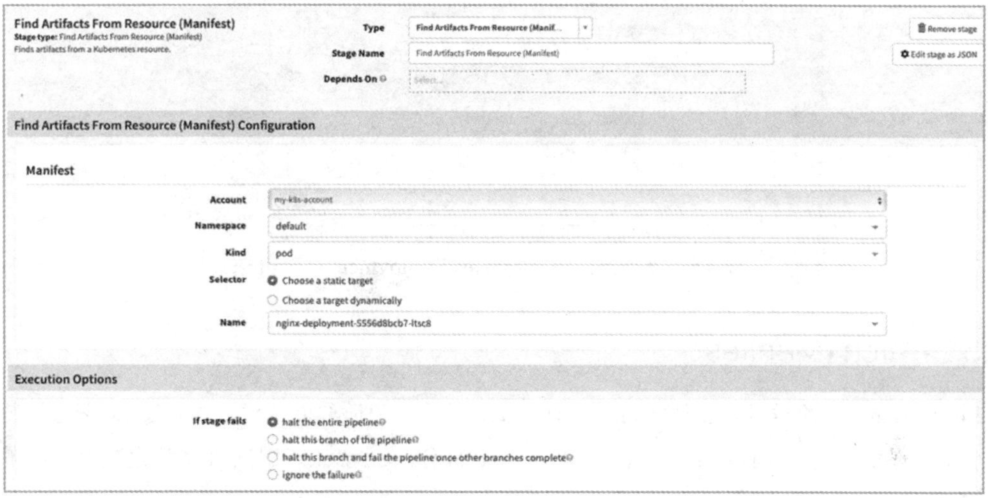

图 6-17 Find Artifacts From Resource (Manifest)阶段

- Account：选择一个 Kubernetes 账号。
- Namespace：选择集群的命名空间。
- Kind：选择资源类型。
- Selector：资源选择器。
  - Choose a static target：选择静态资源。
  - Choose a target dynamically：选择动态资源。
- Produces Artifact：对资源重新生成 Spinnaker 部署制品，以便后续阶段使用。

Produces Artifact 菜单可以对生成制品展示名称、类型等进行配置。例如，要对找到的资源重新生成 Kubernetes Deployment Manifest，那么可以按照图 6-18 所示进行配置。

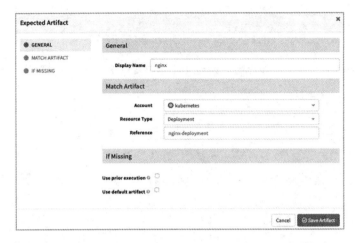

图 6-18　重新生成 Kubernetes Deployment (Manifest)

6.2.5　Patch (Manifest)

Patch (Manifest)阶段可以被理解为 kubectl patch 命令，该阶段能够对 Kubernetes 资源进行直接增量更新，在更新时仅需提供需要更新的 Manifest 部分，Spinnaker 即可在不清楚整个资源的情况下更新指定资源。

Patch (Manifest)阶段可用于为一组资源调价标签或更新 Sidecar 镜像。

该阶段主要的配置如图 6-19 所示。

- Account：选择一个 Kubernetes 账号。
- Namespace：选择集群的命名空间。
- Kind：需要 Patch 的工作负载类型。
- Selector：工作负载选择器，可以选择静态的资源或动态选择。
- Name：工作负载的名称，例如 nginx。
- Manifest Source：Patch 的资源来源。

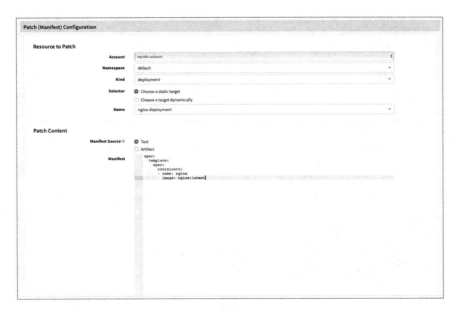

图 6-19　Patch (Manifest)阶段

- Text：来源于直接输入框。
- Artifact：来源于启动制品。

• Required Artifacts to Bind：Manifest 需要绑定的制品。

• Record Patch Annotation：将应用的 Patch 记录在 kubernetes.io/change-cause 注解中，如果该注解已经存在，那么替换内容。

• Merge Strategy：Patch 策略，和 kubectl patch 相同，有 3 种不同的策略。

- Strategic：内置的策略合并，该合并策略在 Kubernetes 源码中的 patchStrategy 键的值指定。
- Merge：有相同的字段则进行替换，无相同的字段则合并。
- Json：比 Merge 更复杂，同时使用也更加灵活、强大，在使用 Json Patch 时，需要指定操作、字段路径和新的值。

在使用时，可以根据不同的场景选择不同的 Patch 策略。例如，在使用 strategic 策略时，需要注意被更新的字段在源码定义的 patchStrategy 的值。例如，在 Kubernetes 源码中定义了以下 Container。

```
type PodSpec struct {
 …
 Containers    []Container    `json:"containers"    patchStrategy:"merge"    patchMergeKey:
"name" …`
```

那么，对 .spec.template.spec.containers 进行 strategic 策略合并时，会使用预定义的 merge（合并）进行 Patch 操作。

使用 merge 策略时，需要注意 Patch 的值无法设置为 null，并且在数组内添加新的元素时，需要先复制原来的数组结构并添加新的结构，因为 Patch 会将旧的数据结构进行全部替换。

Json 类型的 Patch 操作是最强大的，例如使用以下定义的 Json 数据对工作负载修改镜像。

```
[{
    "op": "replace",
    "path": "/spec/containers/0/image",
    "value": "new image"
}]
```

Json Patch 操作需要定义 op 操作方法、path 路径、新的 value 值来修改工作负载中的字段。

其中，op 常用的定义操作可以是 add、remove、replace 等。

6.2.6　Scale (Manifest)

Scale (Manifest)阶段是对 Kubernetes 中的对象进行伸缩操作，相当于直接操作 ReplicaSet 中直接定义的工作负载的数量。

该阶段主要的配置如图 6-20 所示。

- Account：选择一个 Kubernetes 账号。
- Namespace：选择集群的命名空间。
- Kind：选择工作负载类型。
- Selector：选择工作负载的方式，可以是静态或动态的。
- Name：选择指定名称的工作负载。
- Replicas：要伸缩的数量，例如对 Pod 进行扩容或缩容时指定的数量值。

图 6-20　Scale (Manifest)阶段

Scale 相当于修改了工作负载的.spec.replicas 值，修改后，Kubernetes 的 ReplicaSet 控制器保证 Pod 运行在要求的数量值范围内。

6.2.7　Undo Rollout (Manifest)

Undo Rollout (Manifest)阶段可以将工作负载回滚到指定的版本，这是由 Kubernetes 维护的 history 列表，在执行回滚时，只需要指定需要回滚的版本号即可快速回滚。

该阶段主要的配置如图 6-21 所示。

- Account：选择一个 Kubernetes 账号。

- Namespace：选择集群的命名空间。

- Kind：选择工作负载类型。

- Selector：选择工作负载的方式，可以是静态或动态。

- Name：选择指定名称的工作负载。

- Revisions Back：要回滚到某个版本号，该版本号由整数来指定，例如每次对 deployment 修改后，将产生当前版本加 1 的版本号。

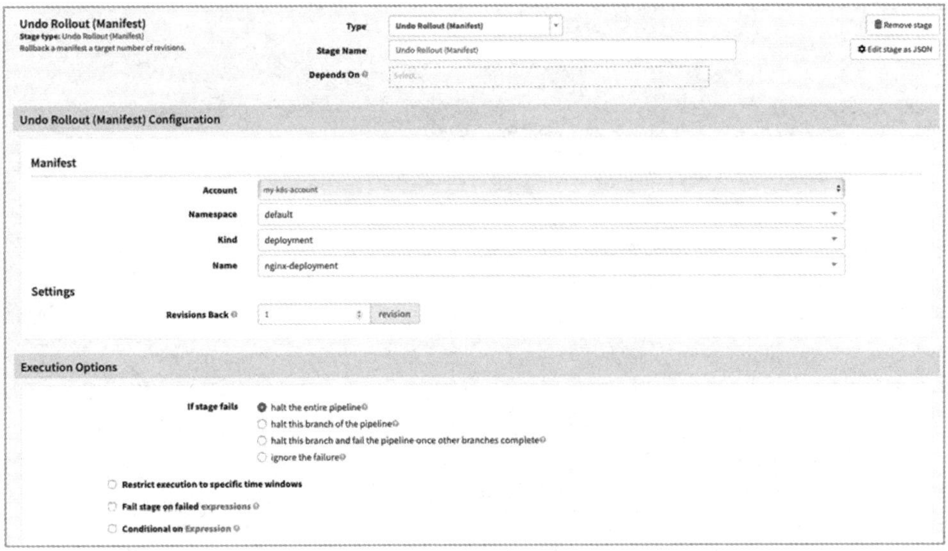

图 6-21 Undo Rollout (Manifest)阶段

6.3 集成外部系统阶段

持续部署的对象是不可变制品，要生成不可变制品，那就离不开持续集成。Spinnaker 能够与外部系统（例如 CI 系统）集成整合，以便运行完整的持续集成和持续部署流程。例如，在流水线特定阶段运行 Jenkins Job、执行 Shell 脚本、运行 Travis Job、Concourse Task、Google Cloud Build、Wercker，以及通过 Webhook 的方式调用外部系统。

6.3.1 Jenkins

集成 Jenkins 作为持续集成系统后，它能用于触发器、运行 Jenkins 阶段及运行 Shell 脚本阶段。要将 Jenkins 连接到 Spinnaker，需要满足以下前置条件。

- 运行 1.x-2.x 版本的 Jenkins Master，并且 Spinnaker 能通过 URL 访问。
- 如果 Jenkins 启用了认证，那么可以使用用户名或 API 秘钥来访问 Jenkins。

要想集成 Jenkins，需要为 Spinnaker 添加 Jenkins Master，具体的流程如下。

（1）通过 Hal 启用 Jenkins 支持。

```
bash-5.0$ hal config ci jenkins enable
+ Get current deployment
  Success
+ Edit jenkins settings
  Success
+ Successfully enabled jenkins
```

（2）添加 Jenkins 服务器。

```
bash-5.0$ hal config ci jenkins master add my-jenkins-master \
>   --address http://jenkins.jenkins.svc.cluster.local:8080 \
>   --username wangwei \
>   --password 11df2ca1bba025832fe6cd9c7002d45c51
+ Get current deployment
  Success
+ Add the my-jenkins-master master
  Success
+ Added my-jenkins-master for jenkins.
```

注意：password 是指 Jenkins 用户的 API Token，单击 Jenkins 右上角的用户名，进入"设置"菜单，单击"添加新 Token"，如图 6-22 所示。

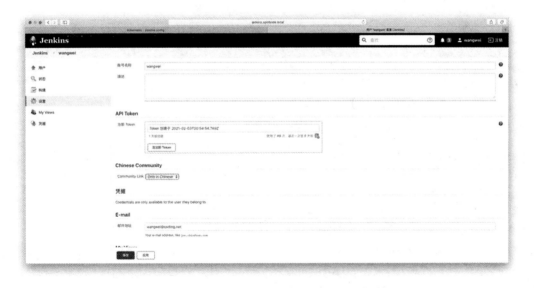

图 6-22　配置用户 Token

（3）重新部署 Spinnaker。

```
bash-5.0$ hal deploy apply
```

新建 Jenkins 阶段，该阶段的主要配置如图 6-23 所示。

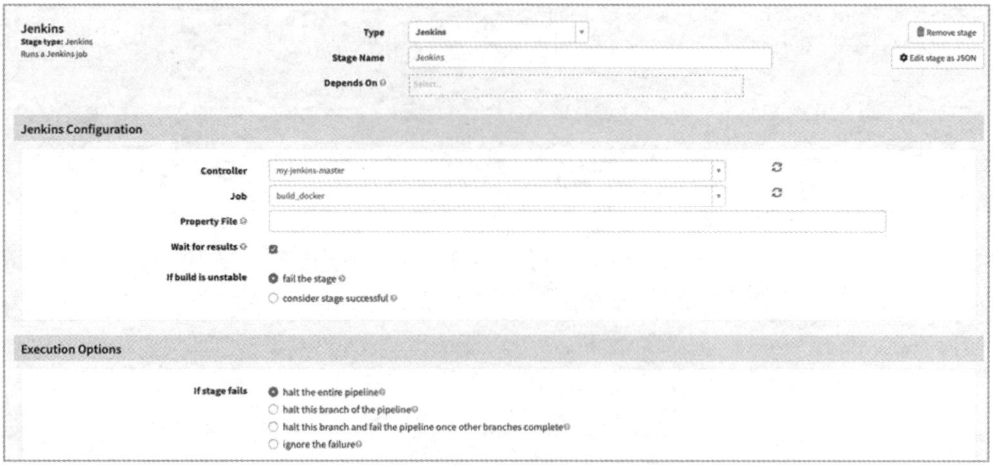

图 6-23 Jenkins 阶段

- Controller：选择 Jenkins 服务器。

- Job：选择运行的 Job。

- Property File：Jenkins Job 运行生成的属性文件，是键值对的形式，例如 build.properties。

```
COMMITER_NAME=mycommit
BRANCH_NAME=main
CONFIG=config.tar.gz
```

在 Jenkins 中可以通过运行 Script 来生成。

```
node(){
    sh('echo KEY=VAL > build.properties')
    archiveArtifacts 'build.properties'
}
```

- Wait for results：等待 Job 执行完成。

- If build is unstable：如果 Jenkins Job 的运行结果为 UNSTABLE，那么可配置该阶段为失败（将导致流水线失败）或忽略失败，继续运行流水线。

6.3.2　运行 Script 脚本

Spinnaker 在集成 Jenkins 后，除了在阶段内运行指定的 Job，还可以借助 Jenkins 运行 Script 脚本。例如，运行 Python 或 Groovy 脚本，在阶段中启动测试脚本替代手动运行。

运行 Script 脚本需要满足以下两个前置条件。

- 已有 Jenkins 服务器端，并且用户具有权限创建 Job。
- Spinnaker 已集成 Jenkins 服务，并且在 Jenkins 阶段可选择该实例。

接下来我们按照以下步骤配置 Jenkins。

（1）使用以下命令下载 raw job xml config file。

```
curl -X GET \
-o "scriptJobConfig.xml" \
"https://storage.googleapis.com/jenkins-script-stage-config/scriptJobConfig.xml"
```

（2）创建 Jenkins Job 供 Script 脚本运行，请遵循以下步骤。

- $JENKINS_HOST：正在运行的 Jenkins 实例[①]。
- $JOB_NAME：指定用于运行 Script 的 Job。
- $USER：Jenkins 用户名。
- $USERAPITOKEN：用户的 API Token，可以在 Jenkins 服务器中 $JENKINS_HOST/user/$USER/configure 目录找到。

运行以下命令。

```
curl -s -XPOST "$JENKINS_HOST/createItem?name=$JOB_NAME" \
-u $USER:$USER_API_TOKEN \
--data-binary @scriptJobConfig.xml \
-H "Content-Type:text/xml"
```

（3）在 Jenkins 打开刚才创建的 Job，进行以下配置。

- 添加包含 Script 脚本的 GitHub 仓库地址。
- 创建一个 Spinnaker Node 或者取消选中"限制在其中运行该项目"的复选框。

现在，手动检查在该 Job 内运行 Script 是否成功。

（4）使用之前配置的 Jenkins 名称对 Spinnaker 进行配置，例如在 Jenkins 阶段内使用的名称为 my-jenkins-master，那么将以下配置添加到 orca-local.yaml。

```
script:
master: my-jenkins-master
job: $JOB_NAME   # 第三阶段的 Job 名称
```

---

① 相关链接见电子资源文档中的链接 6-1。

最后，选择 Script 阶段，该阶段的配置如图 6-24 所示。

图 6-24 运行 Script 脚本

- Repository Url：包含 Script 的 Git 仓库。

- Repository Branch：仓库的分支名。

- Script Path：Script 的路径。

- Command：运行 Script 的命令。

- Image：将该变量以 IMAGE_ID 传递到 Job。

- Account：将该变量以 ENV_PARAM 传递到 Job。

- Region：将该变量以 REGION_PARAM 传递到 Job。

- Cluster：将该变量以 CLUSTER_PARAM 传递到 Job。

- Cmc：将该变量以 CMC 传递到 Job。

- Wait for results：等待运行结果。

- Property File：从 Jenkins 读取的属性文件，可在后续阶段使用。

6.3.3 Travis 阶段

Travis 是一套 CI 系统，在 Spinnaker 中可以集成它作为运行持续集成的工具，使用 Travis 触发触发流水线或在流水线中运行 Travis 阶段。

要集成 Travis 阶段，需满足以下前置条件。

- 具有 API 令牌访问的 Travis 用户，用于 Spinnaker 获取 Travis 的信息。
- 该用户需要在 GitHub 上具有足够的访问权限才能触发构建流程。

要想在 Spinnaker 中集成 Travis，需要执行以下步骤。

（1）启用 Travis CI，命令如下。

```
hal config ci travis enable
```

（2）如果使用的是 Spinnaker 1.19 或更早的版本，请在 Deck 的配置文件（~/.hal/default/profiles/settings-local.js）中添加以下内容。

```
window.spinnakerSettings.feature.travis = true;
```

（3）添加名为 my-travis-master 的 Travis 服务。

```
hal config ci travis master add my-travis-master \
--address https://api.travis-ci.org \
--base-url https://travis-ci.org \
--github-token <token> \ # The GitHub token to authenticate to Travis
--number-of-jobs 100
```

配置完成后，选择 Travis 阶段，该阶段的配置如图 6-25 所示。

- Build Service：选择 Travis 服务。
- Job：选择要运行的 Job。
- Property File：在 Travis 中生成的属性文件，该文件可在后续阶段中使用，与 Jenkins 的 Property File 类似。
- Wait for results：等待运行结果。
- If build is unstable：如果 Travis Job 的运行结果为 UNSTABLE，那么可配置该阶段为失败（将导致流水线失败）或忽略失败，继续运行流水线。

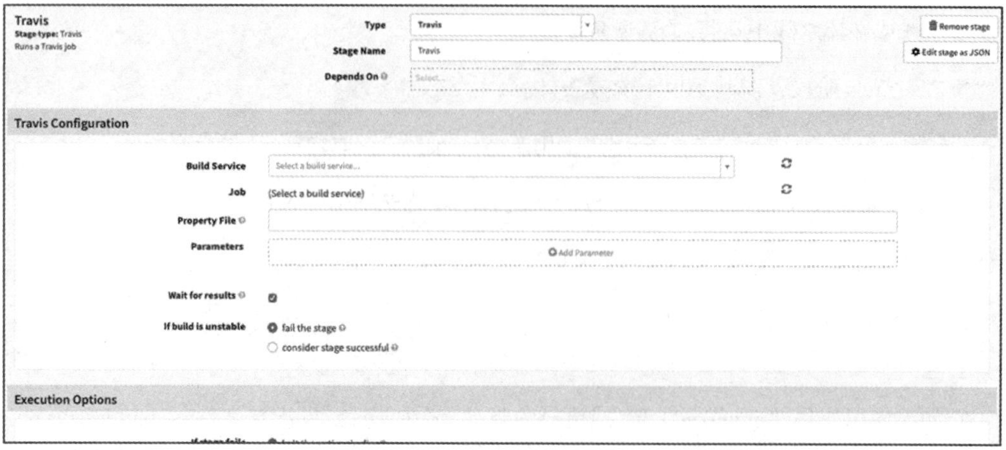

图 6-25　Travis 阶段

6.3.4　Concourse 阶段

与 Jenkins、Travis 类似，Concourse CI 也是一种持续集成系统。Spinnaker 能够集成该系统并在阶段调用指定的 Pipeline。

通过以下步骤来集成 Concourse。

（1）启用 Concourse。

```
hal config ci concourse enable
```

（2）添加 Concourse 服务。

```
hal config ci concourse master add my-concourse --username $USERNAME --password $PASSWORD --url $ConcourseUrl
```

（3）重新部署 Spinnaker。

```
hal deploy apply
```

配置完成后，选择 Concourse 阶段，该阶段的配置如图 6-26 所示。

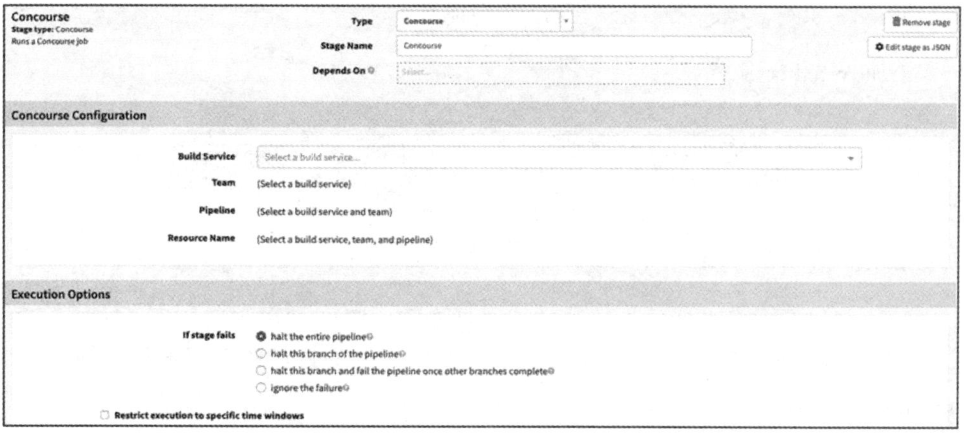

图 6-26 Concourse 阶段

- Build Service：Concourse 服务。
- Team：选择 Concourse Team。
- Pipeline：选择要运行的 Concourse 流水线。
- Resource Name：选择 Concourse Resource。

6.3.5 Wercker 阶段

Wercker 是一个 CI 系统，可以在 Spinnaker 中作为流水线的触发器或流水线阶段来运行。

要在 Spinnaker 中使用 Wercker，需要具备以下条件。

- 设置 Wercker 账户[①]。
- 为 Spinnaker 提供 Wercker 的个人令牌，以便 Spinnaker 访问 Wercker API。

接下来进行以下配置。

（1）启用 Wercker。

```
hal config ci wercker enable
```

（2）如果使用的是 Spinnaker 1.19 或更早版本，请在 Deck 的配置文件（~/.hal/default/profiles/settings-local.js）中添加以下内容。

---

① 相关链接见电子资源文档中的链接 6-2。

```
window.spinnakerSettings.feature.wercker = true;
```

（3）添加 Wercker 服务。

```
hal config ci wercker master add mywercker1
    --address https://app.wercker.com/
    --user myuserid
    --token
```

（4）重新部署 Spinnaker。

```
hal deploy apply
```

在配置好 Wercker 服务后，Wercker 可以作为流水线的自动触发器使用，同时也能够在 Spinnaker 的阶段中运行。

Wercker 阶段的配置如图 6-27 所示。

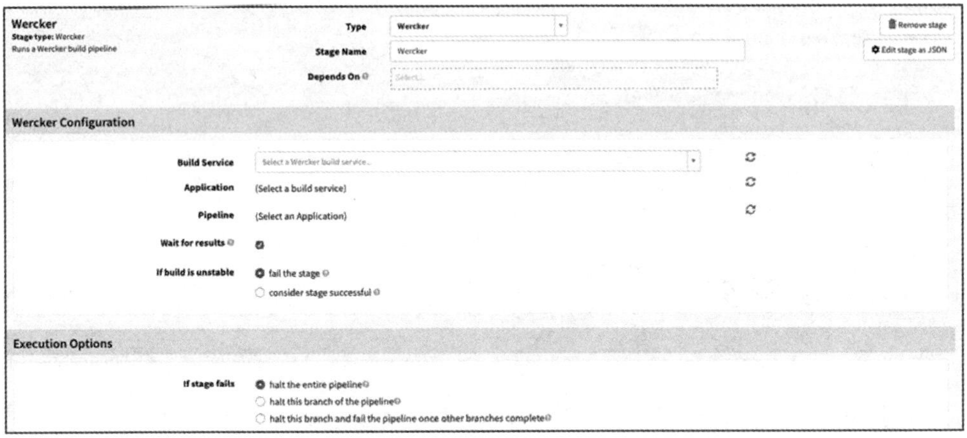

图 6-27　Wercker 阶段

- Build Service：选择 Wercker 服务。

- Application：选择 Wercker 应用。

- Pipeline：选择 Wercker 流水线。

- Wait for results：是否等待运行结果。

- If build is unstable：如果 Travis Job 的运行结果为 UNSTABLE，那么可配置该阶段为失败（将导致流水线失败）或忽略失败，继续运行流水线。

6.3.6　Webhook 阶段

Webhook 阶段可以实现在流水线中调用外部 API，该阶段通过发送 HTTP 请求到指定的 URL 中，并支持自定义 Header 及添加请求的 JSON Payload。在 Spinnaker 阶段中，该阶段通过 API 请求的标准方法对第三方系统的调用进行集成，是比较常用的阶段。

和其他阶段一样，Webhook 阶段同样具有运行成功和失败的标识，当 Spinnaker 发送的外部请求收到 2XX 或 3XX 响应时，该阶段会被认为是成功的；当返回 4XX 时，该阶段会被认为是失败的。

注意，在 URL 字段和 JSON Payload 中，可以使用流水线表达式来增强 Webhook 阶段的能力，Webhook 阶段完成后，API 返回的内容可以作为阶段的上下文在后续阶段中访问，例如，使用表达式来引用 API 返回的状态码 ${#stage("My Webhook Stage")["context"]["webhook"]["statusCode"]}。

Webhook 阶段的配置如图 6-28 所示。

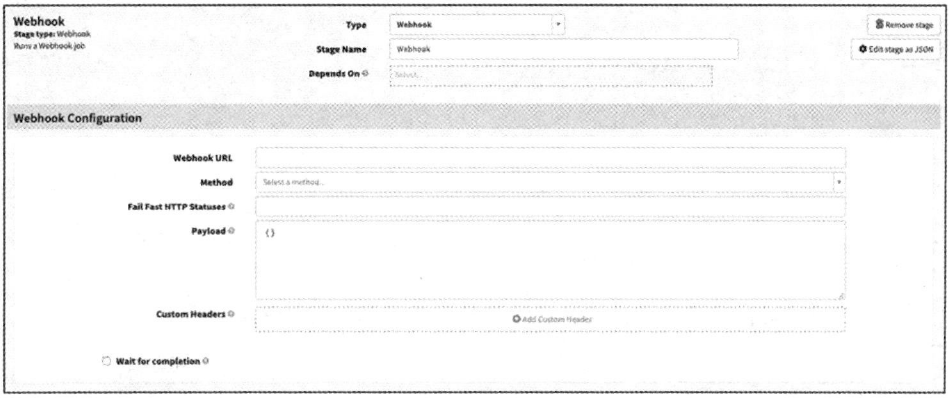

图 6-28　Webhook 阶段

- Webhook URL：要请求的 API 地址。
- Method：HTTP 请求方法，可选 GET、HEAD、POST、PUT、PATCH、DELETE 方法。
- Fail Fast HTTP Statuses：指定该阶段为失败的 HTTP 状态码，例如 "400,500" 指定当返回的 HTTP 状态码为 400 或 500 时，该阶段为失败。
- Payload：指定要向 API 发送的 JSON Payload。
- Custom Headers：自定义 HTTP 请求头，为键值对的形式。

考虑到外部 API 可能是异步的，Webhook 阶段还提供了轮询的功能，该配置为 Wait for completion。当该配置未被选中时，API 返回的状态码是 2XX 后即认为成功，否则失败。如果该配置被选中，Webhook 阶段会定期轮询 URL，直到符合该阶段配置的判定状态条件。

Wait for completion 的配置如图 6-29 所示。

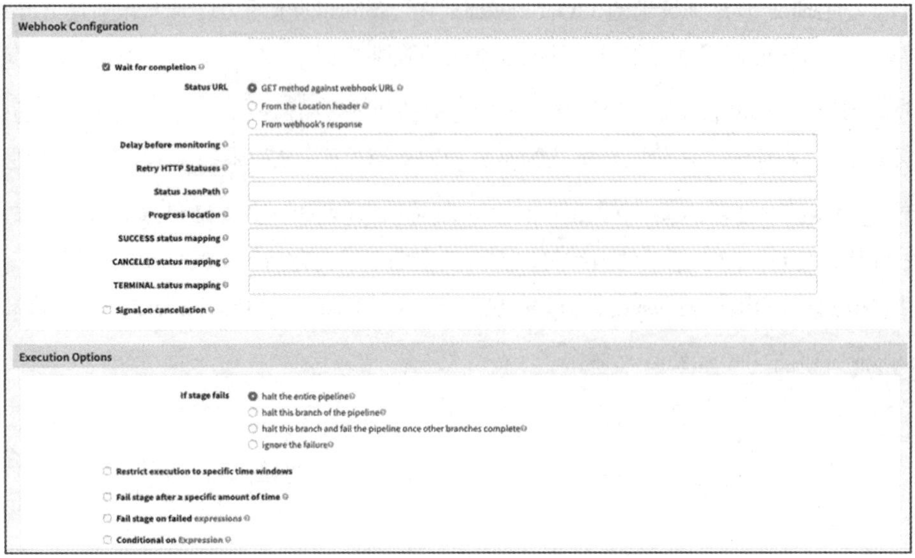

图 6-29 Wait for completion 配置

- Status URL：定义状态的 URL 来源。

  - GET method against webhook URL：使用 GET 方法请求该阶段的 URL。

  - From the Location header：使用 URL 返回的头信息中特定的字段作为请求状态的 URL。

  - From webhook's response：使用 URL 返回的 JSON 作为请求状态的 URL，可指定 JSON 路径$.buildInfo.url。

- Delay before monitoring：可选项，在发起状态查询请求时延迟的时间，单位为秒。

- Retry HTTP Statuses：默认条件下，Webhook 阶段收到 429 和 5XX 状态码时进行重试，该配置用于覆盖默认重试的状态码，例如 404。

- Status JsonPath：用于判定 Webhook 阶段的 JSON 路径，如果为空，那么当返回状态码是 200 时，则认为成功。

- Progress location：指定 Webhook 当前状态的 JSON 路径,该状态将用于流水线的状态展示，例如 API 返回 $.buildInfo.progress 字段内容"处理中"。

- SUCCESS status mapping：定义 Status JsonPath 判定阶段为成功状态的值，多个值可以使用逗号分隔，当返回的 JSON 中 Status JsonPath 字段包含配置的值时，将视为成功状态。
- CANCELED status mappinp：定义 Status JsonPath 判定阶段为取消状态的值，多个值可以使用逗号分隔，当返回的 JSON 中 Status JsonPath 字段包含配置的值时，将视为取消状态。
- TERMINAL status mapping：定义 Status JsonPath 判定阶段为终止状态的值，多个值可以使用逗号分隔，当返回的 JSON 中 Status JsonPath 字段包含配置的值时，将视为终止状态。
- Signal on cancellation：当 Webhook 阶段被用户取消或流水线失败时，可以向外部发送通知。
  - Cancellation URL：发送通知的 URL。
  - Method：发送通知的 HTTP 请求方法。
  - Cancellation payloag：向 URL 发送的 Payload。

当配置了 Wait for completion 后，Spinnaker 会不断轮询 URL，直到在返回值中获取 SUCCESS、CANCELED 或 TERMINAL 指定的状态之一，才会结束轮询。当请求的外部 API 是一个异步任务时，轮询功能就变得尤其重要，这意味着当外部系统的异步任务成功或失败时，Spinnaker 才会认为该阶段成功或者失败，进而决定流水线是否继续执行。

如果在创建 Webhook 阶段时有重复创建的需求，那么可以创建自定义 Webhook 阶段，自定义的阶段会作为独立的阶段显示在 Spinnaker 阶段的下拉列表中。

6.3.7　自定义 Webhook 阶段

自定义 Webhook 阶段提供了一种简单却强大的方式向 Spinnaker 添加自定义阶段，这些阶段通常可以作为流水线的一部分快速对外部系统进行 API 调用。在添加自定义 Webhook 阶段时，用户无须在代码中扩展每个组件，只需要在 Orca 添加配置即可。添加自定义 Webhook 阶段后，它在 Deck 界面上的展示就像是 Spinnaker 自带的阶段。

创建一个自定义 Webhook 阶段，新建 ~/.hal/default/profiles/orca-local.yaml 文件，例如，填充以下内容来创建更新 Github Commit 的自定义 Webhook 阶段。

```
webhook:
 preconfigured:
 - label: Github - Github Commit Status
   type: githubStatus
   enabled: true
   description: Update a Github Commit Status
```

```
method: GET
url: https://api.example.com
```

preconfigured 是自定义 Webhook 阶段的列表，可以配置多个自定义阶段。

自定义 Webhook 阶段支持多种选项，使用 Deck 配置 Webhook 阶段时，大多数选项可以通过 Deck 进行修改。但在自定义 Webhook 阶段中设置了属性后，将不允许在 Deck 进行覆盖，这些配置主要如下。

- enable：该自定义 Webhook 阶段是否在 Deck 展示。
- label：自定义阶段的名称。
- description：自定义阶段的描述。
- type：用于描述阶段类型的唯一标识。
- url：Webhook 的地址。
- customHeaders：Webhook 的 HTTP 请求头，例如 API 秘钥。
- method：请求 Webhook 的 HTTP 方法。
- payload：请求 Webhook 的 Json Payload。

定义好阶段的属性后，接下来需要为该阶段定义参数，这些参数将在 Deck 中作为输入框向自定义 Webhook 阶段提供变量，例如为 Github Commit Status 阶段添加阶段变量。

```
parameters:
- label: Git Commit
  name: gitCommit
  description: The Git commit of your application
  defaultValue: ''
  type: string
```

目前，type 仅支持 string 类型。另外，在 preconfigured 和 parameters 的配置中，可以使用 SpEL 表达式对这些值进行动态计算，例如 URL 可以使用以下写法。

```
url : https://api.github.com/repos/spinnaker/my-repo/statuses/${parameterValues
['gitCommit']}
```

配置完成后，使用 hal deploy apply 重新部署 Spinnaker，在阶段内便能够选择刚才配置的自定义 Update GitHub Status 阶段，如图 6-30 所示。

图 6-30　自定义 Webhook 阶段

如果指定了 Parameters，那么这些配置会作为输入框在该阶段展示，如图 6-31 所示。

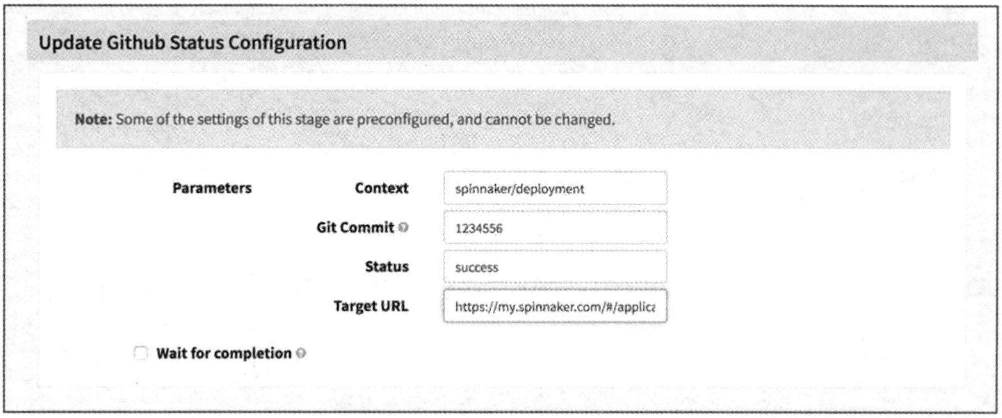

图 6-31　自定义 Webhook 阶段参数

最后，Spinnaker 提供了一个完整的示例配置，该自定义 Webhook 阶段实现了更新 Github 的提交状态。

```
label: Github - Github Commit Status
type: githubStatus
enabled: true
description: Update a Github Commit Status
method: POST
customHeaders:
  Authorization:
    - token MY_API_TOKEN
url                                                                            :
https://api.github.com/repos/ethanfrogers/spinnaker/statuses/${parameterValues['gitCommit'
]}
```

```
payload: |-
  {
    "state": "${parameterValues['status']}",
    "target_url": "${parameterValues['targetUrl']}",
    "context": "${parameterValues['context']}"
  }
parameters:
- label: Git Commit
  name: gitCommit
  description: The Git Commit to create a status for
  type: string
- label: Status
  name: status
  type: string
- label: Target URL
  name: targetUrl
  type: string
- label: Context
  name: context
  type: string
```

6.4 流程控制阶段

Spinnaker 各阶段可实现灵活的编排，因此如何实现流程控制就显得极其重要。

内置的流程控制阶段主要如下。

- 等待（Wait）阶段：等待特定的时间之后运行下一个阶段。

- 人工确认（Manual Judgment）阶段：提供人工确认及预定义的输入选项，人工确认的输入可以作为阶段上下文在后续阶段获取。

- 检查前置条件（Check Preconditions）阶段：通过检查前置条件来控制阶段是否失败，进而控制持续部署流水线的中断。

- 运行流水线（Pipeline）阶段：在一个持续部署流水线中调用另一个持续部署流水线，它们之间共享上下文。

通过将以上阶段组合并插入持续部署流水线中，便能够实现对流水线灵活的流程控制。例如，在部署生产环境时引入人工确认阶段，并提供"是"和"否"两个选项来人工控制是否部署到生产环境。

6.4.1　Wait

Wait 阶段主要用于两个阶段之间的等待，可以在等待阶段运行过程中人工选择跳过该阶段。

该阶段配置如图 6-32 所示。

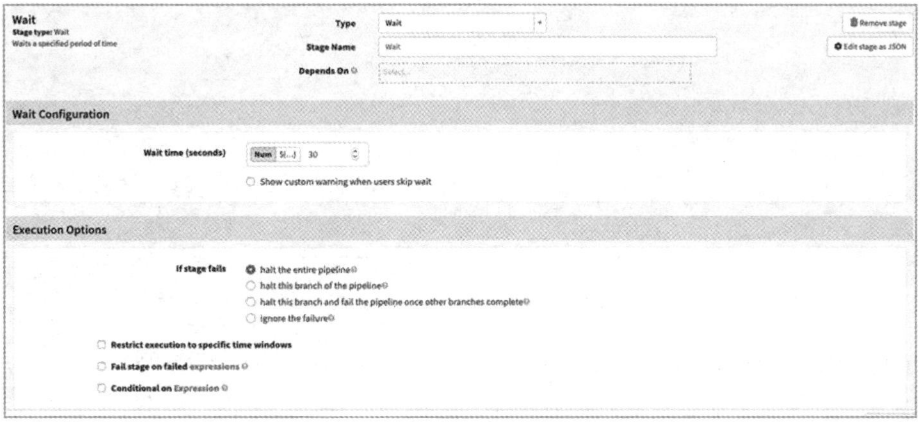

图 6-32　Wait 阶段

- Wait time：等待时间，单位为秒。既可以使用固定的值，也可以使用表达式动态计算。
- Show custom warning when users skip wait：当阶段被跳过时显示自定义警告内容。

6.4.2　Manual Judgment

Manual Judgment 阶段用于在阶段执行前等待用户的输入，然后继续运行流水线。在该阶段中，可以指定是否继续的说明或者添加用户可以选择的输入选项。这些选项可以作为流水线的上下文在下游阶段使用。例如，使用 Check Preconditions 阶段，确保仅在输入或选择了特定的选项时才运行特定的阶段。

该阶段的配置如图 6-33 所示。

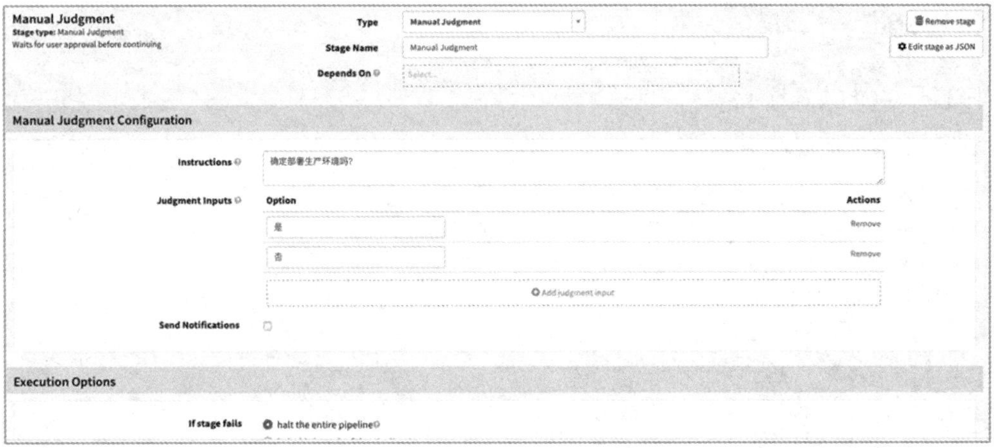

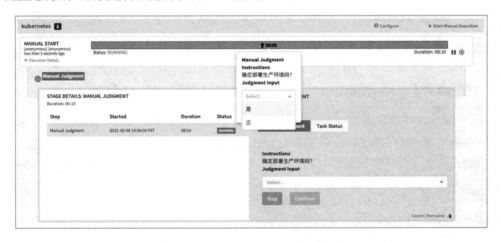

图 6-33　Manual Judgment 阶段

- Instructions：人工确认阶段的提示信息，例如"确定要部署生产环境吗？"。
- Judgment Inputs：人工确认阶段提供的选项，例如"是"和"否"。

配置完成后，运行该阶段的效果如图 6-34 所示。

图 6-34　运行 Manual Judgment 阶段

人工确认阶段常用于在部署时需要人工介入判断的阶段，例如，对于发布安全性要求较高的团队，可以在发布前由人工判定发布生产环境的操作。另外，人工确认阶段还可以用作流水线的分支条件，根据不同的选择条件执行不同的流水线分支。

6.4.3 Check Preconditions

Check Preconditions 阶段主要用于在继续运行流水线之前判断上游流水线的状态，如果未达到指定条件，则可以认为流水线失败，并展示自定义配置的失败信息。

该阶段的配置如图 6-35 所示。

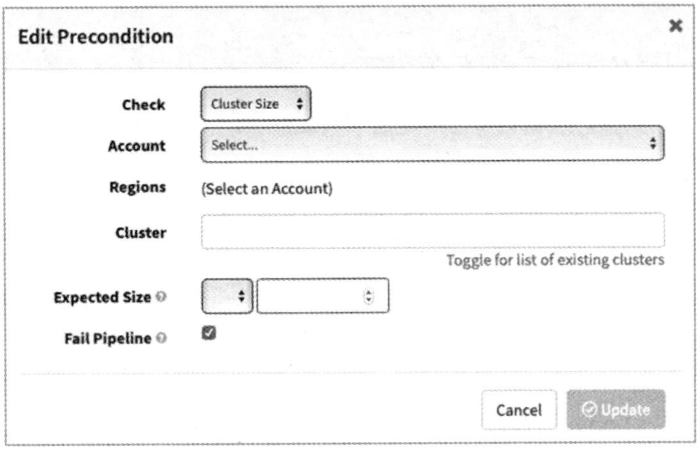

图 6-35 Check Preconditions 阶段

该阶段一共可以对 3 种目标进行条件检查。

- Cluster Size：集群大小。
- Expression：条件表达式。
- Stage Status：阶段状态。

对于 Cluster Size 的条件判断，需要配置的参数如下。

- Account：选择云账号。
- Regions：选择地域。
- Cluster：选择集群。
- Expected Size：期望的集群大小，条件可以是等于、大于等于、小于等于、大于、小于期望的数值。
- Fail Pipeline：选中后，如果不满足配置的条件，则整条流水线失败，不选中则流水线将继续运行。

对于 Expression 的条件判断，需要配置的参数如下。

- Expression：条件表达式，例如获取上游阶段人工确认的所选项 ${#judgment("Manual Judgment") == '是'} 是否满足条件。

- Fail Pipeline：选中后，如果不满足配置的条件，则整条流水线失败，不选中则流水线将继续运行。

- Fail Message：会在流水线运行状态中展示失败的自定义信息。

对于 Stage Status 的条件判断，需要配置的参数如下。

- Stage：选择需要检查的阶段。

- Status：选择阶段的期望状态，可选的有 Not Started、Running、Paused、Suspended、Succeeded、Failed Continue、Terminal、Canceled、Redirect、Stopped、Skipped、Buffered。

6.4.4 Pipeline

Pipeline 阶段可以将所选的任何流水线当作其子流水线来运行，可以选择是否在父流水线等待子流水线的结果。如果等待，则父流水线的结束状态将展示子流水线的结束状态；否则，一旦子流水线被启动，该阶段就会被标记为成功。

该阶段的主要配置如图 6-36 所示。

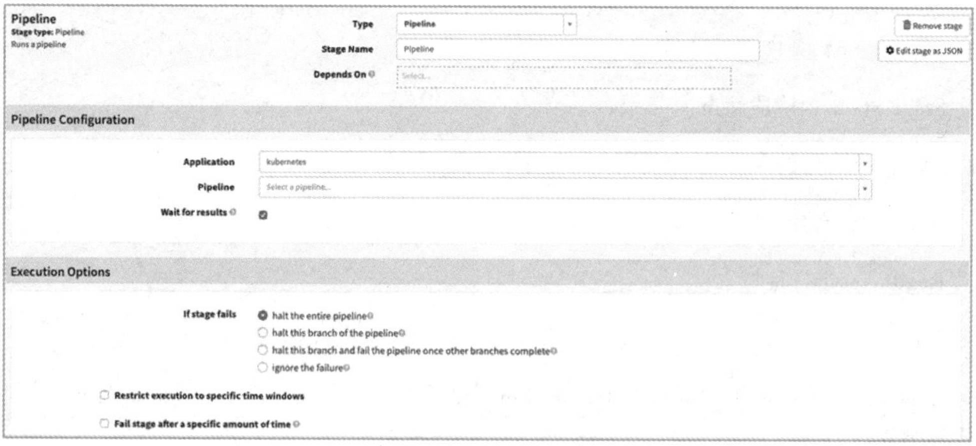

图 6-36　Pipeline 阶段

- Application：选择应用，意味着可以跨应用调用流水线。

- Pipeline：选择要运行的子流水线。
- Wait for results：是否要等待子流水线的运行结果。

在运行流水线时，子流水线共享父流水线的上下文，例如，可以在子流水线的条件表达式中获取父流水线的状态，并用于条件判定。

6.5 其他阶段

其他阶段主要是指变量计算（Evaluate Variables）阶段，用于获取已执行流水线的变量值。例如，从已执行的流水线中查找人工确认阶段的输入值或使用的云账户信息。

Evaluate Variables 阶段可以从当前流水线中执行记录内计算特定阶段的变量值，并重新赋值给新的变量，以便在下游阶段使用。

这得益于 Spinnaker 将流水线的执行记录进行了全量保存，能够直接还原运行时的上下文。

该阶段的配置如图 6-37 所示。

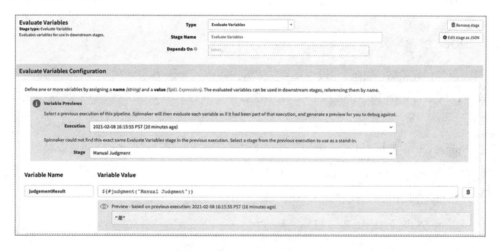

图 6-37　Evaluate Variables 阶段

- Execution：选择一个当前流水线的运行记录。
- Stage：选择运行记录的一个阶段。
- Variable Name：对变量值重新生成变量，在下游阶段可直接通过 ${Variable Name}来访问，例如${judgementResult}。

- Variable Value：变量值的计算表达式，例如${#judgment("Manual Judgment")}，表达式的计算值会实时显示。

使用 Evaluate Variables 阶段，可以配置一组下游阶段能直接使用的变量，例如，找到上一个运行记录的镜像版本、构建版本号和阶段运行状态等。

6.6 部署制品类型

制品可以是任何远程的可部署资源，但 Spinnaker 对以下类型的部署制品提供了最佳的支持。

- 解析来自其他服务的事件，例如从 GCR 读取发布/订阅消息。
- 用于下载制品的凭证，例如使用 GitHub 访问令牌读取仓库内容。
- 与需要某些类型的制品阶段集成，例如 Kubernetes 阶段部署的 Docker Image 镜像制品。

本节将讲解如何在 Spinnaker 中配置和使用不同类型的制品。

6.6.1 Docker 镜像

Docker 镜像是容器的"快照"，可以在本地或云中运行。Docker 镜像制品一般被存储在 Docker 镜像仓库中，例如 Docker Register 或 Docker Hub。在 Spinnaker 中，Docker 镜像制品是存储库的引用 URL。

要在 Spinnaker 中使用 Docker 镜像，首先需要运行命令开启 Docker Registry 支持。

```
hal config provider docker-registry enable
```

接着，为 Spinnaker 添加 Docker Register 地址和账号密码。

```
hal config provider docker-registry account add my-docker-registry \
  --address http://docker-registry.default.svc.cluster.local:5000 \
  --repositories nginx \
  --username admin \
  --password AL49579Qj7S6A5co0Dw1 --no-validate \
  --insecure-registry true
```

其中，http://docker-registry.default.svc.cluster.local:5000 是部署在集群内的 Docker Register 服务，如果使用公有云提供的 Docker 镜像仓库，则替换成相应的地址。

启用后，便能够在 Docker Register 触发器中添加 Docker 镜像制品了，如图 6-38 所示。

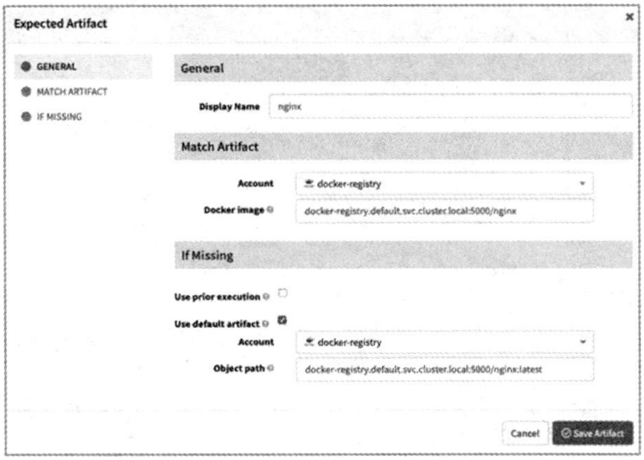

图 6-38　Docker Register 触发器期望部署制品

Docker 镜像制品可以作为 Manifest 中 image 字段的制品来绑定，例如将 Docker 镜像绑定到 Manifest 并自动替换镜像版本，如图 6-39 所示。

图 6-39　绑定部署制品

除了自动触发，还可以选择某一个镜像版本来启动持续部署流水线，只需要在人工运行时选择需要的镜像版本即可，如图 6-40 所示。

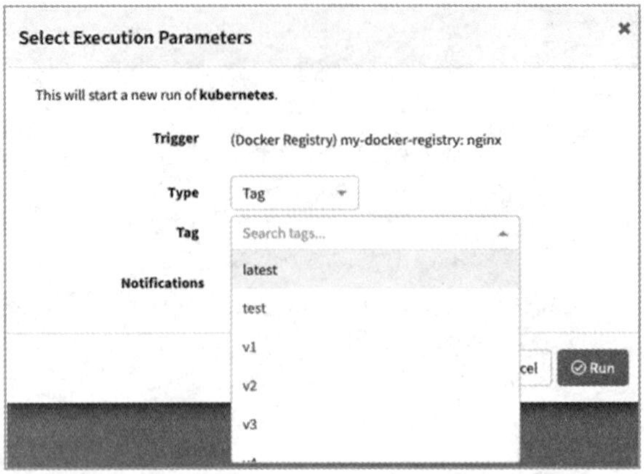

图 6-40　手动启动持续部署流水线

Docker 镜像在流水线存储的 JSON 如下。

```
{
  "name": "index.docker.io/armory/demoapp",
  "reference": "index.docker.io/armory/demoapp:master-29",
  "type": "docker/image",
  "version": "master-29"
}
```

6.6.2　Base64

Base64 类型的部署制品可以直接嵌入 reference 字段中，而不是通过 URI 来引用资源。

当使用 Base64 类型的部署制品时，样例如下。

```
{
 "type": "embedded/base64",
 "reference": "dmFsdWU6IDEKZm9vOiBiYXIK",
 "name": "my-properties-file",
}
```

Base64 类型的制品可以使用触发器传入 Spinnaker 中，如图 6-41 所示。

图 6-41　Base64 类型的制品

同时，也可以在某些阶段的 Produces Artifacts 生成 Base64 类型的制品，例如 Bake 阶段。

Base64 类型的制品常用于键值对属性文件、模板或者需要在以 Raw 类型在 Spinnaker 中使用的场景。

6.6.3　AWS S3

AWS S3 是一个对象存储，S3 对象制品是对存储在 S3 中对象的引用，这些制品通常用于文本文件读取配置的阶段，例如 Deploy (Manifest)阶段或 AWS Deploy 阶段。

在使用 S3 前，首先需要开启并配置。

```
hal config artifact s3 account add my-s3-account
```

其中，必需的参数如下。

- --api-endpoint：S3 API Endpoint。
- --api-region：S3 API region。
- --aws-access-key-id：AWS Access Key ID。
- --aws-secret-access-key：AWS Secret Key。
- --region：S3 region。

在配置 S3 制品时，包含以下字段。

- Account：S3 账户。
- Object Path：以 S3 开头的对象路径。

当配置 S3 触发器时，可以将 S3 对象作为期望部署制品，如图 6-42 所示。

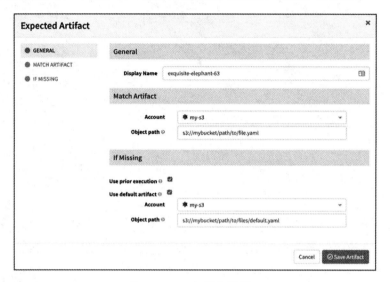

图 6-42　S3 期望部署制品

此外，还可以在部署阶段使用 S3 对象制品，如图 6-43 所示。

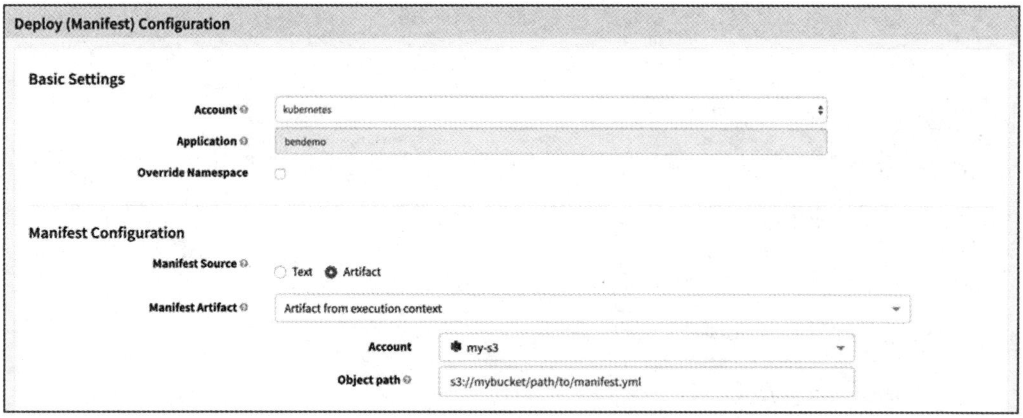

图 6-43　S3 部署阶段制品

S3 对象制品的 JSON 示例如下。

```
{
  "type": "s3/object",
  "name": "s3://bucket/file.json",
  "reference": "s3://bucket/file.json",
  "location": "us-east-1"
}
```

6.6.4　Git Repo

Git Repo（Git 仓库）制品是对 Git 存储库的引用，它通常需要经由多个文件才能将使用的制品输出给阶段。例如，使用 Kustomize 模板时需要使用 Bake 阶段进行渲染。

要使用 Git Repo，首先需要开启它。

```
hal config artifact gitrepo account add my-gitrepo-account
```

其中，该命令的参数如下。

- --ssh-known-hosts-file-path：SSH 信任 Hosts 文件，用于 SSH 复制的方式。

- --ssh-private-key-file-path：SSH 私钥，PEM 格式，用于 SSH 复制的方式。

- --ssh-private-key-passphrase：私钥的密码。

- --ssh-trust-unknown-hosts：当配置为 True 时，Spinnaker 将信任未知的 Hosts。

- --token：Git token。

- --token-file：Git 认证 token 文件。

- --username：Git HTTPS 复制方式的用户名。

- --password：Git HTTPS 复制方式的密码。

- --username-password-file：包含"用户名:密码"的文件。

目前，Spinnaker 暂不支持在触发器中创建 Git Repo 类型的期望部署制品，但可以在 Bake 阶段使用 Git Repo 制品，如图 6-44 所示。

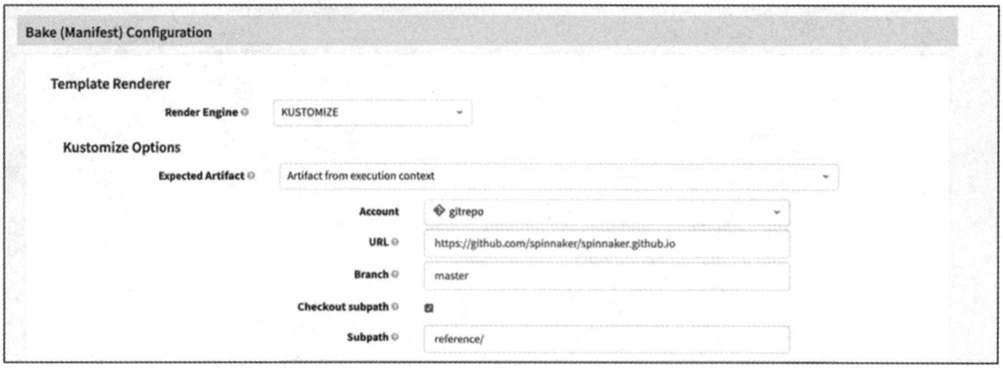

图 6-44　Git Repo 制品

- Account：gitrepo。
- URL：HTTPS 或 SSH Git Repo URL。
- Branch：分支名。
- Checkout subpath：要获取存储库中文件的相对路径。

6.6.5　GitHub 文件

GitHub 文件类型的部署制品是对存储在 GitHub 中的文件的引用，该类型的部署制品一般用于读取文本文件，并在特定的阶段（如 Deploy (Manifest)） 使用。

要使用 GitHub 文件类型的制品，首先需要在 GitHub 生成访问令牌[①]，并将令牌写入 Halyard 的可读文件中。

```
echo $TOKEN > $TOKEN_FILE
```

接下来为 Spinnaker 添加 GitHub 制品账户。

```
TOKEN_FILE=文件路径
hal config artifact github enable
hal config artifact github account add my-github-account --token-file $TOKEN_FILE
```

最后，重新部署 Spinnaker 以生效，命令如下。

```
hal deploy apply
```

这样就能够以 GitHub 类型的触发器创建该类型的期望部署制品了，如图 6-45 所示。

---

① 相关链接见电子资源文档中的链接 6-3。

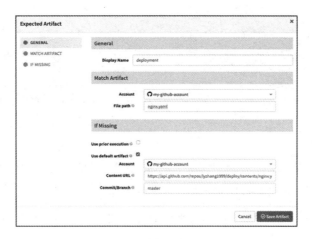

图 6-45　GitHub 触发器期望部署制品

- Account：GitHub 账户。
- File path：相对于 GitHub 仓库的文件路径。
- Content URL：GitHub 内容的 API 地址，由仓库名和文件名组成，固定格式为 https://api.github.com/repos/$ORG/$REPO/contents/$FILEPATH。
- Commit/Branch：从 GitHub 获取文件制品时提交的 commitID 或分支名。

在某些阶段（如 Deploy (Manifest)），除了能够消费先前定义的触发器的期望部署制品，还可以对在该阶段直接定义内联的部署制品进行部署，如图 6-46 所示。

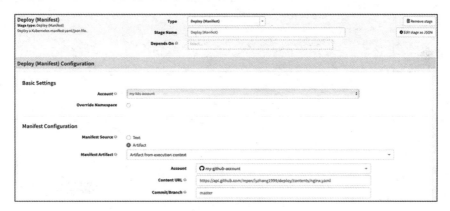

图 6-46　GitHub 阶段内联文件制品

在流水线定义该类型的部署制品后，其存储的 JSON 格式如下。

```
{
  "type": "github/file",
  "reference": "https://api.github.com/repos/myorg/myrepo/contents/path/to/file.yml",
  "name": "path/to/file.yml",
  "version": "aec855f4e0e11"
}
```

6.6.6 GitLab 文件

GitLab 文件类型的部署制品是对存储在 GitLab 中的文件的引用，该类型的部署制品一般用于读取文本文件并在特定的阶段（如 Deploy (Manifest)）使用。

要使用 GitLub 文件类型的制品，首先需要在 GitLab 生成访问令牌[1]，并将令牌写入 Halyard 的可读文件中。

```
echo $TOKEN > $TOKEN_FILE
```

接下来为 Spinnaker 添加 GitLab 制品账户。

```
TOKEN_FILE=文件路径
hal config artifact gitlab enable
hal config artifact gitlab account add my-gitlab-account --token-file $TOKEN_FILE
```

最后，重新部署 Spinnaker 以生效。

```
hal deploy apply
```

这样就能够以 GitLab 类型的触发器创建该类型的期望部署制品了，如图 6-47 所示。

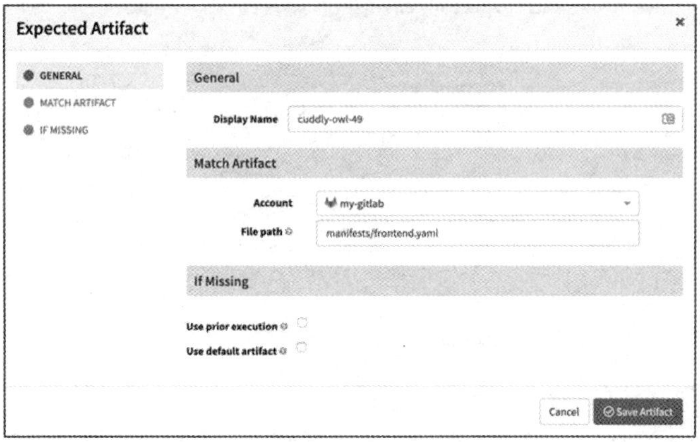

图 6-47　GitLab 触发器期望部署制品

---

[1] 相关链接见电子资源文档中的链接 6-4。

- Account：GitLab 账户。

- File path：相对于 GitLab 仓库的文件路径。

- Content URL：GitLab 内容的 API 地址，由仓库名和文件名组成，固定格式为 https://gitlab.example.com/api/v4/projects/$PROJECTID/repository/files/manifests%2Fconfig%2Eyaml/raw。

- Commit/Branch：从 GitLab 获取文件制品时提交的 commitID 或分支名。

在某些阶段（如 Deploy (Manifest)），除了能够消费先前定义的触发器的期望部署制品，还可以在该阶段直接定义内联的部署制品进行部署，如图 6-48 所示。

图 6-48　GitLab 阶段内联文件制品

在流水线定义该类型的部署制品后，其存储的 JSON 格式如下。

```
{
  "type": "gitlab/file",
  "reference": "https://gitlab.example.com/api/v4/projects/13083/repository/files/manifests%2Fconfig%2Eyaml/raw",
  "name": "manifests/config.yaml",
  "version": "master"
}
```

6.6.7　Helm

Helm 是用于定义一组 Kubernetes 对象的包，在 Spinnaker 中支持对 Helm Chart 进行部署，它们可以来源于 Wepack、Nexus、JFrog 等仓库。

如果 Helm 仓库需要认证，则需要为其配置账户。

```
echo ${USERNAME}:${PASSWORD} > $USERNAME_PASSWORD_FILE
```

启用 Helm 支持。

```
hal config artifact helm enable
```

最后添加 Helm 账户。

```
hal config artifact helm account add my-helm-account \
    --username-password-file $USERNAME_PASSWORD_FILE --repository $HELM_CHART_REPOSITORY
```

重新部署以生效。

```
hal deploy apply
```

这样就能够以 Helm 类型的触发器创建该类型的期望部署制品了，如图 6-49 所示。

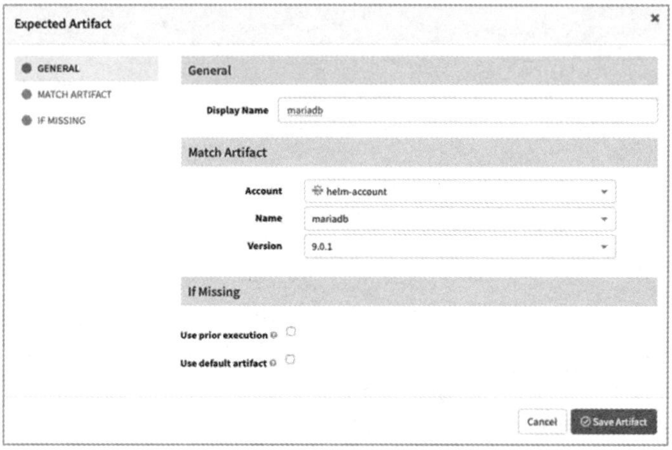

图 6-49　Helm 部署制品

- Account：Helm Repo 账户。
- Name：Helm Chart 名称。
- Version：Helm Chart 版本。

在某些阶段（如 Bake），除了能够消费先前定义的触发器的期望部署制品，还可以在该阶段直接定义内联的部署制品进行部署，如图 6-50 所示。

在流水线定义该类型的部署制品后，其存储的 JSON 格式如下。

```
{
  "artifactAccount": "helm-account",
  "name": "mariadb",
  "type": "helm/chart",
  "version": "9.0.1"
}
```

Helm 的部署方式比 Kubernetes (Manifest) 更特殊，首先需要为 Helm 配置 Bake 阶段渲染标准的 rawManifest，并在该阶段配置 Produces Artifacts 生成 embedded-artifact Base64 编码的制品，如图 6-51 所示。

图 6-50　Helm 阶段内联文件制品

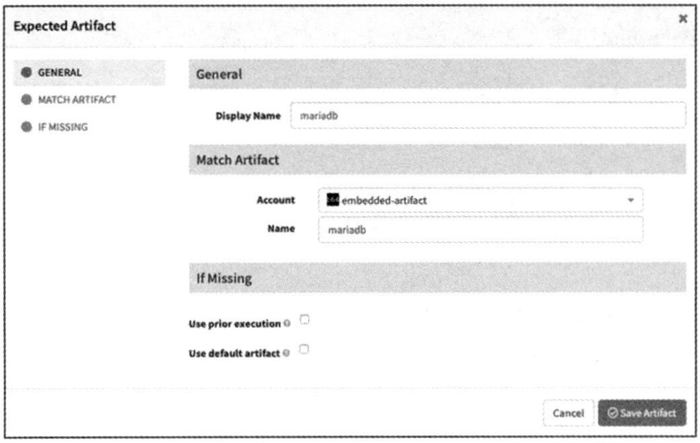

图 6-51　Bake Produces Artifacts

最后，添加 Deploy 阶段来部署之前生成的 embedded-artifact 制品，便完成了 Helm Chart 类型的制品部署。

6.6.8　HTTP 文件

HTTP 文件制品以纯文本格式对存储的文件进行引用，并且可通过 HTTP 的方式来访问，该类型的部署制品一般用于读取文本文件，并在特定的阶段（如 Deploy (Manifest)）使用。

如果文件需要通过身份验证才能获取，那么需要为 Spinnaker 添加 HTTP 制品类型的账户；如果不要求身份验证，则 Spinnaker 会自动添加 no-auth-http-account 的账户。

如果不同的 HTTP 类型的制品要求不同的认证信息，那么可以添加多个制品账户，并在使用阶段选择要使用的账户类型。

例如添加单个 HTTP 制品类型账户。

```
echo ${USERNAME}:${PASSWORD} > $USERNAME_PASSWORD_FILE
```

启用 HTTP 制品支持。

```
hal config artifact http enable
hal config artifact http account add my-http-account \
   --username-password-file $USERNAME_PASSWORD_FILE
```

这样就能够以 HTTP 类型的触发器创建该类型的期望部署制品了，如图 6-52 所示。

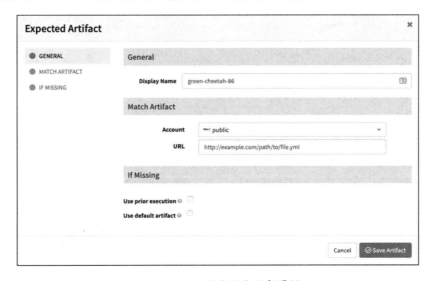

图 6-52　HTTP 触发器期望部署制品

- Account：HTTP 类型的制品账户。
- URL：可以读取文件内容的 URL。

在某些阶段（如 Deploy (Manifest)），除了能够消费先前定义的触发器的期望部署制品，还可以在该阶段直接定义内联的部署制品，如图 6-53 所示。

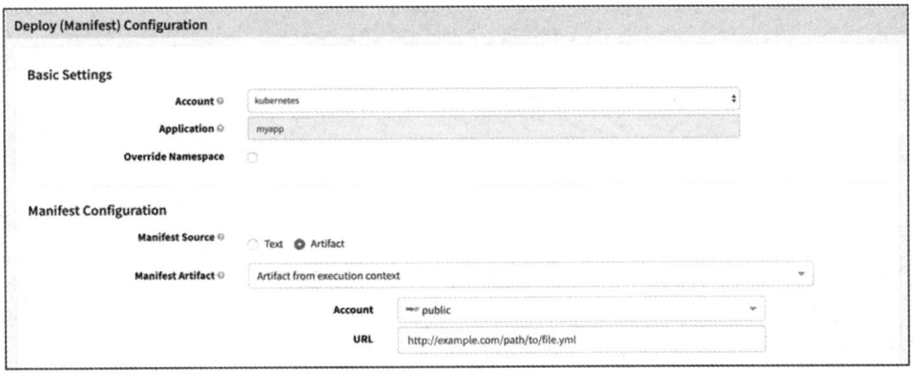

图 6-53　HTTP 阶段内联部署制品

在流水线定义该类型的部署制品后，其存储的 JSON 格式如下。

```
{
  "type": "http/file",
  "reference": "https://raw.githubusercontent.com/...",
  "name": "My manifest stored in GitHub",
}
```

6.6.9　Kubernetes 对象

Kubernetes 对象一般是处于运行中或已部署的 Manifest，例如，在 Find Artifacts From Resource (Manifest) 阶段从集群内查找 Kubernetes 对象生成新的 Kubernetes 制品，并在下游阶段消费使用。

在 Spinnaker 中，可生成的 Kubernetes 对象的制品类型有 ConfigMap、Deployment、ReplicaSet、Secret。

在 Spinnaker 界面配置如图 6-54 所示。

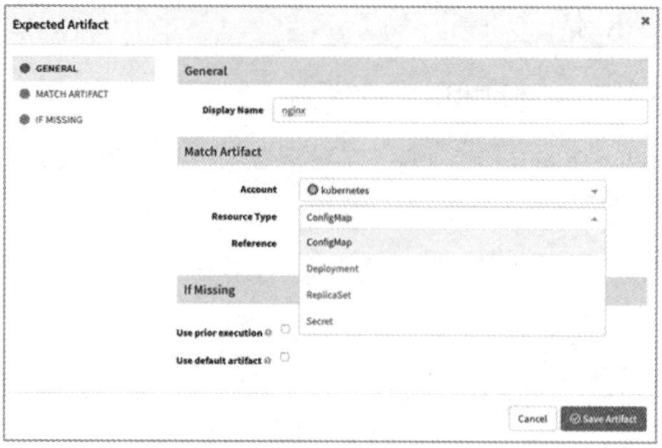

图 6-54　Kubernetes 对象制品

在流水线定义该类型的部署制品后，其存储的 JSON 格式如下。

```
{
  "type": "kubernetes/deployment",
  "reference": "frontend",
  "name": "frontend",
  "namespace": "staging",
  "artifactAccount": "gke-us-central1-xnat"
}
```

其中，artifactAccount 是 Kubernetes 上下文，可以用于查找已部署的对象。

6.6.10　Maven

Maven 是一个用于自动化构建的工具，Spinnaker Maven 部署制品是对存储在 Maven 仓库中的对象引用，例如 Jar 文件，通常用于 Deploy 部署阶段。

要使用 Maven 类型的制品，首先需要在 Spinnaker 启用它。

```
hal config artifact maven enable
```

添加 Maven 制品账户。

```
hal config artifact maven account add my-maven-account \
  --repository-url https://my.repo.example.com
```

重新部署以生效。

```
hal deploy apply
```

这样就能够以 Maven 类型的触发器创建该类型的期望部署制品了，如图 6-55 所示。

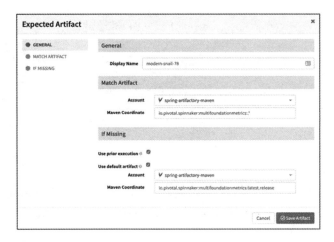

图 6-55　Maven 部署制品

- Account：Maven 账户。

- Maven Coordinate：Maven 制品的标识，如 groupId：artifactId：version。

在某些阶段（如 Deploy），除了能够消费先前定义的触发器的期望部署制品，还可以在该阶段直接定义内联的部署制品，如图 6-56 所示。

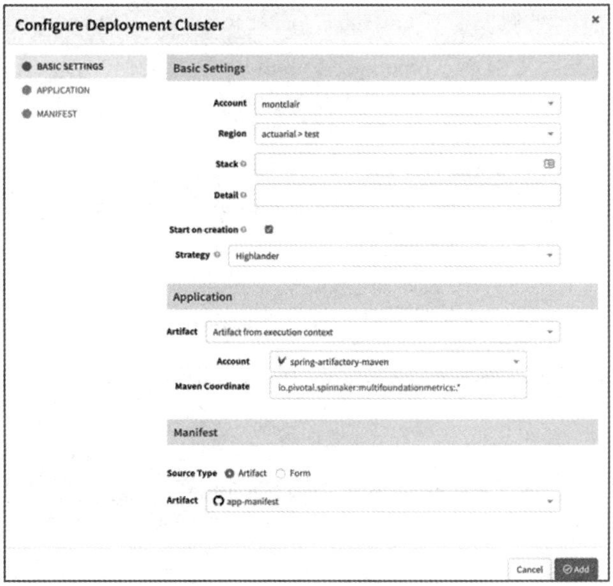

图 6-56　Maven 阶段内联文件制品

在流水线定义该类型的部署制品后，其存储的 JSON 格式如下。

```
{
    "reference": "io.pivotal.spinnaker:multifoundationmetrics:.*",
    "type": "maven/file"
}
```

6.7 配置触发器

触发器用于定义持续部署流水线在什么时间运行，在 Spinnaker 中有支持多种类型的触发器，例如 Jenkins、Webhook、Git、Docker Registry、Helm Chart、Nexus、CRON 定时触发器，这些触发器甚至能监听其他的流水线。

为流水线添加触发器后，意味着当达到触发器触发条件时将运行持续部署流水线。此外，触发器还可以配置期望部署制品，只有当触发器产生了指定期望部署制品的变更（例如 Docker 镜像的 Tag 产生变化或 Git 仓库指定的文件发生提交等），触发器才会真正启动。

手动运行流水线是一种特殊的触发器，无论是否配置了触发器，都可以手动运行持续部署流水线。

本节将介绍的不同类型的触发器有 GitHub、Docker Registry、Helm Chart、Artifactory、Webhook、Jenkins、Concourse、Travis、CRON、Pipeline、Pub/Sub，包括如何配置及使用它们。

6.7.1 Git

Spinnaker 可以监听 GitHub 或 GitLab 存储库的更改，该触发器以事件的形式并依赖于上游的 Webhook 触发器进行推送。

要配置 Git 类型的触发器，首先需要满足以下前置条件。

- Spinnaker API 可以在公共的网络上访问，并且具有固定的 URL。
- 准备一个 GitHub 仓库。

以 GitHub 为例，首先在 GitHub 的仓库单击"Setting"，选择 "Webhooks"，并添加新的 Webhook，如图 6-57 所示。

图 6-57　配置 GitHub Webhook

- Payload URL：Spinnaker 的 API 地址（Gate 组件），所有 GitHub Webhook 都共用 $BASEURL/webhooks/git/github，GitLab Webhook 都共用$BASEURL/webhooks/git/gitlab。
- Content type：application/json。
- Secret：定义 Webhook 秘钥，需要和在 Spinnaker 创建 GitHub 类型的 Trigger Secret 保持一致，用于防止匿名调用。

接下来需要为 GitHub 配置制品账户，请参考 GitHub 制品的配置。

配置完成后即可为 Spinnaker 配置触发器，如图 6-58 所示。

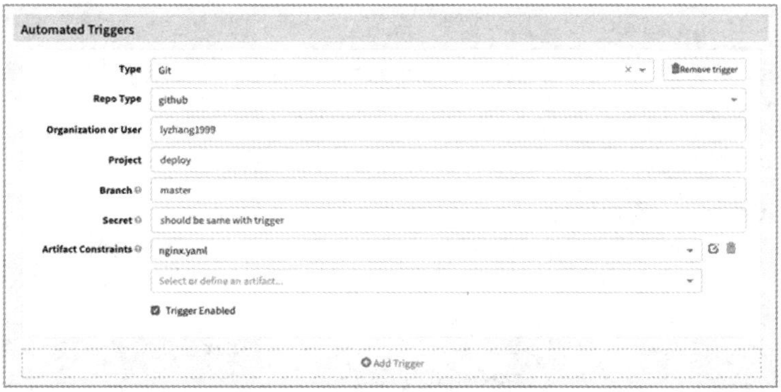

图 6-58　配置 GitHub 触发器

GitHub 类型的触发器一般是以更新了某些文件作为触发条件，例如，"更新了某个 Manifest 文件"可以作为触发条件，但"仓库有任何提交"不能作为触发条件，这时需要为 Trigger 配置 Artifact Constraints，也就是期望部署制品。例如，只有当 nginx.yaml 文件被更新后，才会触发持续部署流水线，并将该文件注入持续部署流水线的上下文中，如图 6-59 所示。

图 6-59　触发器期望部署制品

其次，另一个常见的场景是声明了多个期望部署制品，但本次更新只提供了一个文件的变更，那么其他的部署制品就无法从触发器中提供给 Spinnaker。此时，应为这些部署制品配置"Use default artifact"，也就是配置默认制品。例如，当配置的某个期望部署制品在触发器中未被提供时，则使用 master 分支的文件作为默认制品。这样就实现了当触发器内提供了部署制品时使用触发器的制品，未提供部署制品时使用默认制品，以便流水线能够在不同的条件下运行。

最后，当 GitHub 或 GitLab 的文件提交更新后，Git 服务会自动将事件推送到 Spinnaker GitHub 或 GitLab 的 Webhook 触发器中。Spinnaker 根据配置的触发器来判断是否满足条件，并触发匹配到符合条件的流水线。

6.7.2　Docker Registry

Spinnaker 可以监听 Docker Registry 的镜像变更，例如，当有新的 Tag 推送到镜像仓库时，触发流水线运行并将新的 Tag 注入上下文中。

要使用 Docker Registry，首先需要启用 Docker Register 的支持，见 6.6.1 节。

启用后，在 Pipeline 配置页即可使用该 Docker Register，如图 6-60 所示。

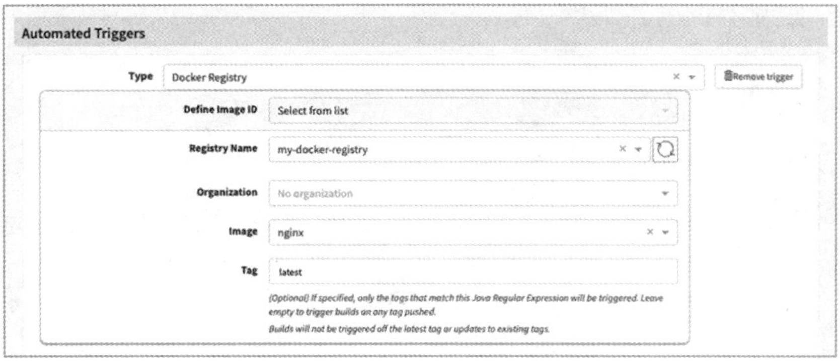

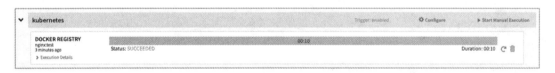

图 6-60　Docker Register 触发器

- Registry Name：Docker 仓库名称，即之前配置的 Docker Registry 制品账户。
- Organization：组织，可不填。
- Image：触发器监听的镜像。
- Tag：触发器监听的镜像 Tag，如果指定，则仅当指定的 Tag 被更新时才会触发；如果不指定，那么该镜像所有的更新都将触发。

配置完成后，当使用 docker push 推送镜像时（tag latest），Spinnaker 将自动触发持续部署流水线，如图 6-61 所示。

图 6-61　Docker Register 触发器

Docker Register 的自动触发器由 Igor 组件的 DockerMonitor 对镜像仓库进行轮询，并对之前的镜像列表进行比对，如果满足预定义的触发器规则，则会自动触发流水线。

如果要在下游阶段使用 Docker 镜像作为部署制品，那么需要为触发器配置 Artifact Constraints 并配置 Docker 镜像部署制品。

当触发器被触发时，会将该镜像注入流水线上下文中，此时即可在 Deploy 阶段使用 Artifact Bind（制品绑定）功能将镜像绑定到 Manifest 中，实现镜像版本更新后，自动部署相应镜像版本的工作负载，如图 6-62 所示。

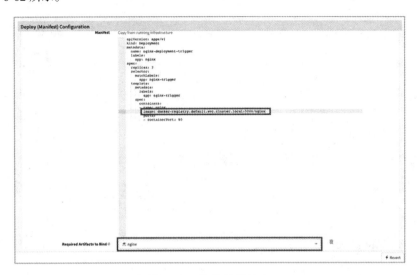

图 6-62　绑定部署制品

通过 Docker Register 触发器和 Deploy (Manifest) 阶段的制品绑定，即可实现无须修改 Manifest 的 image 字段就能自动部署新镜像版本的工作负载。

6.7.3　Helm Chart

Spinnaker 能够监听 Helm Chart Repo 的版本变更，进而触发持续部署流水线。

要使用 Helm Chart 类型的触发器，首先需要根据 6.6.7 节中的配置来启用 Helm Chart 的账户支持。

启用对 Helm Chart 的支持后，即可在触发器中使用该触发器类型，如图 6-63 所示。

- Account：Helm Chart 制品账户。
- Chart：Helm Chart 名称。
- Version：要监听变更的 Helm Chart Version。
- Artifact Constraints：当 Helm Chart 触发器变更满足一定的期望部署制品条件后，才触发持续部署流水线，并将该部署制品注入流水线的上下文。

配置完成后，当 Helm Chart 被更新时，Spinnaker 会通过轮询获取变更并自动触发流水线。

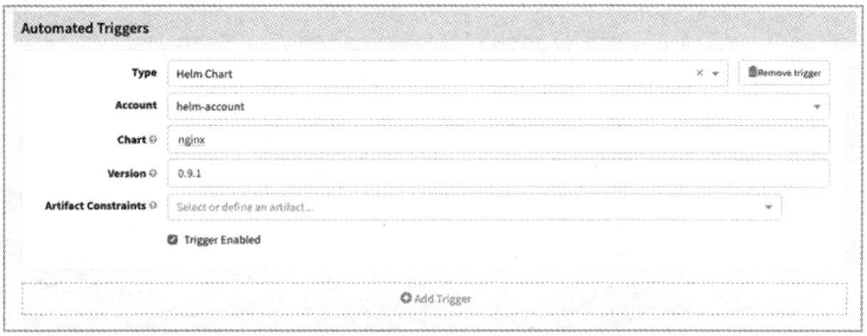

图 6-63　Helm Chart 触发器

6.7.4　Artifactory

Artifactory 触发器是指 JFrog Artifactory 触发器。目前该触发器仅支持 Maven 制品。

要使用 Artifactory 触发器，需要满足以下前置条件。

- 在 Spinnaker 中配置了 Artifactory。

```
hal config repository artifactory search add my-artifact --base-url --username --password
```

- 在 Spinnaker 中配置了 Maven 账户。

```
hal config artifact maven add --repository-url
```

配置完成后，即可添加 Artifactory 类型的触发器，如图 6-64 所示。

图 6-64　Helm Chart 触发器

在 Artifactory Name 中，可以选择 Artifactory 进行搜索。

在 Artifact Constraints 中，可以定义新的期望部署制品，如图 6-65 所示。

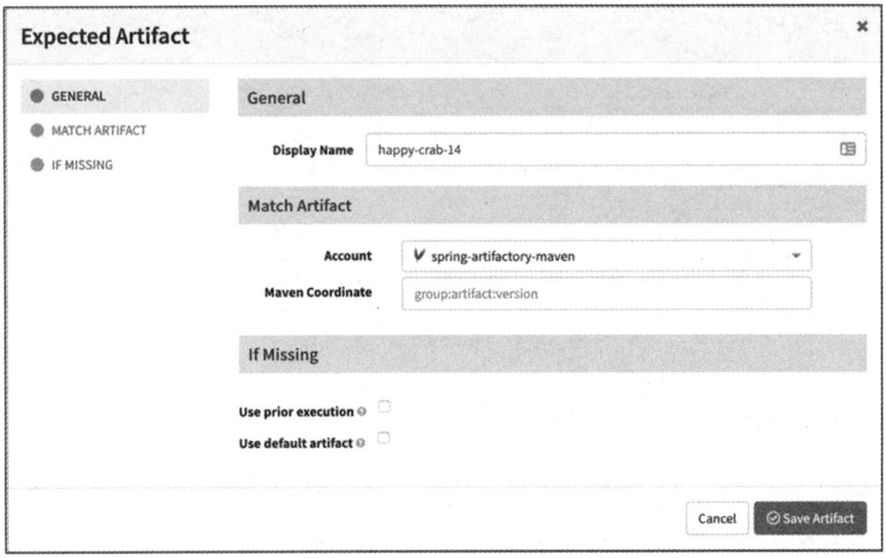

图 6-65　Artifactory 触发器期望部署制品

6.7.5　Webhook

Webhook 触发器是一种外部系统触发持续部署流水线的方式，在为流水线创建 Webhook 触发器后，可以通过 POST 方法请求触发器 Endpoint 并运行流水线。

常见的场景是在使用外部 CI 系统构建完成后，通过 Webhook 并携带 Payload 制品信息来触发流水线。

Webhook 触发器内置已开启，可直接创建，在流水线配置内新增触发器，选择 Webhook 触发器，如图 6-66 所示。

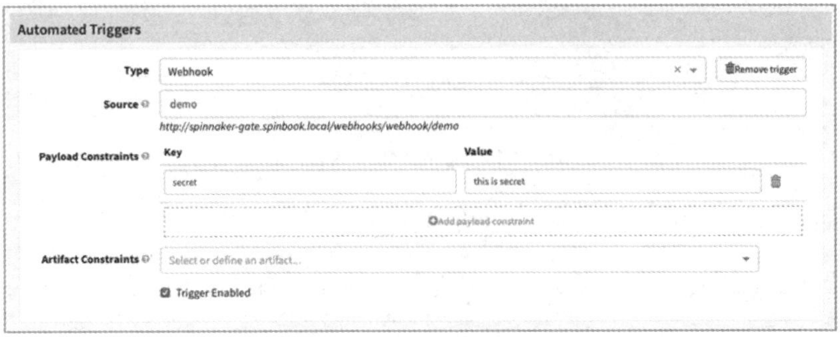

图 6-66　Webhook 触发器

- Source：为 Webhook 配置的 URL 唯一标识。
- Payload Constraints：当请求携带了指定的键值对时才触发，例如配置 Key 为 secret，Value 为特定的值，仅当 Webhook 请求携带相同的 Payload 才会触发，用于对 Webhook 触发的鉴权。
- Artifact Constraints：Payload 携带的期望部署制品信息。

配置完成后即可通过向 URL 发起请求来触发流水线。注意，URL 的域名是由 Spinnaker Gate 组件的 Endpoint 决定的，如果和实际的不相同，那么需要修改为对应的域名信息。

此时，通过 CURL 发起调用。

```
curl $ENDPOINT -X POST -H "content-type: application/json" -d "{ }"
```

在本例中，为 Webhook 配置了 Payload Constraints，所以上述的 CURL 请求缺少 Payload，并不会触发流水线。在请求时，应当携带相应的 Payload 以证明合法性。

```
curl $ENDPOINT -X POST -H "content-type: application/json" -d '{"secret":"this is secret"}'
```

当 Webhook 携带 Payload 信息后，如果要在下游的阶段使用它们，则需要为流水线配置 Parameters 参数信息，如图 6-67 所示。

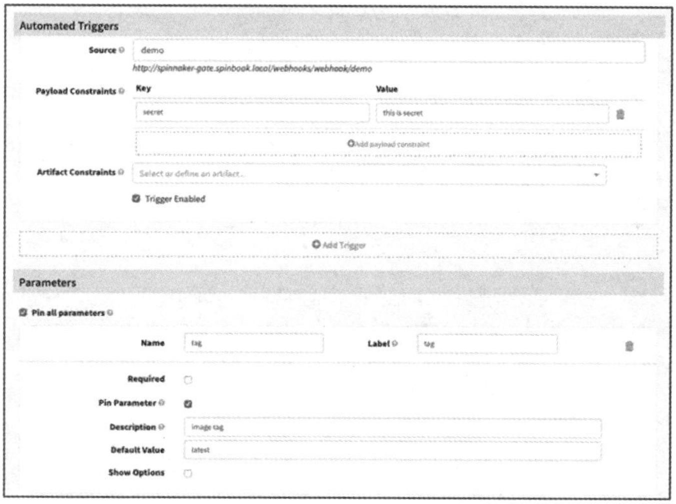

图 6-67 Webhook Parameters

- Name：参数名，需要和 Payload 相匹配。
- Label：用于显示该参数名称。

- Required:是否必需。

- Pin Parameter:如果选中,那么参数将在流水线界面展示,否则将其折叠。

- Description:如果提供,那么在手动运行流水线时将作为提示展示,可以包含 HTML。

- Default Value:如果该参数未被提供,那么使用该默认值。

- Show Options:为该参数配置内置值选项,用于手动触发时选择。

要从 Webhook 传递 Parameters,只需要在 Payload 内增加以下字段。

```
{
"parameters": {
  "tag": "v1.0.0"
}
}
```

注意,如果该参数被设定为"必需"但未配置默认值,则当 Webhook 触发器不提供该参数时,流水线仍然会被触发,但会在 UI 界面中显示为"执行失败"。

除了参数,Webhook 还能携带部署制品,例如携带 Docker 镜像。

为 Webhook 触发器配置期望部署制品,如图 6-68 所示。

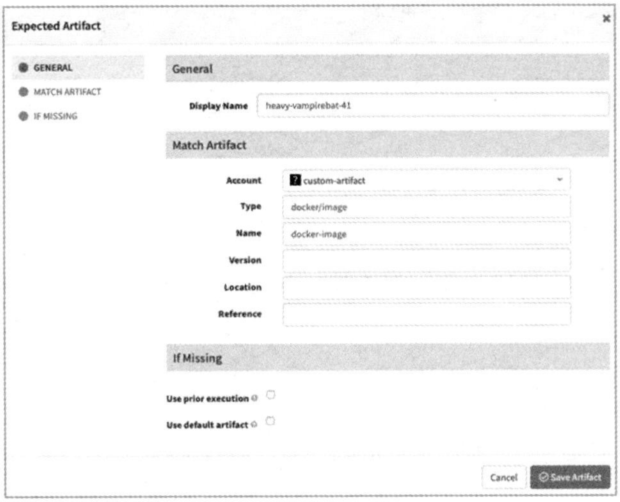

图 6-68 为 Webhook 触发器配置期望部署制品

- Account:选择 custom-artifact。

- Type:输入 docker/image。

- Name：输入 Docker 镜像名。

配置完成后，传入 Artifact 来触发流水线。

```
curl $ENDPOINT -X POST -H "content-type: application/json" -d '{
 "artifacts": [
  {
     "name": "index.docker.io/armory/demoapp",
     "reference": "index.docker.io/armory/demoapp:master-29",
     "type": "docker/image",
     "version": "master-29"
  }
 ]
}'
```

Webhook 可以传入不同的制品类型，只需要根据不同制品传递 name、reference、type、version 等即可。

Webhook 触发器的用途非常广，它是连接第三方系统和 Spinnaker 的桥梁，使用 Webhook 几乎能够将任何系统与 Spinnaker 进行对接，实现相互调用，完成持续构建和持续部署的流程。

6.7.6　Jenkins

Jenkins 触发器是指当 Jenkins Job 被执行时，将触发流水线，在使用 Jenkins 触发器之前，首先需要按照 5.4.2 节中的内容为 Spinnaker 配置 Jenkins，否则将无法在触发器中选择 Controller。

配置完毕后即可添加 Jenkins 类型的触发器，如图 6-69 所示。

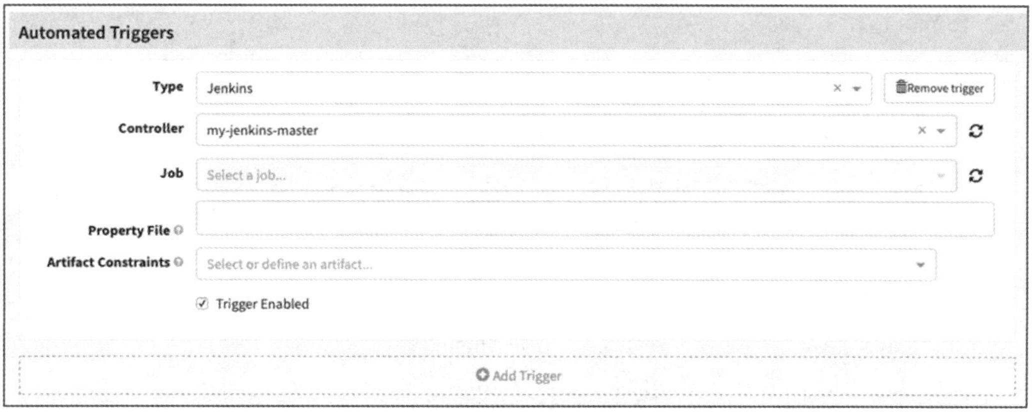

图 6-69　Jenkins 触发器

- Controller：配置的 Jenkins Master 名称。

- Job：需要绑定触发的 Jenkins Job。
- Property File：在 Jenkins Job 中生成的属性文件，一般可通过 archiveArtifacts 生成。

Jenkins 触发器配置完成后，当运行指定的 Jenkins Job 时，流水线会被触发。

6.7.7 Concourse

Concourse 是一个持续集成系统。要使用 Concourse 触发器，首先需要根据 6.3.4 节为 Spinnaker 配置 Concourse。

配置完成后即可在触发器中添加 Concourse 类型的触发器，如图 6-70 所示。

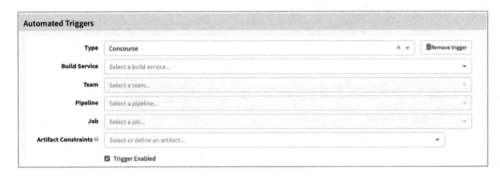

图 6-70　Concourse 触发器

- Build Service：Concourse 服务。
- Team：选择 Concourse Team。
- Pipeline：选择要运行的 Concourse 流水线。
- Job：需要绑定的 Concourse Job。

配置完成后，当 Concourse Job 触发时，Spinnaker 流水线会被触发。

6.7.8 Travis

在配置 Travis 触发器之前，请参考 6.3.3 节为 Spinnaker 配置 Travis 支持。

配置完成后即可添加 Travis 类型的触发器，如图 6-71 所示。

图 6-71　Travis 触发器

- Build Service：配置的 Travis 服务。
- Job：要监听的 Travis Job。
- Property File：属性文件，与 Jenkins 的 Property File 类似。

6.7.9　CRON

CRON 触发器是 Spinnaker 中一种特殊的自动触发器，用于定时运行流水线，该触发器的配置如图 6-72 所示。

图 6-72　CRON 触发器

在 CRON 触发器中，可以为 Frequency（运行频率）配置两个参数——时间数值、间隔周期。其中，单位可选分钟、小时、天、周、月和高级选项。

高级选项可以为 CRON 提供自定义的周期，其格式和 Linux Crontab 格式一致，举例如下。

- 每 30 分钟：0 0/30 * * * ?
- 每周一上午 10 点：0 0 10 ? * 2

CRON 触发器将根据配置的时间周期定时运行流水线。

6.7.10 Pipeline

Pipeline 触发器是指通过监听其他流水线的指定状态对当前流水线进行触发，其配置如图 6-73 所示。

图 6-73　Pipeline 触发器

- Application：触发器要监听的应用。
- Pipeline：触发器要监听的流水线。
- Pipeline Status：当触发器中的流水线达到指定状态时进行触发，可选成功、失败或取消。

当触发器中应用的流水线达到指定状态时，流水线会被触发运行。

6.7.11 Pub/Sub

Pub/Sub 触发器是指发布/订阅消息队列，当触发器在队列中收到特定的消息后，流水线会被触发。目前该触发器支持 Amazon 和 Google 类型。

该触发器的配置如图 6-74 所示。

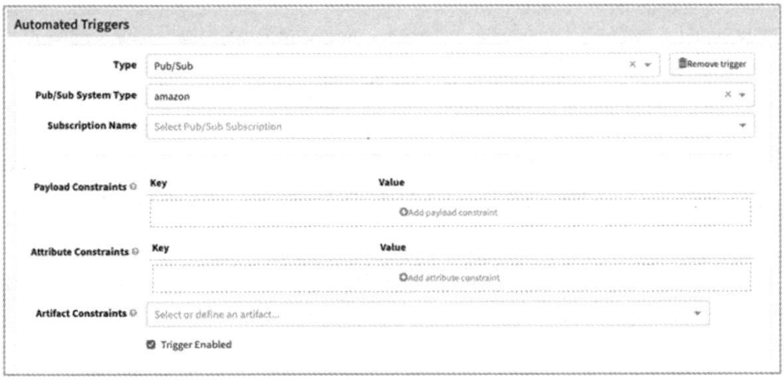

图 6-74　Pub/Sub 触发器

- Pub/Sub System Type：消息队列类型，可选 AWS 或 Google。
- Subscription Name：订阅名称。
- Payload Constraints：只允许 Payload 中包含特定键值对消息触发，例如要限制只允许特定的用户触发流水线，那么可以为其配置 secret 字段和值。
- Attribute Constraints：只允许 Metadata 中包含特定键值对的消息触发。

6.8 使用流水线模板

流水线模板可以跨团队或在多个团队之间分配标准化的、可重复使用的流水线，也可以在单个应用、不同的应用程序之间与团队共享这些模板。

要使用模板功能，首先需要执行启用命令。

```
hal config features edit --pipeline-templates true
```

模板可以使用 Spin 或 Deck 来管理。如果使用 Deck 管理模板，则需要执行启用命令。

```
hal config features edit --managed-pipeline-templates-v2-ui true
```

重新部署使其生效。

```
hal deploy apply
```

同时，也可以使用 Spin Cli 工具来管理流水线和模板。

流水线模板的基础结构和流水线的 JSON 配置格式非常相似，可以在 Deck UI 中查看，不同的是，模板包含了所使用的变量信息。

```
{
  "schema": "v2",
  "variables": [
    {
      "type": "<type>",
      "defaultValue": <value>,
      "description": "<description>",
      "name": "<varName>"
    }
  ],
  "id": "<templateName>",           # The pipeline instance references the template using this
  "protect": <true | false>,
  "metadata": {
```

```
  "name": "displayName",              # The display name shown in Deck
  "description": "<description>",
  "owner": "example@example.com",
  "scopes": ["global"]                # Not used
},
"pipeline": {                         # Contains the templatized pipeline itself
  "lastModifiedBy": "anonymous",      # Not used
  "updateTs": "0",                    # Not used
  "parameterConfig": [],              # Same as in a regular pipeline
  "limitConcurrent": true,            # Same as in a regular pipeline
  "keepWaitingPipelines": false,      # Same as in a regular pipeline
  "description": "",                  # Same as in a regular pipeline
  "triggers": [],                     # Same as in a regular pipeline
  "notifications": [],                # Same as in a regular pipeline
  "stages": [                         # Contains the templated stages
    {
      # This one is an example stage:
      "waitTime": "${ templateVariables.waitTime }",  # Templated field.
      "name": "My Wait Stage",
      "type": "wait",
      "refId": "wait1",
      "requisiteStageRefIds": []
    }
  ]
 }
}
```

围绕着流水线模板可以实现如下功能。

- 基于现有的流水线创建模板。
- 与一个或多个开发人员共享模板。
- 使用 Spin CLI 构建参数化的模板。
- 使用模板创建流水线。
- 覆盖流水线的定义。
- 获取流水线模板。

6.8.1　安装 Spin CLI

Spin 管理 Spinnaker 的命令行工具，主要实现对 Spinnaker 资源的管理，包括应用管理（Application）、流水线管理、流水线模板管理、管理项目（Project）。

要使用 Spin CLI 工具，首先需要进行安装。

在 Linux 环境下安装，执行以下命令。

```
curl -LO https://storage.googleapis.com/spinnaker-artifacts/spin/$(curl -s https://storage.googleapis.com/spinnaker-artifacts/spin/latest)/linux/amd64/spin

chmod +x spin

sudo mv spin /usr/local/bin/spin
```

在 macOS 系统下安装，执行以下命令。

```
curl -LO https://storage.googleapis.com/spinnaker-artifacts/spin/$(curl -s https://storage.googleapis.com/spinnaker-artifacts/spin/latest)/darwin/amd64/spin

chmod +x spin

sudo mv spin /usr/local/bin/spin
```

在 Windows 系统下安装，执行以下命令。

```
New-Item -ItemType Directory $env:LOCALAPPDATA\spin -ErrorAction SilentlyContinue

Invoke-WebRequest -OutFile $env:LOCALAPPDATA\spin\spin.exe -UseBasicParsing "https://storage.googleapis.com/spinnaker-artifacts/spin/$([System.Text.Encoding]::ASCII.GetString((Invoke-WebRequest https://storage.googleapis.com/spinnaker-artifacts/spin/latest).Content))/windows/amd64/spin.exe"

Unblock-File $env:LOCALAPPDATA\spin\spin.exe

$path = [Environment]::GetEnvironmentVariable("PATH", [EnvironmentVariableTarget]::User) -split ";"
if ($path -inotcontains "$env:LOCALAPPDATA\spin") {
  $path += "$env:LOCALAPPDATA\spin"
  [Environment]::SetEnvironmentVariable("PATH", $path -join ";", [EnvironmentVariableTarget]::User)

  $env:PATH = ((([Environment]::GetEnvironmentVariable("PATH", [EnvironmentVariableTarget]::Machine) -split ";") + $path) -join ";"
}
```

安装完成后，对其进行配置。

Spin CLI 默认从 ~/.spin/config 读取配置文件，如果该路径不存在，则创建路径。

```
mkdir ~/.spin/
```

在该目录下创建 config 文件，并填充以下内容。

```
# NOTE: Copy this file to ~/.spin/config
```

```yaml
gate:
  endpoint: https://my-spinnaker-gate:8084
auth:
  enabled: true
  x509:
    # See https://www.spinnaker.io/setup/security/ssl/ and
    # https://www.spinnaker.io/setup/security/authentication/x509/ for guides on creating
    # the key and cert files.
    certPath: "~/.spin/certpath"
    keyPath: "~/.spin/keypath" # This should point to an _unencrypted_ keyfile.

    # Pipe to start a multi-line string. This is necessary to import the b64 cert/key value.
    cert: |
      -----BEGIN CERTIFICATE-----
      BLAHBLAHBLAHBLAHBLAHBLAH==
      -----END RSA PRIVATE KEY-----
    # Pipe to start a multi-line string. This is necessary to import the b64 cert/key value.
    key: |
      -----BEGIN RSA PRIVATE KEY-----
      BLAHBLAHBLAHBLAHBLAHBLAH==
      -----END RSA PRIVATE KEY-----
  oauth2:
    # The following is an example for Google's OAuth2 endpoints.
    # The values for these are specific to your OAuth2 provider.
    authUrl: https://accounts.google.com/o/oauth2/auth
    tokenUrl: https://accounts.google.com/o/oauth2/token

    # See https://spinnaker.io/setup/security/authentication/oauth/#oauth-20-providers
    # for examples acquiring clientId/clientSecret.
    clientId:
    clientSecret:
    scopes:
      - scope1
      - scope2

    # To set a cached token, follow the following format:
    # note that these yaml keys must match the golang struct tags exactly because of yaml.UnmarshalStrict
    cachedToken:
      access_token: <token>
      token_type: bearer
      refresh_token: <token>

  iap:
    # check detailed config in https://cloud.google.com/iap/docs/authentication-howto#authenticating_from_a_desktop_app
    # The following three entries are mandatory.
```

```
oauthClientId: "xxxx-xxxx.apps.googleusercontent.com"
oauthClientSecret: "oauth client secret"
iapClientId: "yyyy-yyyy.apps.googleusercontent.com"
# Optional field containing an offline refresh token.
# Filling this enables spin to refresh the access token
# for a user.
# This would be the token received from the `Signing in to the application` step
#                                                                                of
https://cloud.google.com/iap/docs/authentication-howto#authenticating_from_a_desktop_app
iapClientRefresh: "1/blah-blah-blah"
# Optional field containing an offline access token.
# If it's filled in spin will not try to refresh/interactively
# fetch a token for the user.
# This would be the `id_token` received from the `Accessing the application` stage of
#
https://cloud.google.com/iap/docs/authentication-howto#authenticating_from_a_desktop_app
iapIdToken: "example-token-blah-blah"
# Optional field containing a serviceAccount json key.
# If filled in the serviceAccount id will be used to authenticate spin.
serviceAccountKeyPath: "$HOME/.spin/key.json"
```

其中，gate.endpoint 是 Spinnaker Gate 暴露的 API 服务。如果 Spinnaker 开启了认证，那么需要配置 auth 字段，根据认证方式选择性配置 X509、oauth2、iap 或 basic 方式，以便 Spin 能够请求 Gate 服务；如果未开启认证，则不需要配置 auth 字段。

配置完成后即可开始使用 Spin CLI 工具。

6.8.2 创建流水线模板

流水线模板需要基于已有的持续部署流水线创建，并将其参数化。

首先，运行命令，获取要创建模板的流水线 JSON。

```
spin pipeline get --name <pipelineName> --application <appName> | tee new_template.txt
```

pipelineName 为 Deck 界面显示的流水线名称，appName 为应用名。

执行成功后，tee 命令将返回 JSON 内容，保存在 new_template.txt 文件中。

当然，也可以从 Deck UI 中查看流水线的 JSON，并复制内容写入该文件中。

接下来，编辑模板文件 new_template.txt，只需要添加一些字段即可将流水线 JSON 转化为模板 JSON。

```
{
 "schema": "v2", # Reference to the MPTv2 schema
 "variables": [
```

```
    {
      "type": "int",
      "defaultValue": 42,
      "description": "The time a wait stage shall pauseth",
      "name": "timeToWait" # This is the name that's referenced in the SpEL expression later
    }
  ],
  "id": "newSpelTemplate", # Main identifier to reference this template from instance
  "protect": false,
  "metadata": {
    "name": "Variable Wait",
    "description": "A demonstrative Wait Pipeline.",
    "owner": "example@example.com",
    "scopes": ["global"]
  },
  "pipeline": { # A "normal" pipeline definition.
    "lastModifiedBy": "anonymous",
    "updateTs": "0",
    "parameterConfig": [],
    "limitConcurrent": true,
    "keepWaitingPipelines": false,
    "description": "",
    "triggers": [],
    "notifications": [],
    "stages": [
      {
        "waitTime": "${ templateVariables.timeToWait }", # Templated field.
        "name": "My Wait Stage",
        "type": "wait",
        "refId": "wait1",
        "requisiteStageRefIds": []
      }
    ]
  }
}
```

新增的字段如下。

- schema：声明 V2 版本的模板。

- variables：声明模板变量和默认值。

- id：模板 ID。

- protect：是否为受保护的模板。

- metadata：模板的一些描述。

注意，pipeline 字段内的内容是流水线 JSON 的内容。不同的是，waitTime 字段使用了表达式对其进行参数化，读取的变量是 variables 字段的 timeToWait 变量。

最后，通过如下命令保存以上模板配置。

```
spin pipeline-templates save --file my_template.txt
```

其中，my_template.txt 是存放模板内容的文件。

Spin CLI 将检查文件中是否包含 schema：v2 及是否具有 pipeline 节点。

Spinnaker 使用 JSON 中的 ID 字段作为模板的名称，通常的做法是为其命名具有含义的名称，并使用团队约定的规范进行命名。

6.8.3 渲染流水线模板

使用 Spin CLI 工具能够从流水线模板中渲染实际的流水线 JSON，而无须创建实际的流水线，实际上是对模板进行渲染后输出 JSON。

执行命令来渲染模板。

```
spin pipeline-templates plan --file <path to pipeline config>

{
  "application": "my-spinnaker-app"
  "stages": [...] # Evaluated pipeline config based on template config values.
}
```

其中，<path to pipeline config> 指向之前创建保存模板 JSON 时的文件。

在确认输出的流水线 JSON 无误后，接下来，如果想要基于该模板创建流水线，那么可将其保存为 Spinnaker 的流水线。

```
spin pipeline save --file <path to pipeline config>
```

6.8.4 使用模板创建流水线

流水线模板会定义一些需要解析的变量，在使用模板创建流水线时，可以为这些变量提供具体的值。

要对模板进行实例化，需执行以下步骤。

（1）获取流水线模板。

```
spin pipeline-template list
```

这将返回 Spinnaker 中所有可用的模板列表。

（2）从列表中选择所需的模板，然后执行以下命令获取它。

```
spin pipeline-template get --id <pipelineTemplateId>
```

这将输出模板的 JSON 内容。

（3）创建一个文件，包含流水线的 JSON，并使用以下格式确保文件开头包含 schema：v2，application 为流水线所属应用，name 为流水线名称，template 为流水线模板信息。

```
{
"schema": "v2",
"application": "myApp", # Set this to the app you want to create the pipeline in.
"name": "<pipeline name>", # Pipeline name, remember this for the next part.
"template": {
    "artifactAccount": "front50ArtifactCredentials", # Static constant
    "reference": "spinnaker://newSpelTemplate", # Reference to the pipeline template we
published above. We saved it in Spinnaker, so we prefix the template id with 'spinnaker://'.
    "type": "front50/pipelineTemplate", # Static constant
},
"variables": {
    "timeToWait": 4 # Value for the template variable.
},
"exclude": [],
"triggers": [],
"parameters": [],
"notifications": [],
"description": "",
"stages": []
}
```

（4）添加对流水线模板的引用。

```
"template": {
"artifactAccount": "front50ArtifactCredentials", # Static constant
"reference": "spinnaker://<templateId>",
"type": "front50/pipelineTemplate" # Static constant
}
```

由于这里引用的是之前已保存的模板 newSpelTemplate，所以在引用时只需要增加前缀 spinnaker://。

接下来，为新创建的流水线提供模板中定义的变量值。

因为部分变量在模板定义时已配置了默认值，所以不必为每个变量都提供值，而只需要为那些需要被覆盖的变量提供值。

在流水线 Ian JSON 中，列出了要为其提供的每个变量，然后写入该值，并使用以下格式。

```
"variables": {
   "varName": <value>
   "otherVarName": <its_value>
}
```

（5）最后，运行以下命令保存流水线。

```
spin pipeline save --file <path to pipeline json>
```

这样就完成了在 myApp 应用中使用模板创建持续部署流水线。

6.8.5 继承模板或覆盖

在实例化流水线模板创建流水线时，除了提供模板的变量值，还可以继承模板或覆盖模板。

默认情况下，流水线通过模板继承各阶段、期望部署制品、触发器、参数和通知等，但可以使用 exclude 选择不继承触发器和通知。

例如，模板可能定义了触发器，但可以在实例化的流水线 JSON exclude 的元素中增加 triggers，选择不继承触发器。

```
"exclude": ["triggers"]
```

或者不继承触发器和通知。

```
"exclude": ["triggers","notifications"]
```

现在，从模板中创建的流水线将不包含触发器和通知。

要实现覆盖模板中的成员变量，则可以在实例化 JSON 模板时使用新的成员变量来覆盖它。

例如，在实例化的 JSON 模板中添加触发器、通知、参数等会覆盖模板预定义的这些成员变量。

6.9 消息通知

Spinnaker 的消息通知分为以下 3 种。

（1）应用级通知

- 应用内任何流水线启动通知
- 应用内任何流水线完成通知

- 应用内任何流水线失败通知

（2）流水线通知

- 流水线启动通知
- 流水线完成通知
- 流水线失败通知

（3）阶段通知

- 阶段启动通知
- 阶段完成通知
- 阶段失败通知

每种通知的配置方法有所区别，例如配置应用级通知，需要在进入应用后，单击左侧的"CONFIG"按钮进入应用配置页，在 Notifications 配置项中进行配置，如图 6-75 所示。

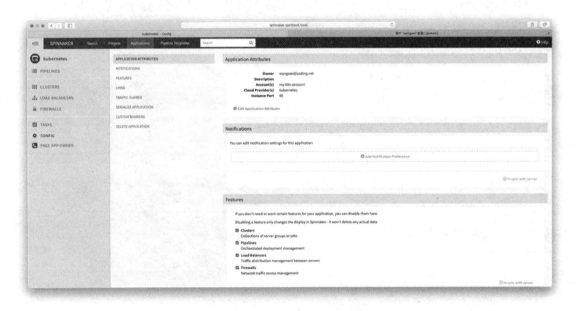

图 6-75　配置应用级通知

对于流水线通知，需要在流水线的配置页中的 Notifications 配置项中进行配置，如图 6-76 所示。

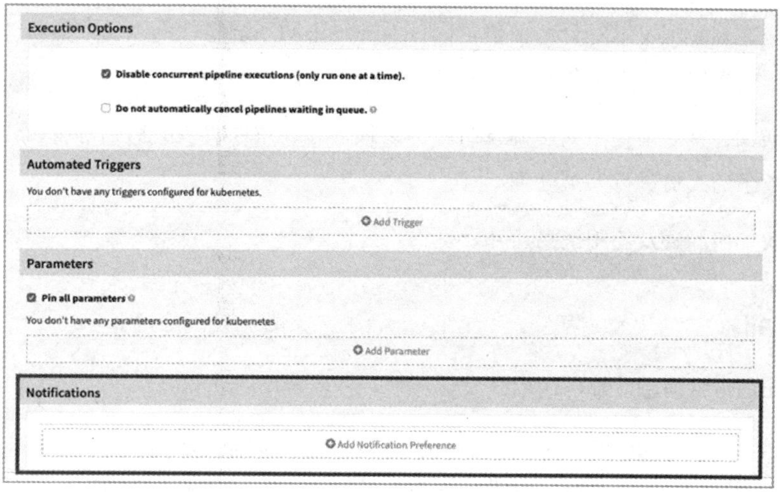

图 6-76　配置流水线级通知

对于阶段通知，则在每个阶段的 Notifications 中配置，如图 6-77 所示。

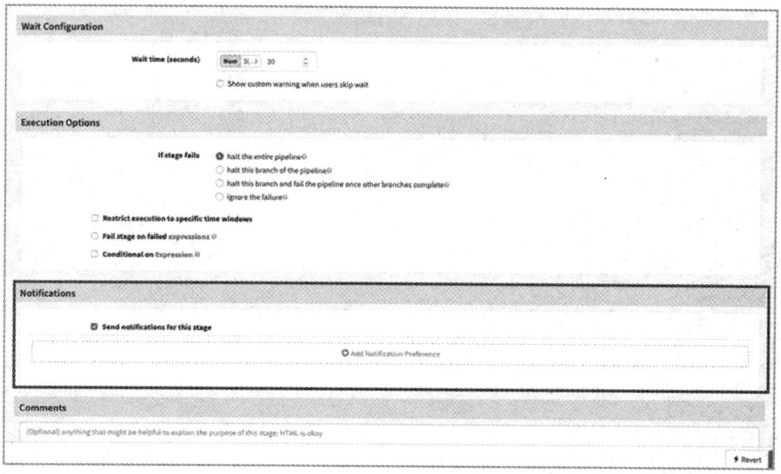

图 6-77　配置阶段通知

不同通知类型的通知方式是相同的，Spinnaker 支持开箱即用的通知方式，包括 Email、Microsoft Teams、Slack、SMS via Twilio。

不同级别的通知可以对应到不同的组织架构中，例如，对于应用级通知，由于任何一条流水线部署都会触发消息通知，所以可以配置为由业务线的负责人来接收消息，以便随时掌握业务线的发布状况。

对于流水线通知，则可以配置为由负责同一业务线不同系统组件的组长或负责人来接收，尤其是微服务架构，应当配置为该服务的负责人。

对于阶段通知，则一般用于人工确认阶段的审核通知、重要阶段的通知等，可以配置为由通知需要对应具有权限的人员进行人工处理。

本节将讲解如何配置及使用消息通知。

6.9.1 Email

Email 通知是指将消息以邮件的形式发送，是一种较常用的通知方式。

在 Spinnaker 中，Email 通知首先需要为 Spinnaker 提供邮箱配置，进入目录 /home/spinnaker/.hal/default/profiles，新建文件 echo-local.yaml，并输入以下内容。

```yaml
mail:
  enabled: true
  from: 434533508@qq.com
spring:
  mail:
    host: smtp.qq.com
    username: 434533508@qq.com
    password: kmzooxlceknubgc
    port: 465
    properties:
      mail:
        smtp:
          auth: true
          starttls:
            enable: true
          ssl:
            enalbe: true
          transport:
            protocol: smtp
#         debug: true <- this is useful if you are mucking around with smtp properties
```

注意，如果平台必须要求开启 ssl 发信（465 端口），那么需要配置 spring.mail.properties.mail.smtp.ssl.enalbe=true。如果发信端口为 587，则一般不需要添加该配置。

使用第三方平台的邮箱一般需要单独开启 SMTP 功能。以 QQ 邮箱为例，进入"设置"，切换到"账户"一栏，单击开启"SMTP"服务，并复制生成的密码配置到 password。

如果在 Deck UI 中通知无 Email 选项，那么需要进入 /home/spinnaker/.hal/default/profiles 目录，新建 settings-local.js，并输入以下内容。

```
window.spinnakerSettings = window.spinnakerSettings || {};
window.spinnakerSettings.notifications = window.spinnakerSettings.notifications || {};
window.spinnakerSettings.notifications.email =
window.spinnakerSettings.notifications.email || {};
window.spinnakerSettings.notifications.email.enabled = true;
```

配置完成后，重新部署 Spinnaker 使其生效。

```
hal deploy apply
```

以流水线通知为例，进入流水线配置页，找到 Notifications 配置项，在下拉菜单中选择"Email"，如图 6-78 所示。

图 6-78　Email 通知

- Email Address：发送通知到该邮箱。

- CC Address：要抄送的邮箱。

- Notify when：可选择在流水线运行、完成、失败时通知。

配置完成后，手动运行流水线，便能够收到启动通知邮件，如图 6-79 所示。

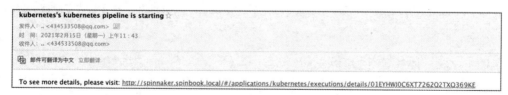

图 6-79　Email 流水线启动通知

在流水线运行结束后，也将收到完成邮件通知，如图 6-80 所示。

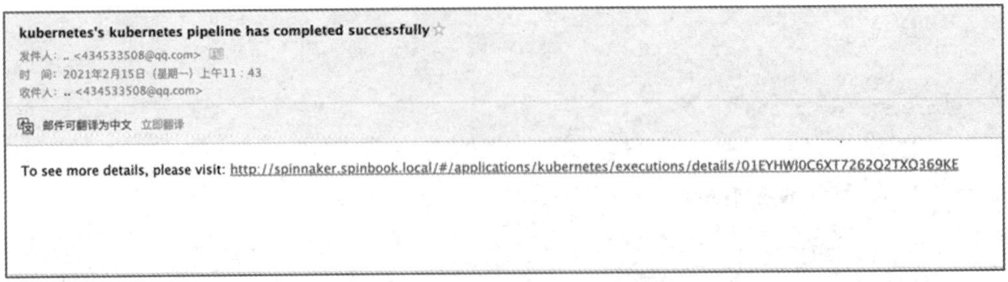

```
kubernetes's kubernetes pipeline has completed successfully
发件人：.. <434533508@qq.com>
时  间：2021年2月15日（星期一）上午11：43
收件人：.. <434533508@qq.com>

邮件可翻译为中文  立即翻译

To see more details, please visit: http://spinnaker.spinbook.local/#/applications/kubernetes/executions/details/01EYHWJ0C6XT7262Q2TXQ369KE
```

图 6-80　Email 流水线完成通知

邮箱通知默认的文本内容非常简单，只包含流水线的 URL，但 Spinnaker 支持自定义邮件格式内容，并且支持表达式，只需要手动编辑流水线 JSON 即可对邮件标题和内容进行定制。例如，在标题中添加启动用户，在正文中添加启动参数 parameters。

```
{
  "customSubject": "Beginning deployment to production (started by: ${trigger.user})",
  "customBody" : "*Pipeline parameters:* ${parameters.toString()}\n\n [View the stage]({{link}}) here.",
  "notifications": [
    {
      "address": "spinnakerteam@spinnaker.io",
      "level": "pipeline",
      "type": "email",
      "when": [
        "pipeline.starting"
      ],
    }
  ],
  //......
}
```

6.9.2　Slack

Slack 是一款基于云端的即时通信软件，Slack 其实是一个缩写，它的全称是"所有可搜索的回话和日志（Searchable Log of All Conversation and Knowledge）"。Slack 常用于团队的消息总线，用于接收日志、报警系统、CI/CD 消息等。

Spinnaker 对 Slack 提供原生的支持，要使用 Slack 接收 Spinnaker 流水线消息，首先需要为 Slack 创建机器人和生成 Token，详见官方教程[①]。

---

① 相关链接见电子资源文档中的链接 6-5。

创建完成后，Token 的样例如下。

```
xoxb-1751426298050-1751633381219-St1OVmBci9iJ2XX2uFefNN6P
```

然后，将 Bot 机器人邀请到对应的 Channel 中，在消息对话框中输出"@机器人名称"，系统会自动弹出邀请对话框，单击"Invite to Channel"按钮，如图 6-81 所示。

图 6-81　邀请机器人到 Channel

接下来，开启 Spinnaker Slack 消息通知。

```
hal config notification slack enable
export TOKEN_FROM_SLACK=xxxx
echo $TOKEN_FROM_SLACK | hal config notification slack edit --bot-name slack_bot --token
```

重新部署 Spinnaker 使其生效。

```
hal deploy apply
```

进入流水线通知配置项，此时便能够选择 Slack 通知，如图 6-82 所示。

注意，在 Slack Channel 处需要填写要发送到 Slack 的 channel，配置完成后保存。

手动启动流水线，即可在 Slack 中收到 Spinnaker 通知，如图 6-83 所示。

图 6-82　Slack 通知

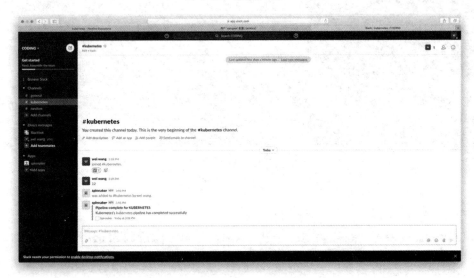

图 6-83　Slack 接收通知消息

务必确保已将机器人邀请至 Channel（在对话框中@机器人名称并回车），否则将无法收到消息。

最后，Slack 消息同样支持自定义类型，可在配置消息通知时输入要使用自定义模板消息。

6.9.3　SMS

SMS 是利用 Twilio 平台提供的能力进行通知，首先开启 Spinnaker 支持。

```
hal config notification twilio enable
export TWILIO_AUTH_TOKEN=xxx
echo $TWILIO_AUTH_TOKEN | hal config notification twilio edit --account $TWILIO_ACCOUNT_SID
--from $TWILIO_PHONE_NUMBER --token
```

其中，将 TWILIO_ACCOUNT_SID 和 TWILIO_PHONE_NUMBER 替换为对应的值。

然后重新部署 Spinnaker 使其生效。

```
hal deploy apply
```

部署完成后，在流水线通知配置页选择 twilio，并输入配置信息，保存后即可生效。

6.9.4 企业微信机器人

Spinnaker 并不支持企业微信机器人通知，企业微信机器人通知是使用 HTTP 请求来实现的，在 Spinnaker 的阶段中能够创建 Webhook 请求阶段，所以可以通过这种方式来实现企业微信机器人通知。

该方式的缺点是只能将通知消息配置到流水线的阶段。例如，配置流水线第一个阶段为 Webhook 阶段，用于发送流水线启动通知；配置流水线最后一个阶段为 Webhook 阶段，用于发送流水线完成通知。

要使用企业微信机器人，首先需要为群聊创建机器人，如图 6-84 所示。

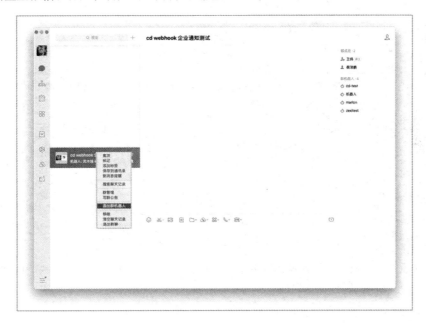

图 6-84　创建机器人

根据提示创建完成后，选择右侧的机器人，得到机器人的 Webhook URL。

https://qyapi.weixin.qq.com/cgi-bin/webhook/send?key=33f8ee39-5e71-49f3-ae43-614c10c25ebd

该 URL 即为机器人发送消息通知的 URL，接下来为流水线配置 Webhook 阶段，如图 6-85 所示。

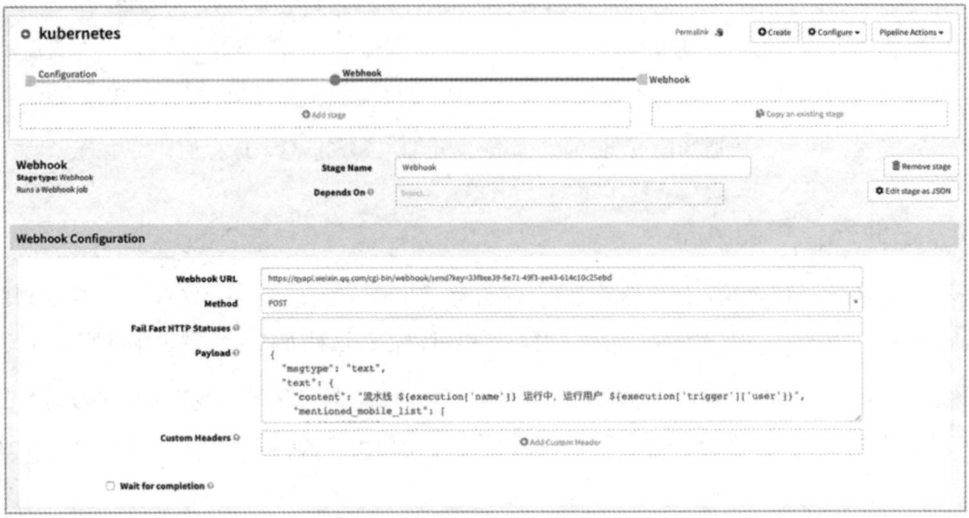

图 6-85 创建 Webhook 阶段

- Webhook URL：输入机器人的 URL。

- Method：POST。

- Payload：按指定格式输入要请求的 Payload，支持使用表达式动态生成通知内容。

```
{
    "msgtype": "text",
    "text": {
        "content":"流水线 ${execution['name']} 运行中，运行用户 ${execution['trigger']['user']}",
        "mentioned_mobile_list": [
        "185xxxx7409"
        ]
    }
}
```

配置完成后，运行流水线，即可在群聊中收到企业微信机器人的消息通知，如图 6-86 所示。

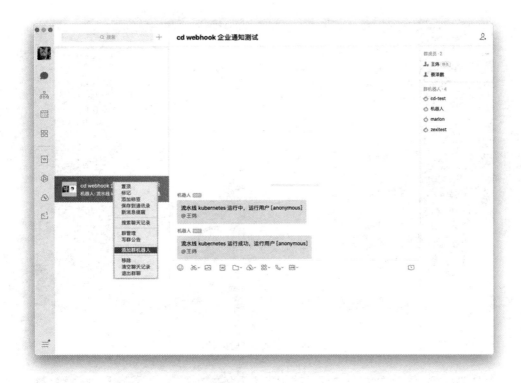

图 6-86　企业微信机器人通知

6.9.5　钉钉机器人

Spinnaker 使用钉钉机器人发送通知的原理和企业微信机器人的一致，都需要通过 Webhook 阶段来实现。

首先为钉钉群聊创建机器人，选择群聊，单击右侧的"设置"，选择"智能群助手"，单击"添加机器人"，选择"自定义"，如图 6-87 所示。

在弹出的对话框中配置"机器人名字"，并在"安全设置"处勾选"自定义关键"，填写"Spinnaker"，如图 6-88 所示。

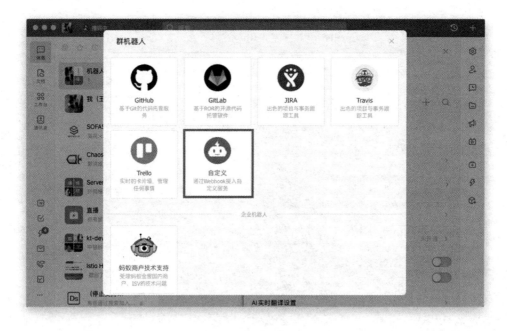

图 6-87 创建钉钉机器人

图 6-88 添加安全设置

安全设置的关键字的含义是：只允许发送包含关键字的通知，这意味着在 Spinnaker 中通过 Webhook 发送的内容需要包含该关键字。

机器人创建成功后，将得到机器人 Webhook URL。

```
https://oapi.dingtalk.com/robot/send?access_token=85e217ffc84537dea04b7a210c2610d7e469691d67c746c196c737708e572e0b
```

向该 URL 发送 POST 请求并携带指定的 Payload 即可实现消息发送。

接下来，为 Spinnaker 创建 Webhook 阶段并按照以下内容进行配置，如图 6-89 所示。

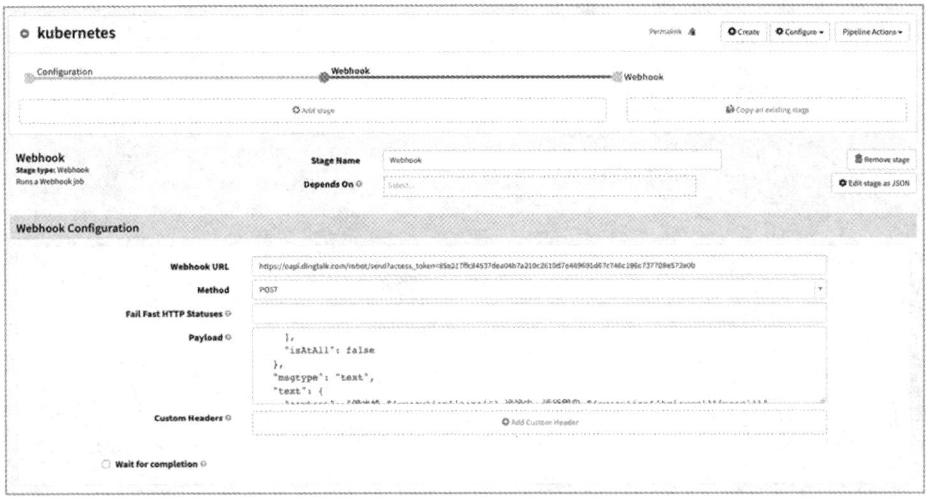

图 6-89　创建 Webhook 阶段

- Webhook URL：输入钉钉机器人的 URL。

- Method：POST。

- Payload：按指定格式输入要请求的 Payload，支持使用表达式动态生成通知内容。

```
{
  "msgtype": "text",
  "text": {
     "content" : "流水线 ${execution['name']}运行中，运行用户 ${execution['trigger']['user']}"
  },
  "at": {
     "atMobiles": [
        "185xxxx7409"
     ],
     "isAtAll": false
```

```
    }
}
```

配置完成后，运行流水线，即可在群聊中收到机器人的消息通知，如图 6-90 所示。

图 6-90　钉钉机器人通知

6.10　本章小结

本章深入 Spinnaker 核心概念，并从配置和使用上对不同类型的阶段进行了阐述。

通过将不同阶段类型进行分类，介绍了 Spinnaker 常用的 VM 阶段类型、Kubernetes 类型、流程控制阶段和其他阶段。

本章介绍了流水线的重点组成部分，包括部署制品类型和触发器，并深入讲解了流水线的不同类型触发器的配置和使用，以及如何将触发器与期望部署制品相结合。

最后介绍了流水线模板的使用及消息通知的配置，并阐述了使用 Webhook 阶段来扩展消息通知。

07 自动金丝雀分析

金丝雀发布是一种部署策略,在该过程中会部署新版本的应用,用于承担一部分线上流量、记录新版本应用的表现及关键指标,通过和旧版本的指标做对比,判断新版本的发布是否符合预期,如果符合预期,那么金丝雀测试通过,可以全量发布;如果不通过,则执行相应的回退或终止发布流程。

传统的金丝雀发布在完成自动化指标收集后,需要人工来判断金丝雀测试是否符合预期,然而由于不同应用版本的部署差异,用于判断金丝雀的指标可能在短时间内变化并不明显,需要一些时间才能够体现。此时,就需要使用自动化的手段来取代人工判断。

Spinnaker 的自动金丝雀分析提供了一种新的思路,它能够从监控系统中读取新旧两个版本的指标,并运行统计分析来对比数据差异,自动判断金丝雀测试是否通过,并根据金丝雀分析的结果进行自动部署。

本章讲解如何配置 Spinnaker 的金丝雀发布及实施完整的金丝雀发布,加深读者对自动化金丝雀分析和发布的理解,结合实际案例,有利于读者将这种现代化的发布方法利用到实际的项目中。

7.1 Spinnaker 自动金丝雀发布

Spinnaker 的金丝雀发布遵循 Netflix 金丝雀发布的最佳实践原则,可以总结为图 7-1。

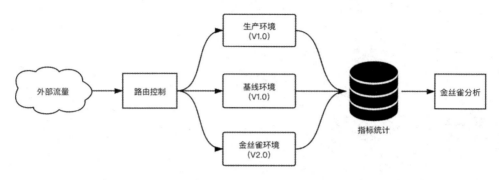

图 7-1　Netflix 金丝雀发布

在上述的金丝雀发布过程中，Netflix 增强了金丝雀的发布流程，并使用了 3 个集群为生产流量提供服务。

- 生产集群：是稳定的生产集群环境，运行当前正在生产的应用，该集群可以是任意实例数量的集群。
- 基线集群：该集群与生产集群运行相同的代码版本和配置，通常可以由若干个实例组成。
- 金丝雀集群：该集群将运行计划发布新版本应用的集群，集群数量需和基线集群保持一致。

生产环境将承担大部分的用户流量，基线环境和金丝雀环境分别接收少量的生产流量。典型的流量控制方法是使用负载均衡将基线集群和金丝雀集群添加到已有的集群池中，并为其分配权重。

细心的读者可能会有疑问，既然基线集群的版本和生产环境是一致的，为什么还需要基线集群呢？

这恰恰是 Netflix 设计金丝雀发布策略的精髓所在。虽然生产环境也可以在一定程度上充当基线环境来与金丝雀环境做比较，但由于生产环境运行的时间和金丝雀环境的运行时间并不一致，所以需要控制时间变量。而基线环境是与金丝雀环境共同部署的环境，所以基线环境和金丝雀环境只有应用版本的差异，运行时间是相同的。这意味着，创建一个全新的基线集群可以确保生成的指标不会受到长时间运行所造成的任何影响。

当金丝雀分析阶段结束后，Spinnaker 将给出评分，并根据金丝雀的结果决定是否继续发布、回滚或终止。如果确定版本是安全可靠的，那么 Spinnaker 将继续执行部署，并将新版本全量部署到生产环境中。

在 Spinnaker 中，金丝雀分析是由 Kayenta 组件完成的。该组件负责从指标收集系统（例如 Prometheus）拉取数据，并通过数据验证、数据清理和数据比较阶段对配置的指标进行判定，最终通过不同指标的权重对金丝雀发布计分，该分值用于确定本次金丝雀发布是否通过。

7.2　安装组件

Spinnaker 自动金丝雀分析需要两个前提条件的支持——监控指标收集服务、存储服务。

其中，监控指标收集服务用于收集应用指标，是对新老版本金丝雀分析的数据来源。Spinnaker 支持多种监控指标收集服务，比如 Stackdriver、Datadog、New Relic 等，在本章的案例中将使用 Prometheus。

存储服务用于存储金丝雀分析报告，支持的存储服务有 S3、GCS 或 Minio。由于 Minio 在此前已经安装，并被配置为流水线的存储系统，本案例将使用 Minio 作为金丝雀分析的存储服务。

下一节将介绍如何在 Kubernetes 集群中安装 Prometheus。

7.2.1　安装 Prometheus

Prometheus 是一套开源的监控系统，在金丝雀发布过程中，Prometheus 负责收集应用数据，并为 Spinnaker 提供查询接口用于金丝雀分析。

部署完整的 Prometheus 包含以下组件。

- MetricServer：Kubernetes 集群资源使用情况的聚合器。

- Prometheus Operator：部署和配置 Prometheus Server。

- NodeExporter：用于收集 Node 的指标状态。

- KubeStateMetrics：收集 Kubernetes 集群资源对象的数据。

- Prometheus：采用 pull 的方式收集 apiserver、scheduler、controller-manager、kubelet 组件的数据，使用 HTTP 协议传输。

- Grafana：用于数据可视化展示。

使用 Spinnaker 自动金丝雀分析前，首先需要安装 Prometheus。

```
$ git clone https://github.com/coreos/kube-prometheus.git
$ cd kube-prometheus
```

创建命名空间和 CRD。

```
$ kubectl create -f manifest/setup
namespace/monitoring created
customresourcedefinition.apiextensions.k8s.io/alertmanagerconfigs.monitoring.coreos.com
created
customresourcedefinition.apiextensions.k8s.io/alertmanagers.monitoring.coreos.com created
……
```

检查工作负载。

```
$ kubectl get deployment -n monitoring
NAME                                      READY   STATUS    RESTARTS   AGE
prometheus-operator-59976dc7d5-cnx8d      2/2     Running   0          48s
```

当资源可用时,继续下一步。

```
$ kubectl create -f manifests/
alertmanager.monitoring.coreos.com/main created
prometheusrule.monitoring.coreos.com/main-rules created
secret/alertmanager-main created
service/alertmanager-main created
serviceaccount/alertmanager-main created
……
```

检查工作负载的状态,当所有工作负载处于 Running 时即为可用状态。

```
NAME                                      READY   STATUS    RESTARTS   AGE
alertmanager-main-0                       2/2     Running   0          20m
alertmanager-main-1                       2/2     Running   0          20m
alertmanager-main-2                       2/2     Running   0          20m
blackbox-exporter-556d889b47-2fftf        3/3     Running   0          20m
grafana-674b67dc58-dkpf5                  1/1     Running   0          20m
kube-state-metrics-986b854-g2nnm          3/3     Running   0          20m
node-exporter-g6lgf                       2/2     Running   0          20m
prometheus-adapter-767f58977c-kz9fw       1/1     Running   0          20m
prometheus-k8s-0                          2/2     Running   1          20m
prometheus-k8s-1                          2/2     Running   1          20m
prometheus-operator-59976dc7d5-cnx8d      2/2     Running   0          22m
```

使用 kubectl port-forward 端口转发,确认 Prometheus 是否正常工作。

```
$ kubectl port-forward svc/prometheus-k8s 9091:9090 -n monitoring
```

使用浏览器打开 127.0.0.1:9091,进入 Prometheus 首页,如图 7-2 所示。

通过 kubectl 转发 Grafana Service,若出现以下日志,则说明 Grafana 转发成功。

```
$ kubectl port-forward svc/grafana 3000:3000 -n monitoring
Forwarding from 127.0.0.1:3000 -> 3000
Forwarding from [::1]:3000 -> 3000
```

如果出现"Unable to listen on port 3000"错误提示,则说明本地端口被占用,此时更换监听端口即可。

使用浏览器打开 127.0.0.1:3000，进入 Grafana 首页，如图 7-3 所示。

图 7-2　Prometheus 首页

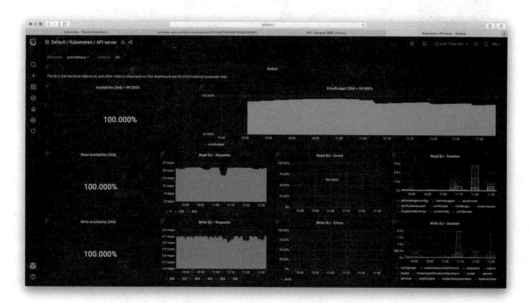

图 7-3　Grafana 首页

至此 Prometheus 和 Grafana 已安装完成。

7.2.2 集成 Minio

由于此前已经安装 Minio 作为流水线的存储系统，这里只使用 Minio 对 Spinnaker 配置金丝雀进行存储服务，配置流程如下。

（1）进入 Minio，单击右下角的"+"，创建新的 bucket，输入名称"canary"，如图 7-4 所示。

图 7-4　创建 bucket

（2）为 Spinnaker 开启金丝雀特性开关，并为金丝雀分析配置使用 Minio 作为存储服务。

```
hal config canary enable

hal config canary aws enable

hal config canary aws account add my-canary-account \
--bucket canary \
--endpoint http://minio-1604842834.minio.svc.cluster.local:9000 \
--access-key-id RUBdJgTJY1hmeDkAFKNO \
--secret-access-key \
sYqfDTprRImxH3v6Wbtuk9gwimeKIQVHvSejZt4d
```

其中，endpoint 是 Minio Service Endpoint，可以通过 kubectl get svc -n minio 获取。有关 access-key-id 和 secret-access-key 的获取请查阅安装 Minio 环节。

（3）配置金丝雀分析的 Minio 账户并启用该账户。

```
hal config canary edit --default-storage-account my-canary-account
hal config canary aws edit --s3-enabled true
```

注意：my-canary-account 要和第二步的名称保持一致。

7.2.3　集成 Prometheus

在安装完成 Prometheus 后，继续为 Spinnaker 进行以下配置。

（1）为 Spinnaker 开启 Prometheus 支持的特性。

```
hal config canary prometheus enable
```

（2）为 Spinnaker 添加 Prometheus 账户和 URL。

```
hal config canary prometheus account add \
my-prometheus-account --base-url http://prometheus-k8s.monitoring.svc.cluster.local:9090

hal config canary edit --default-metrics-account my-prometheus-account

hal config canary edit --default-metrics-store prometheus
```

如果 Prometheus 配置了认证，那么需要额外配置--username 和 password。

（3）重新部署 Spinnaker 使其生效。

```
hal deploy apply --no-validate
```

--no-validate 指不需要验证配置项，直接部署。

至此，我们完成了 Prometheus 的集成，下一步将进行金丝雀配置。

7.3　配置金丝雀

在将金丝雀阶段添加到流水线之前，需要为金丝雀阶段提供配置，这些配置包括如下内容。

- 金丝雀的配置名称。
- 要分析的指标及指标的逻辑分组。
- 默认的评分阈值。
- 一个或多个选择器模板（可选）。

金丝雀的配置是在 Spinnaker 的应用程序内完成的，我们可以为应用程序创建一个或多个金丝雀配置。

配置完成后即可将金丝雀配置应用到流水线的金丝雀阶段，实现自动金丝雀分析。

7.3.1 创建一个金丝雀配置

默认情况下，Spinnaker 的应用程序（Application）不会自动开启金丝雀分析，要创建金丝雀配置，首先需要为应用开启金丝雀特性，步骤如下。

（1）进入 Spinnaker 的应用，单击左侧的"CONFIG"，勾选 Features 的"Canary"选项，并单击"Save Change"保存激活金丝雀特性，如图 7-5 所示。

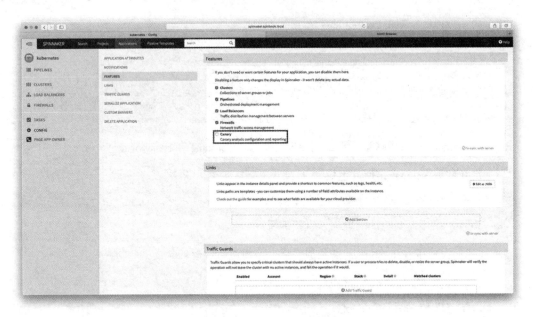

图 7-5　为应用开启金丝雀特性

（2）开启成功后，左侧的应用菜单将出现两个配置选项"CANARY CONFIGS"和"CANARY REPORTS"，如图 7-6 所示。

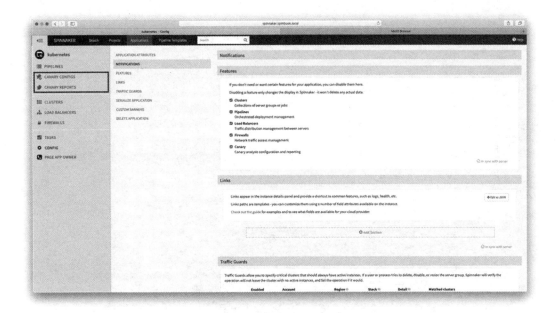

图 7-6　金丝雀分析菜单

应用的金丝雀特性开启成功后，接下来创建金丝雀配置。

我们可以为应用创建一个或多个金丝雀配置，在配置流水线金丝雀阶段时，必须选择要使用的金丝雀配置，在该应用内创建的金丝雀配置可以用在当前应用的所有流水线中。

默认情况下，金丝雀配置可用于所有应用程序的所有流水线中，通过以下命令可以将其配置为只在相应应用的流水线中使用。

```
hal config canary edit --show-all-configs-enabled false
```

通过以下步骤创建金丝雀配置。

（1）单击左侧的"CANARY CONFIGS"，选择"Add configuration"，如图 7-7 所示。

（2）在图 7-7 中为配置输入 Configuration Name 和 Description，并单击"Add Metric"按钮，弹出如图 7-8 所示的对话框。

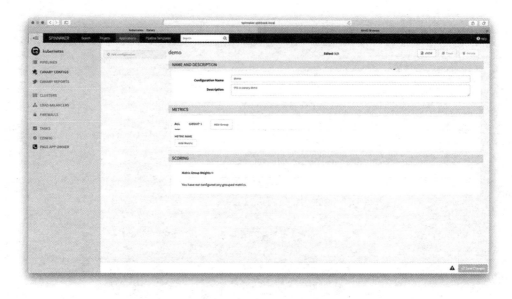

图 7-7 创建金丝雀配置

图 7-8 Metric 配置

- Fail on：配置金丝雀阶段如何判定失败，Increase 表示当金丝雀指标显著增加时，判定为失败；Decrease 表示当指标显著减小时，判定为失败；默认为 Either，表示当指标显著增加或减小时，都判定为金丝雀阶段失败。一般情况下，Increase 选项可用于请求错误、内存和 CPU 使用率等指标，当新版本出现指标异常升高时，可认为金丝雀阶段失败，进而终止发布。
- Criticality：当指标 Metric 获取失败时，金丝雀阶段失败。

- NaN Strategy：如果在给定的时间点指标无值，则将其忽略或设定为零，例如，在衡量请求成功次数时，将缺失值替换为零是比较合适的。如果未选择任何策略，则使用该指标的默认策略。
- Effect Sizes：用于配置允许指标比基线升高或降低的百分比。
- Query Type：使用默认的配置查询指标或使用特定的 PromQL。
- Resource Type：选择资源类型，例如 gce_instance。
- Metric Name：Metric 指标名称，例如 container_cpu_usage_seconds_total。
- Label Bindings：绑定标签。
- Group By：分组汇总，仅支持 Stackdriver 和 Prometheus，例如对资源或标签的时间序列进行分组。
- Filter Template：选择器模板，用于参数化查询，例如要查询指定 POD 的 container_cpu_usage_seconds_total 指标，那么完整的查询条件是 container_cpu_usage_seconds_total{pod="nginx"}，其中，pod=nginx 即为模板。

（3）创建金丝雀配置 Group 1，如图 7-9 所示。

图 7-9　金丝雀配置 Group 1

其中，为 Effect Sizes 配置了允许指标波动 20% 的浮动范围，在 Filter Template 一栏中选择"Create New"，填入"pod"，在 Template 处输入"pod=~"${scope}.+""，scope 将在金丝雀阶段被替换，表示 Pod 的名称，单击"OK"保存选择器模板。

经过以上配置，该金丝雀的指标查询为。

```
container_cpu_usage_seconds_total{pod="$pod_name"}
```

（4）接下来创建 Group 2，如图 7-10 所示。

图 7-10　金丝雀配置 Group 2

在 Filter Template 处选择刚才创建的名称为 pod Template，指标名称为"container_memory_usage_bytes"，其他的选项与 Group 1 保持一致。

（5）最后，配置 SCORING 为不同分组的配置分数，由于创建了两个分组，可以配置 Group 1 的金丝雀分数为 20 分，Group 2 配置为 80 分，该分值也代表权重，最后将根据权重计算金丝雀阶段的总分。配置完成后，单击右下角的"Save Changes"保存配置，如图 7-11 所示。

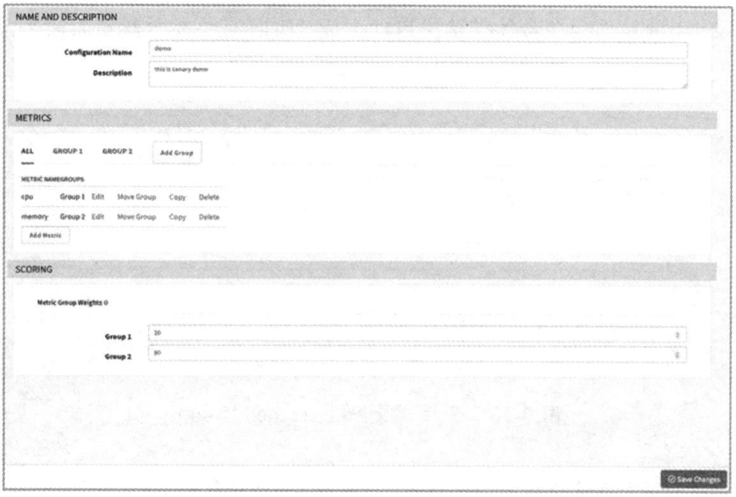

图 7-11　金丝雀配置 SCORING

至此，为名为 demo 的金丝雀配置创建了两个分析指标，指标名称分别为 container_cpu_usage_seconds_total 和 container_memory_usage_bytes，权重分别是 20 分和 80 分。

接下来，我们便能够在金丝雀阶段使用该配置。

7.3.2　创建和使用选择器模板

选择器模板是在金丝雀配置时提供的 Filter Template，它可以为指标查询提供参数化的模板，并根据在金丝雀阶段提供的 Extended Params 参数来替换模板的参数，达到参数化查询的目的。

例如，在之前的例子中，Filter Template 配置了 pod=~"${scope}.+" 模板，scope 变量将根据金丝雀阶段内置生成的 Pod 名称进行替换。

此外，我们还可以创建带自定义变量的模板，例如，在 Template 模板内输入 "pod="${podName}""，如图 7-12 所示。

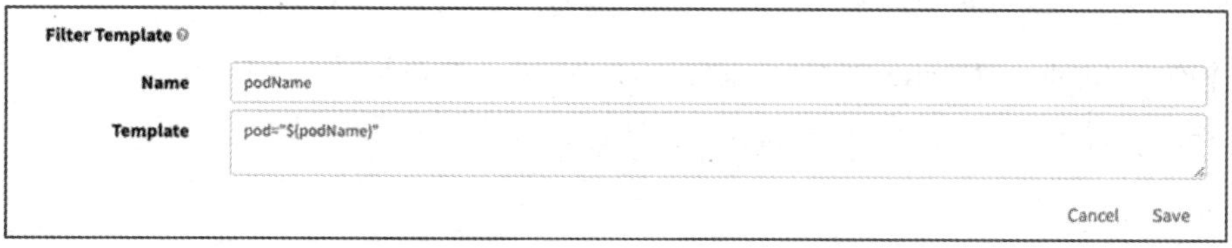

图 7-12　选择器模板

因为 podName 变量并不会在金丝雀阶段自动生成，所以需要在金丝雀阶段为该变量提供值，如图 7-13 所示。

图 7-13　金丝雀阶段 Extended Params

value 同时支持流水线表达式。

7.3.3　创建金丝雀阶段

以实施完整的金丝雀 Demo 为例，本节会构建以下持续部署流水线用于验证自动金丝雀发布，如图 7-14 所示。

图 7-14　Spinnaker 金丝雀发布

该流水线遵循 Netflix 金丝雀发布的最佳实践原则，在进行自动金丝雀分析前，同时部署基线环境（Baseline）和金丝雀环境（Canary），金丝雀分析通过后，再部署生产环境，最后销毁本次金丝雀发布的基线环境和金丝雀环境。

配置自动金丝雀阶段的步骤如下。

（1）添加 Deploy (Manifest)阶段，重命名为"Deploy Baseline"，选择相应的 Account，并在 Manifest Source 输入 Text 类型的 Manifest，如图 7-15 所示。

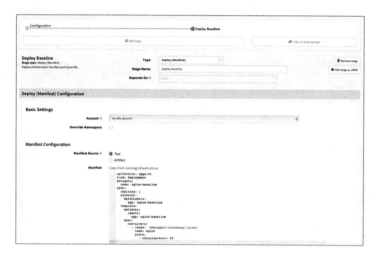

图 7-15 添加 Deploy Baseline 阶段

在界面中的 Text 输入框中输入以下 Manifest。

```
apiVersion: apps/v1
kind: Deployment
metadata:
  name: deploy-baseline
  labels:
    app: deploy-baseline
spec:
replicas: 1
selector:
  matchLabels:
  app: deploy-baseline
template:
  metadata:
  labels:
    app: deploy-baseline
  spec:
  containers:
  - image: 'demoappst/routedaas:latest'
    name: nginx
    ports:
    - containerPort: 80
```

此处使用 demoappst/routedaas:latest 镜像来模拟基线环境。

（2）依次单击 "Configuration" 和 "Add stage"，创建和 Deploy Baseline 并行的 Deploy (Manifest) 阶段，并重命名为 "Deploy Canary"，如图 7-16 所示。

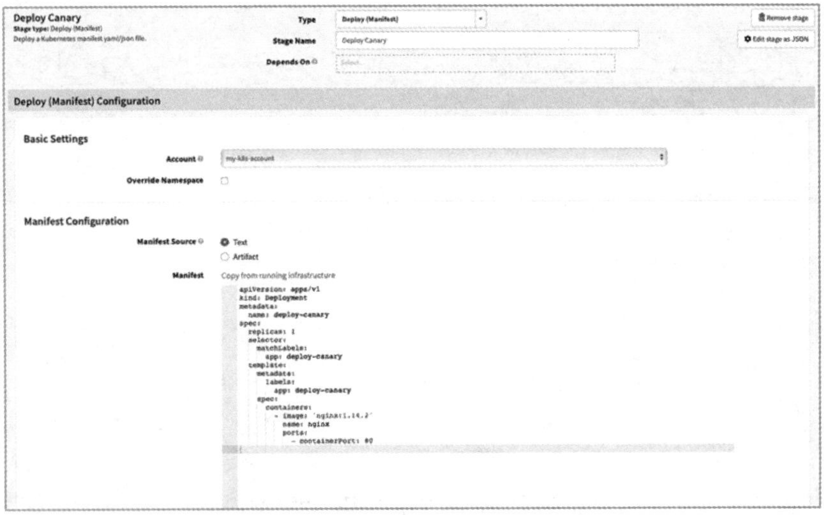

图 7-16 添加 Deploy Canary 阶段

在界面中的 Text 输入框内输入以下 Manifest。

```
apiVersion: apps/v1
kind: Deployment
metadata:
  name: deploy-canary
  labels:
    app: deploy-canary
spec:
  replicas: 1
  selector:
    matchLabels:
      app: deploy-canary
  template:
    metadata:
      labels:
        app: deploy-canary
    spec:
      containers:
      - image: 'nginx:1.14.2'
        name: nginx
        ports:
        - containerPort: 80
```

使用 nginx:1.14.2 镜像来模拟 Canary 环境。

（3）选中"Deploy Canary"阶段，单击"Add stage"添加 Canary Analysis 阶段，在 Depends On 配置项中单击"Select…"，选择添加 Deploy Baseline 阶段。此时 Deploy Canary 阶段将在 Deploy

Baseline 和 Deploy Canary 阶段同时完成后运行，如图 7-17 所示。

图 7-17　添加 Canary Analysis 阶段

（4）接下来为 Canary Analysis 阶段配置自动金丝雀参数。

该阶段配置的参数含义如下。

- Analysis Type：分为 Real Time（实时分析）和 Retrospective（指定时间段分析）。
- Config Name：指定金丝雀配置文件名称。
- Lifetime：金丝雀数据分析的总运行时长，单位为小时和分，当需要经历长时间发布周期时，此参数十分有用。
- Delay：延迟时间，指定在几分钟后开始进行金丝雀分析，为基线环境和金丝雀环境提供了指标"热身"的时间。
- Interval：不同的金丝雀指标分数生成的间隔频率，建议配置为至少 30 分钟。如果未指定时间间隔或者指定的时间间隔大于整个金丝雀运行时长，则在时间范围内只运行一个金丝雀分析。
- Step：时间序列间隔，单位为秒。
- Baseline Offset：基线环境的偏移时间，单位为分。
- Lookback Type：分为 Growing 和 Sliding 类型。Growing 是在间隔 Interval 时长查询指标，

Sliding 类型是查询该滑动时间窗口的指标。

- Baseline：基线服务器组，在 Kubernetes 集群环境下填写 Deployment Name。
- Baseline Location：基线服务器组所在的位置，在 Kubernetes 集群环境下填写基线服务器组所在的命名空间。
- Canary：金丝雀服务器组。
- Canary Location：金丝雀服务器组所在的位置。
- Extended Params：用于为选择器模板提供参数值，该值会被绑定在模板上。
- Marginal：配置金丝雀失败的分数。金丝雀阶段可能会运行多个金丝雀指标分析，如果金丝雀分数小于或等于该值，那么金丝雀阶段会立即失败；如果金丝雀分数大于该值，那么金丝雀分析不会失败，并继续执行下游的阶段。
- Pass：配置金丝雀成功的分数。当此阶段的所有金丝雀分析都运行完成后，最终分数如果大于或等于该值，则金丝雀阶段运行成功，否则失败。

（5）根据本案例 Demo 进行以下配置，如图 7-18 所示。

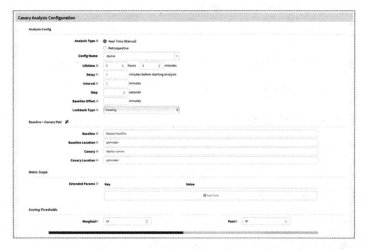

图 7-18　Canary Analysis 参数

部分配置参数的含义如下。

- Analysis Type：选择实时分析。
- Lifetime：配置时长为 3 分钟，仅用于测试。实际金丝雀生命周期应当尽量长，以便得到更准确可信的指标数据。

- Delay：配置时长为 1 分钟，代表金丝雀阶段在运行前会等待 1 分钟的预热时间。
- Interval：配置时长为 1 分钟，代表以 1 分钟为间隔运行每个金丝雀指标分析。
- Lookback Type：选择 Growing 类型。
- Baseline：Deploy Baseline 阶段 Deployment 的名称为 deploy-baseline。
- Baseline Location：Deploy Baseline 阶段 Deployment 所在的命名空间为 spinnaker。
- Canary：Deploy Canary 阶段 Deployment 的名称为 deploy-canary。
- Canary Location：Deploy Canary 阶段 Deployment 所在的命名空间为 spinnaker。
- Marginal：配置单个指标低于或等于 50 分，则认为金丝雀指标失败。
- Pass：配置金丝雀总分大于或等于 80 分，则认为金丝雀指标成功。

（6）单击"Add stage"添加 Deploy (Manifest)阶段，并重命名为"Deploy Production"，用于在金丝雀阶段成功后部署生产环境，如图 7-19 所示。

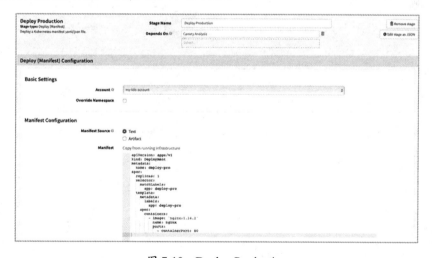

图 7-19　Deploy Production

在界面中的 Text 输入框中输入以下 Manifest。

```
apiVersion: apps/v1
kind: Deployment
metadata:
  name: deploy-pro
```

```
    labels:
     app: deploy-pro
    spec:
     replicas: 1
     selector:
      matchLabels:
       app: deploy-pro
     template:
      metadata:
       labels:
        app: deploy-pro
      spec:
       containers:
       image: 'nginx:1.14.2'
       name: nginx
       ports:
       containerPort: 80
> 使用`nginx:1.14.2`镜像来模拟生产环境
```

（7）生产环境部署完成后不再需要 Baseline 基线环境，因此可以在部署后将其删除。单击"Add stage"添加 Delete (Manifest)阶段，重命名为"Delete (Manifest)"，如图 7-20 所示。

图 7-20　Delete (Manifest)阶段

在该阶段使用 Match target(s) by label 匹配需要删除的工作负载，即 app=deploy-baseline。

（8）单击 Deploy Production 阶段，单击"Add stage"添加一个和 Delete Baseline 并行的 Delete (Manifest)阶段，并重命名为"Delete Canary"，如图 7-21 所示。

在该阶段使用 Match target(s) by label 匹配需要删除的工作负载，即 app=deploy-canary。

（9）流水线配置完成后，返回流水线列表，单击"Start Manual Execution"手动启动流水线，运行金丝雀分析如图 7-22 所示。

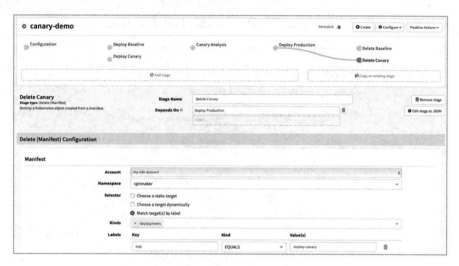

图 7-21　Delete Canary 阶段

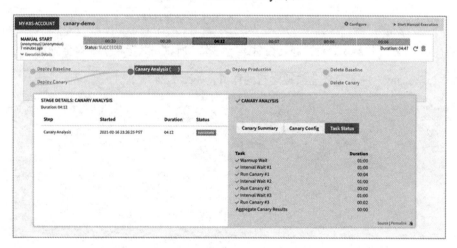

图 7-22　运行金丝雀分析

等待数分钟，该流水线将完成部署基线环境和金丝雀环境，同时运行自动金丝雀分析，通过后，执行部署生产环境，最后将基线环境和金丝雀环境销毁。

流水线运行结束后将生成金丝雀报告，下一节将继续介绍如何查看金丝雀报告。

7.4 获取金丝雀报告

金丝雀的 Demo 流水线运行结束后，我们便能够查看金丝雀报告，具体步骤如下。

（1）单击流水线的 "Execution Details" 展开运行详情，选择 Canary Analysis 阶段查看分数详情，如图 7-23 所示。

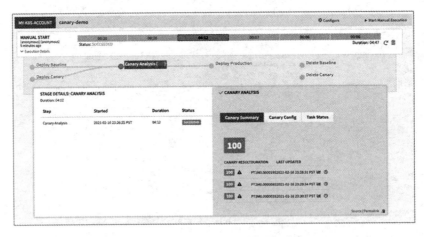

图 7-23　Canary Analysis 分数详情

在该阶段中，总时长是 3 分钟，每 1 分钟运行一次，所以一共运行了 3 次金丝雀分析。

单击 "Task Status" 查看金丝雀阶段运行的详情，如图 7-24 所示。

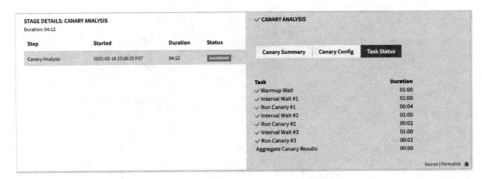

图 7-24　Canary Analysis 阶段详情

可以看出金丝雀阶段的运行过程是严格按照之前的配置进行的，例如 Warmup Wait 和 Interval Wait 等。

（2）要查看金丝雀报告，需要单击分数旁的图表图标进入报告详情，如图 7-25 所示。

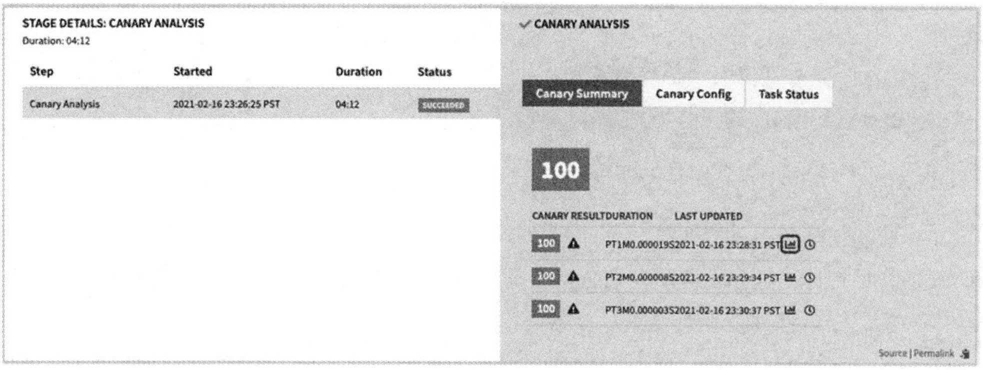

图 7-25　查看金丝雀报告

金丝雀报告的详细信息如图 7-26 所示。

图 7-26　金丝雀报告的详细信息

从报告中可以看出：CPU 比基线 +6.0%，在 20% 允许的范围内，该指标被标记为 Pass（通过）；Memory 比基线 -0.6%，在 20% 允许的范围内，该指标被标记为 Pass 。

（3）最终，该金丝雀分析得出的总分为 100 分，高于配置的 80 分，金丝雀阶段通过。

7.5 工作原理

在 Spinnaker 中可以为金丝雀分析提供不同的方法，本节将介绍 Spinnaker 默认的金丝雀分析方法——NetflixACAJudge 的工作方式。

为了根据基准环境评估金丝雀的部署质量，Spinnaker 将对它们之间的部署指标进行比较，检查是否存在重大的差异，这个过程分为如下两个阶段。

- 收集度量指标：该阶段从基准和金丝雀部署中获取关键指标，这些度量数据通常存储在时间序列数据库中，该阶段由 Kayenta 完成。
- 判断：在该阶段中，Spinnaker 通过比较这些指标，做出金丝雀是否通过的判断（例如指标是否有明显的下降或升高）。

其中，判断阶段较为复杂，主要分为以下 4 个步骤进行。

- 数据验证：数据验证阶段用于确保在金丝雀分析之前获取到的基准和金丝雀数据的合法性。例如，如果 Spinnaker 查询的基准或金丝雀环境的指标为空，则该指标被标记为无数据，并将进入下一个指标的分析。无数据并不意味着金丝雀分析一定失败，例如类似故障次数的指标是允许无数据的。

- 数据清理：数据清理阶段主要是处理输入过程中缺失的值，根据度量指标的数据类型不同，可以使用不同的策略来处理缺失值。例如，NaN 的缺失值可以使用零值来替代以避免出现错误，此外，该步骤还将删除异常的值。

- 指标比较：指标比较阶段是比较基准环境和金丝雀环境的每个指标，此步骤输出的是每个指标的判定结果，例如 Pass（通过）、High（高）、Low（低）等，用来判定金丝雀和基准环境之间是否存在显著的差异，如图 7-27 所示。在 Kayenta 的指标比较算法中，使用非参数统计检验（Nonparametric tests）检查金丝雀指标和基准环境指标之间是否存在显著差异。

- 分值计算：在得到每个指标的结果后，分值计算阶段会计算得出最终的分数，最终该分数表示金丝雀与基准环境的相似程度，该分数是结果为"通过"的指标占总分数的比。

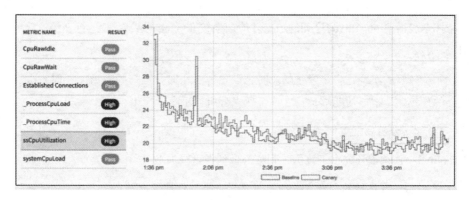

图 7-27　指标比较阶段

7.6　最佳实践

根据 Netflix 的经验，对金丝雀分析的最佳实践总结如下。

（1）不要在同一个组中放置太多的指标。

特别是对于极其重要的关键指标。如果组内有多个指标，而某一个关键指标失败了，但其余却是通过的，那么金丝雀分数可能还是通过的。

建议把关键指标放到单独的组中，确保如果该指标失败了，那么整个金丝雀应被认为是失败的。

（2）将金丝雀环境与基准环境相比，而不是与生产环境相比。

基准环境使用与生产环境相同的版本和配置，与金丝雀的相同之处如下。

- 部署实践相同。

- 部署的实例规模相同。

- 相同比例的流量。

在做金丝雀分析时减少了可能影响分析的因素，例如缓存、堆大小等。

（3）运行足够长时间的金丝雀分析。

每个指标至少需要 50 个时间序列的数据才能产生较准确的结果，一般运行金丝雀分析至少需要若干小时。

例如，一个较好的实践是将金丝雀的总时长设置为 3 小时，运行间隔为 1 小时一次，并且不需要配置额外的预热期，这样便能够运行 3 次金丝雀分析，每次运行 1 小时。

（4）对金丝雀分析要配置两个阈值。

- Marginal：金丝雀分数小于该值，则整个金丝雀阶段失败。
- Pass：最后一次运行的金丝雀分数必须大于该值，金丝雀阶段才能成功。

以上两个阈值对计算准确的分析结果非常重要，我们可以根据自己的应用情况来进行实验，最终得出这两个值，推荐从 Marginal=75、Pass=95 开始。

（5）认真选择要分析的指标。

在开始金丝雀分析时，可以从一个指标开始，但从长远来看，金丝雀分析应该包含多个指标。

不同的指标可以反映不同的程序运行状态，例如在 Google SRE 手册中定义的 4 个"黄金信号"：延迟（Latency）、流量（Traffic）、错误（Error）、饱和度（Saturation）。

如果某些指标很重要，那么应该将其放在金丝雀的配置中。

（6）创建一组标准且可复用的金丝雀配置。

金丝雀配置起来非常烦琐和复杂，并不是所有项目组的开发人员都懂得如何配置，因此为他们提供一组标准且可复用的配置就尤其重要。

（7）使用回顾性的分析类型来加快调试速度。

金丝雀分析一般需要很长的时间，调试它们也同样需要很长的时间，主要原因是金丝雀阶段需要进行长时间的分析才能得出可信的值。

要加快调试速度，可以使用回顾性的分析代替实时分析，回顾性的分析方法可以基于历史的指标数据快速计算得出金丝雀分数，而不需要等待生成新的指标数据，使用该模式可以对金丝雀配置更快地进行迭代和改进。

（8）用于金丝雀分析的推荐配置的值。

如表 7-1 所示。

表 7-1 推荐配置的值

配 置	推荐值
Lifetime	3h
Pass score	95
Marginal score	75
Delay	0 min
Interval	60 min
Lookback Type	use lookback

这些推荐的值并不是最佳实践,而是开始使用金丝雀分析推荐的起始配置值。

7.7 本章小结

作为持续部署中一种重要的部署策略,金丝雀分析是非常值得我们学习和研究的。

在本章中,通过引入 Netflix 的金丝雀部署实践讲解了金丝雀分析所需的条件,继而根据该条件设计了 Spinnaker 流水线。

要实施金丝雀分析,难点在于如何配置金丝雀分析。本章通过 Demo 案例深入讲解了如何为金丝雀提供 CPU 和内存的指标分析,通过创建金丝雀阶段阐述了如何使用金丝雀配置,以及在该阶段中的一些配置难点。

最后,本章对实施金丝雀的最佳实践提供了一些见解。

在实际项目中,实施自动金丝雀分析是比较困难的,这要求生产环境中已有指标收集系统(例如 Prometheus)作为前提条件,同时,对于金丝雀各参数的配置也需要使用实际的项目进行进一步实验,才能得出和项目相匹配的金丝雀配置。

08

混沌工程

混沌工程是测试生产环境稳定性的试金石，其最佳的实施阶段是在持续部署阶段。利用混沌工程能够主动找出生产环境的瓶颈，从而达到优化系统的效果。

最早提出混沌工程的团队是 Netflix，这也是 Spinnaker 的创始团队，Spinnaker 和混沌工程有着千丝万缕的联系，在 Netflix 内部，正是由 Spinnaker 在持续部署阶段来控制和运行混沌工程的。

本章会先对这门新兴学科做简单的介绍，进而深入讲解如何在 Spinnaker 中实施混沌工程。

8.1 理论基础

要了解什么是混沌工程，有必要先了解其概念定义及发展历程，本节将从这两方面对混沌工程进行阐述。

8.1.1 概念定义

混沌工程最早起源于 Netflix，可以说它是由 Netflix 开创的一门新兴学科，目前已经被云原生计算基金会（CNCF）收录在云原生技术方向内。

Netflix 对混沌工程的定义是："混沌工程是一门新兴的技术学科，它的初衷是通过实验性的方法，让人们建立复杂分布式系统能够在生产环境抵御突发事件的信心"。

直白地说，混沌工程是一种在生产环境中模拟各种分布式系统的故障（例如磁盘 I/O 故障、CPU 飙升、磁盘打满、网络延迟等），但又把故障控制在一定的范围内的工程实践。

混沌工程通过建立一套科学的技术方法,在云基础设施上直接进行实验,主动找出分布式系统中脆弱的环节。这种实验能为我们建立更具弹性的系统,同时也让我们掌握分布式系统的运行规律。

8.1.2 发展历程

2008 年,Netflix 开始将自建的数据中心迁移到 AWS,由于将多区高可用下沉给云提供商来保障,Netflix 便尝试在生产环境中开展一些分布式系统的弹性测试,以此来验证云提供商宣称的高可用、多区保障等服务,该实践过程的方法后来被称为混沌工程。

混沌工程在 Netflix 的发展历程如图 8-1 所示。

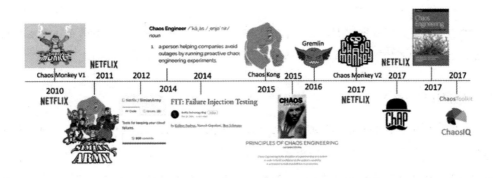

图 8-1　Netflix 混沌工程发展历程

- 2010 年,Netflix 内部开发了基于 AWS 随机终止 EC2 实例的混沌实验工具——Chaos Monkey。

- 2011 年,Netflix 推出了猴子军团工具集——Simian Army。

- 2012 年,Netflix 向社区开源由 Java 构建的 Simian Army,其中包括 Chaos Monkey V1 版本。

- 2014 年,Netflix 开始正式公开招聘混沌工程师(Chaos Engineer);Netflix 提出了故障注入测试(Fault Insertion Test,FIT),利用微服务架构的特性,控制混沌实验的爆炸半径。

- 2015 年,Netflix 发布 Chaos Kong,模拟 AWS 区域(Region)中断的场景;Netflix 和社区正式提出混沌工程的指导思想——混沌工程原理(Principles of Chaos Engineering)。

- 2016 年,Kolton Andrus(前 Netflix 和 Amazon 混沌工程师)创立了 Gremlin 公司,标志着混沌工程正式商用化。

- 2017 年，Netflix 开源由 Golang 重构的 Chaos Monkey V2 版本，它需要集成 Spinnaker 来使用；Netflix 发布混沌实验自动平台（Chaos Automation Platform，ChAP），可视为应用故障注入测试的加强版；由 Netflix 前混沌工程师撰写的新书《混沌工程》在网上发表；Russell Miles 创立了 ChaosIQ 公司，并开源了 Chaos Toolkit 混沌实验框架。

目前，基于 Netflix 的混沌工程思想，国内外各大厂商（Google、Uber、LinkedIn、Yahoo、Microsoft、PingCAP）都有自己的独特实践。

8.2 为什么需要混沌工程

各种测试方法经过了长期发展，已经形成了体系化的理论基础和实践，为什么还需要混沌工程呢？再者，它和云原生环境中经常使用的故障注入有什么异同点？本节将回答这几个问题。

8.2.1 与测试的区别

在一般的测试中，我们需要先归纳测试方法，生成测试用例，对每种预期会发生的系统故障进行测试。

我们经常会使用条件和断言进行测试，例如单元测试、接口测试、UI 测试等。这些测试都需要使用条件判断、预期结果、测试是否通过的二元结果进行描述。

而混沌工程是一种无法提前得知结果，主动找出分布式系统脆弱环节的测试方法，这与传统意义上的测试有着本质上的区别。

8.2.2 与故障注入的区别

相比传统测试，故障注入去除了二元化的思想，故障注入的结果一般不会直接使用"是否通过"来表述，而是针对某一种常见的故障类型进行测试，典型的使用故障注入的场景如下。

- 微服务之间的通信故障。
- 请求超时。
- 请求故障。

但我们会发现，不管是测试还是故障注入，都缺少对分布式系统检验的另一种描述——非故障类的场景，例如资源竞争、节点随机返回异常响应、流量激增、磁盘 I/O 异常、数据中心或云可用区异常、节点网络异常延迟等。

遭遇以上场景时，分布式系统并不会立即发现问题或收到用户反馈，而是慢慢积累到最后的某几个服务异常，最终导致雪崩效应，服务彻底不可用。

8.2.3 核心思想

为了解决上述问题，混沌工程利用自动化的工具模拟生产环境非故障的混沌状态，挖掘系统未知或者尚不明确的反应，典型的例子如下。

- 模拟整个云服务区或者整个数据中心故障。
- 针对某个时间段，针对某些服务注入特定的延时。
- 针对一些微服务随机抛出一些异常。
- 强迫节点的时间不同步。
- 模拟节点的 I/O 错误或延迟。
- 模拟节点 CPU 或内存的超负荷状态。

混沌工程的核心思想是给分布式系统制造一种混沌状态，根据不同的结构和业务进行不同的实验，得出不同的结果。

8.3 五大原则

对于混沌工程，并不像工程实践中那样能够提供最佳的实践案例，Netflix 在长期实验的过程中总结了混沌工程的五大原则。

要实施混沌工程，建议遵循如下五大原则进行实验。

8.3.1 建立稳定状态的假设

任何一个微服务或者系统都有一个稳定状态的标准，用于判断系统或者业务是否正在正常运行。

通常，针对系统层级，我们会以 CPU、内存、网络 I/O 等信息来判断系统是否正常运行，这些指标有助于我们诊断性能问题。

但最重要的一点是，这些指标能回答以下业务问题吗？

- 用户是否正在流失？
- 网站的关键功能（例如购物车、下单和支付）正常吗？
- 是否有部分服务高延迟导致用户无法使用我们的系统？

因此，我们需要针对自己的业务来定义系统稳定状态的假设。例如，Amazon 和 eBay 会跟踪销量、支付成功订单数，Google 和 Facebook 会跟踪广告的曝光次数等。

如果你是一家 API 提供商，那么很简单，你的稳定状态假设可能就是请求成功率。例如，当请求成功率高于 99.999% 时，当前系统状态是稳定的。

有了以上稳定状态的假设之后，就可以非常方便地对核心指标进行随时监控并且测量偏差值，以便系统随时跟踪及报警，为实施混沌工程是否破坏了当前稳定状态提供了一双"眼睛"。

8.3.2 用多样的现实世界事件做验证

在软件工程中，常见的系统故障或事件大致有硬件故障、功能缺陷、状态转换异常、网络延迟和分区、上行或下行输入大幅波动，以及重试风暴、资源耗尽、服务之间不正常的组合调用、拜占庭故障、资源竞争条件、下游依赖故障等。

可见，软件工程中的故障类型是非常多的。需要注意的是，不管是测试、故障注入，还是混沌工程，都无法彻底阻止这些故障的威胁，但我们可以尽可能减轻它们给软件带来的影响。

最好的方法是，模拟现实生活中经常发生的故障且影响较大的事件，深入了解这些故障和事件，这样就能够解决此类大概率故障和重大事件导致的问题。

8.3.3 在生产环境中进行测试

典型的测试遵循的原则是，寻找软件的缺陷要离生产环境越远越好。因为这样更容易通过调试的方法找到缺陷的根本原因，并且在不影响生产环境的情况下进行修复。

但在混沌工程领域，该原则需要重新被制定：在离生产环境越近的地方实验越好，最理想的情况是直接在生产环境中进行测试。

为什么要在生产环境下进行测试？

我们可以从混沌工程的定义中找到答案：混沌工程的核心目标是建立对生产环境的信心，而不是建立对测试环境或者预发布环境的信心，后面这些环境会削弱实践的价值。要想建立对生产环境的信心，就必须要在生产环境中实施测试。

对于那些因担心混沌工程会导致生产环境宕机而不愿意实施测试的人，我们会以其他的实施原则来打消他们的顾虑——快速终止实验、控制实验的爆炸半径。

8.3.4 快速终止和最小爆炸半径

在实践混沌工程时，应该采用渐进式的方法，每一步实验都建立在前一步的基础之上，这种方式可以不断增强我们对系统的信心。

例如，在一开始进行实践时，我们可以利用分流技术将一部分特定的用户分流至特殊的集群，对这些集群节点进行实验，将影响控制在最小的范围内。一旦观察到这些分流的用户受到了影响，那么可以立即终止分流来中断实验，并将用户流量重新分流到正常集群。

有了以上基础，再进行中型和大型的实验，以调整实验的影响半径。

8.3.5 自动化实验以持续运行

混沌工程与测试一样，需要随着每次软件持续交付和部署的过程运行，最好是随着持续部署一起运行，这意味着混沌工程需要实现自动化和持久化。

这样运行的好处是，我们在每次实施混沌工程时，都能够快速得知本次混沌工程的失败是不是因为本次代码变更导致的，这和测试的目标是一致的。

此外，如果混沌工程不是自动化运行的，那么它可能永远不会被运行，因为没有人愿意承担影响生产环境的风险。

因此，混沌工程必须能够自动化、持续性地运行，最理想的情况是能够自动创建不同类型的混沌工程实验。

8.4 如何实现混沌工程

有了以上混沌工程的理论基础，我们就可以开始设计混沌工程了。

实现混沌工程包含以下标准步骤。

- 设计实验步骤。
- 确定熟练度模型。

- 确定应用度模型。
- 绘制成熟度模型。

其中，成熟度模型使用了混沌工程熟练度的定义，在实施混沌工程后，需要根据该模型对自己实施的混沌工程进行熟练度评估。通过绘制成熟度模型，评定所实施的混沌工程的熟练度和效果。

8.4.1 设计实验步骤

如下步骤是 Netflix 在无数次混沌工程实践过程中总结并推荐的标准步骤，对于实施混沌工程而言，应该遵循这些步骤。

（1）选定假设：例如，假设 Redis 集群的某些节点故障不会影响缓存的存取或验证数据库主从配置，在主库发生故障时可以无缝切换到从库。

（2）选定实验范围：在生产环境中选定对象，例如一部分主机阶段、Redis 节点、特定用户等。

（3）识别要监控的指标：基于第一条原则，在选定了稳定的假设之后，我们需要进一步定义什么是稳定状态，便于在实施混沌工程时跟踪指标的波动情况，快速决定继续实验还是终止实验。

（4）在组织内沟通到位：在实施混沌工程时，需要详细列出计划，例如要做什么、在什么时候做、持续多久，并且将计划同步到你的组织中，这有助于打消团队的顾虑，帮助组织建立对混沌工程的信心。

（5）执行实验：执行混沌工程实验，注意观察指标、阈值和报警机制。

（6）分析实验结果：实验结束后，基于选定的假设分析实验结果，例如，在 Redis 某些节点故障的情况下，缓存是否工作正常。

（7）扩大实验范围：当我们在小型实验中获得信心后，可以进一步扩大实验范围。

8.4.2 确定成熟度模型

混沌工程采用成熟度模型（CMM）来评估实施混沌工程的熟练度。

（1）入门级

- 未在生产环境中运行实验。
- 全人工流程。
- 实验结果只反映系统指标，而不是业务指标。

- 只对实验对象注入一些简单事件，例如关闭节点。

（2）简单级

- 用复制的生产流量来运行实验。
- 自助式创建实验，自动运行实验，但需要手动监控和停止实验。
- 实验结果反映聚合的业务指标。
- 对实验对象注入较高级的事件，如网络延迟。
- 实验结果是手动整理的。
- 实验是预先定义好的。
- 有工具支持历史实验组和控制组之间的比较。

（3）高级

- 在生产环境中运行实验。
- 自动分析结果，自动终止实验。
- 实验框架和持续发布工具的集成。
- 在实验组和控制组之间比较业务指标差异。
- 对实验组引入如服务级别的影响和组合式的故障事件。
- 持续收集实验结果。
- 有工具支持交互式地比对实验组和控制组。

（4）熟练

- 在开发流程中的每个环节和任意环境中都可以运行实验。
- 全自动地设计、执行和终止实验。
- 以最小化的影响，集成实验框架和 A/B 测试及其他测试工具。
- 可以注入不同类型的事件，例如对系统的不同使用模式、返回结果和状态的更改等。
- 实验具有动态可调整的范围以寻找系统拐点。
- 实验结果可以用来预测收入损失。

- 实验结果分析可以用来做容量规划。
- 实验结果可以区分不同服务实际的关键程度。

8.4.3 确定应用度模型

应用度用来衡量混沌工程的实验覆盖广度和深度，应用度越高，所能暴露的弱点就越多，我们对生产环境的信心就越充足。

（1）"暗中进行"

- 重要项目不采用。
- 只覆盖了少量系统。
- 组织内部基本没有感知。
- 早期使用者偶尔进行混沌工程实验。

（2）适当投入度

- 实验获得正式批准。
- 工程师兼职进行混沌工程实验。
- 多个团队有兴趣并参与。
- 少数重要服务也会不定期进行混沌工程实验。

（3）正式采用

- 有专门的混沌工程团队。
- 所有故障的复盘都会进入混沌工程框架来创建回归实验。
- 大多数关键服务会定期进行混沌工程实验。
- 偶尔执行实验性的故障复盘验证，例如"比赛日"的形式。

（4）成为文化

- 所有关键服务都高频率进行混沌工程实验。
- 多数非关键服务高频率进行混沌工程实验。
- 混沌工程实验是工程师日常工作的一部分。

- 所有系统组件默认要参与混沌工程实验，不参与则需要特殊说明。

8.4.4 绘制成熟度模型

以应用度为 x 轴，熟练度为 y 轴，可以将成熟度模型分成 4 个象限，如图 8-2 所示。

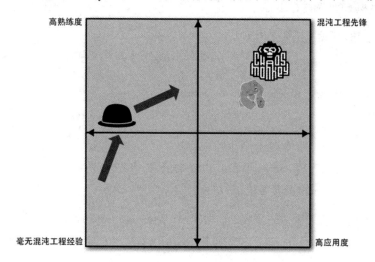

图 8-2　成熟度模型

- 第一象限：混沌工程先锋。
- 第二象限：高熟练度。
- 第三象限：毫无混沌工程经验。
- 第四象限：高应用度。

图中箭头表示实施混沌工程的熟练度过程，从无经验到成为混沌工程先锋。

8.5　在 Spinnaker 中实施混沌工程

在 Spinnaker 中实施混沌工程主要基于外部系统实现，Spinnaker 官方提供了对混沌工程平台 Gremlin 的支持，可以通过在持续部署阶段内插入 Gremlin 阶段进行混沌工程实验。

此外，还可以借助第三方工具实现混沌工程，例如 Chaos Mesh 工具。通过在集群中安装 Chaos Mesh Operator，并在 Deploy 阶段部署混沌工程的 CRD 进行混沌工程实验。

基于 Kubernetes 的混沌工程一般可以分为以下几种类型。

- Pod：Pod 运行失败、Pod 被杀死、容器被杀死。
- 网络：网络中断、网络延迟注入、丢包等。
- 压力：模拟 CPU 和内存压力。
- I/O：注入 I/O 延迟或错误。
- 内核：注入内核级的错误。
- DNS：注入 DNS 解析故障。

8.5.1 Gremlin

Gremlin 是一款混沌工程 SaaS 平台，由亚马逊和 Netflix 的混沌工程技术专家搭建。在 Spinnaker 中，可使用 Gremlin 阶段来调用 Gremlin 混沌工程实验。

要使用 Gremlin，首先需要在该平台上注册账户。以在 Kubernetes 中实施混沌工程为例，首先需要为 Kubernetes 集群安装 Gremlin，推荐使用 Helm 工具进行安装，步骤如下。

（1）添加 Gremlin Helm Repo。

```
helm repo add gremlin https://helm.gremlin.com
```

（2）为 Gremlin 创建命名空间。

```
kubectl create namespace gremlin
```

（3）部署 Gremlin。

```
helm install gremlin/gremlin \
--name gremlin \
--namespace gremlin \
--set gremlin.secret.managed=true \
--set gremlin.secret.type=secret \
--set gremlin.secret.teamID=$GREMLIN_TEAM_ID \
--set gremlin.secret.clusterID=$GREMLIN_CLUSTER_ID \
--set gremlin.secret.teamSecret=$GREMLIN_TEAM_SECRET
```

注意将 GREMLIN_TEAM_ID、GREMLIN_CLUSTER_ID 和 GREMLIN_TEAM_SECRET 替换为对应的值。

部署完成后，在 Gremlin 控制台上创建 API Keys 以便 Spinnaker 调用，如图 8-3 所示。

图 8-3　Gremlin 控制台

（4）为集群安装完 Gremlin 后，接下来为 Spinnaker 开启 Gremlin 功能支持。

```
hal config features edit --gremlin
```

（5）重新部署 Spinnaker。

```
hal deploy apply
```

选择 Gremlin 阶段，并在 API Key 处输入内容，单击"Fetch"获取 Gremlin Target Template 和 Gremlin Attack Template，即可实现调用，如图 8-4 所示。

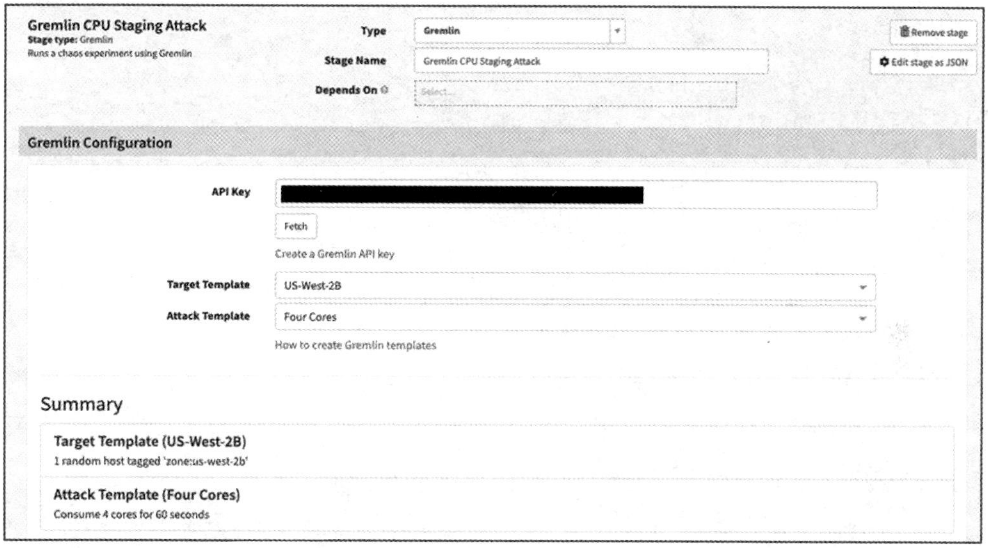

图 8-4　Gremlin 阶段

8.5.2　Chaos Mesh

除了使用 Gremlin，还可以选择开源产品 Chaos Mesh 作为混沌工程工具。

Chaos Mesh 是一个云原生的混沌工程平台，可在 Kubernetes 环境中进行混沌工程实验，它具有以下组件。

- Chaos Operator：混沌工程的编排组件，完全开源。
- Chaos Dashboard：一个用于管理、设计、监视混沌工程的 Web UI，正在开发中。

Chaos Mesh 通过自定义 CRD 来实现混沌工程，例如要进行随机杀死 Pod 的混沌工程实验，可以通过向集群提交以下 CRD 来实现。

```yaml
apiVersion: chaos-mesh.org/v1alpha1
kind: PodChaos
metadata:
  name: pod-kill-example
  namespace: chaos-testing
spec:
  action: pod-kill
  mode: one
  selector:
    namespaces:
      - tidb-cluster-demo
    labelSelectors:
      'app.kubernetes.io/component': 'tikv'
  scheduler:
    cron: '@every 1m'
```

集群内的 Chaos Operator 将监听这些自定义 CRD，并根据配置信息运行混沌工程实验。

这意味着借助 Chaos Mesh，可以使用 Spinnaker Deploy 阶段来进行混沌工程实验。要使用 Chaos Mesh，首先需要为 Kubernetes 集群安装该组件。

（1）安装 Chaos Mesh，在已配置好 kubectl 并能够与集群通信的计算机上运行以下命令。

```
$ curl -sSL https://mirrors.chaos-mesh.org/v1.1.1/install.sh | bash
```

（2）运行以下命令，如果列表中的 3 个组件的 STATUS 均为 Running 状态，则说明安装成功。

```
$ kubectl get pod -n chaos-testing

NAME                                          READY   STATUS    RESTARTS   AGE
chaos-controller-manager-6d6d95cd94-kl8gs     1/1     Running   0          3m40s
chaos-daemon-5shkv                            1/1     Running   0          3m40s
chaos-dashboard-d998856f6-vgrjs               1/1     Running   0          3m40s
```

安装完成后，创建 Spinnaker 的 Deploy 阶段，如图 8-5 所示。

图 8-5　Deploy 阶段

并设置 Manifest Source 为 Text，在其下方输入要运行的混沌工程 Manifest，例如每 30 秒对 1 核 CPU 实施高负载的混沌工程。

```yaml
apiVersion: chaos-mesh.org/v1alpha1
kind: StressChaos
metadata:
  name: burn-cpu
  namespace: chaos-testing
spec:
  mode: one
  selector:
    namespaces:
      - tidb-cluster-demo
  stressors:
    cpu:
      workers: 1
  duration: '30s'
  scheduler:
    cron: '@every 2m'
```

在 Spinnaker 中的配置如图 8-6 所示。

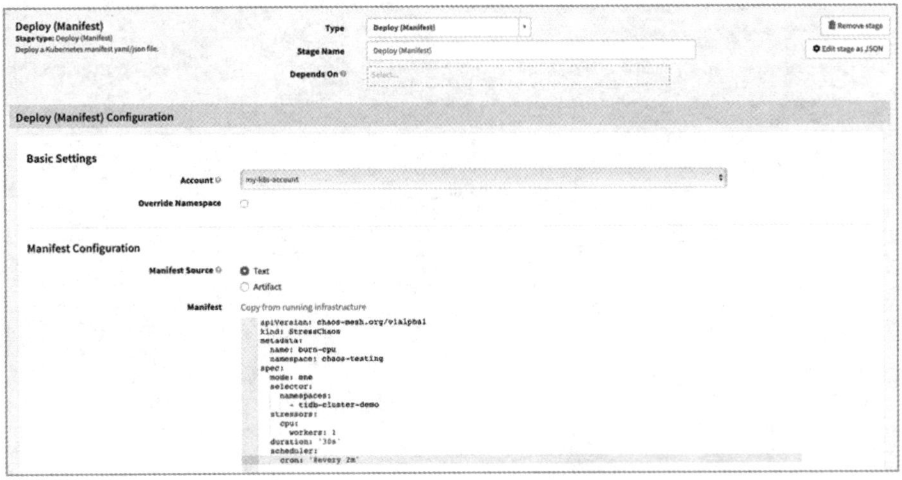

图 8-6　Chaos Mesh CRD

通过以上配置，便实现了将 Chaos Mesh 与 Spinnaker 的持续部署流水线整合。在每次持续部署流水线被触发时，都能够运行混沌工程对系统进行故障模拟，及时发现生产环境的弱点和瓶颈。

8.6　本章小结

传统的测试手段已无法满足云原生架构下的应用测试需求，本章介绍了一种全新的工程实践——混沌工程。

本章首先介绍了混沌工程的理论基础，阐述了混沌工程的概念和发展历程，通过与测试和故障注入的区别进行对比，进一步阐述了混沌工程的优势。

其次，从实践的角度介绍了实施混沌工程的五大原则、如何设计实验步骤及确定成熟度模型。

最后，介绍了在 Spinnaker 中实施混沌工程的两种方法——Gremlin 和 Chaos Mesh。

09

使部署更加安全

到目前为止，相信读者已经能够在日常不同的部署场景中使用 Spinnaker 来实施持续部署了。

自动化是实施持续部署带来的重要好处之一。此外，若想在每次部署时都有绝对的信心，我们还需要有适当的安全措施，确保自动化部署不会在任何情况下破坏生产环境或使用户受到负面影响。

在本章中，将阐述如何借助 Spinnaker 提供的安全发布相关功能，使发布更加安全可靠。

9.1 集群部署

通过一些措施可以更加安全地部署或者删除新版本的应用，在 Spinnaker 的云模型中，集群的新服务器组将被映射到新版本的软件中，我们可以对其进行检查以确保可用性。

Spinnaker 支持的部署策略有红黑（蓝绿）部署、滚动红黑部署、Highlander 策略、自定义策略。

此外，为持续部署配置回滚策略能够避免部署失败的错误，回滚策略并不是必需的。对于 Kubernetes 平台，新部署的服务一旦出现启动失败的问题，平台就不会接收到生产流量。

为持续部署配置时间窗口，用于避免在业务高峰期或节假日触发自动化部署，在这两种场景下，应尽可能避免新版本发布。

9.1.1 部署策略

Spinnaker 内置了部分高级部署策略，可以为持续部署提供弹性，同时还能提高生产环境的稳定性。回顾 Spinnaker 高级部署策略，如图 9-1 所示。

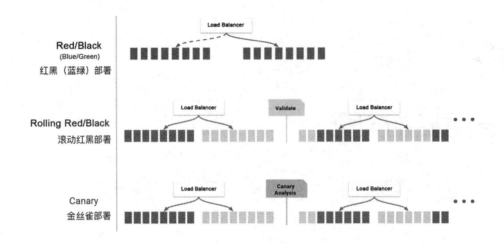

图 9-1　Spinnaker 高级部署策略

红黑部署也称蓝绿部署，其主要策略是部署一套新版本的集群，并将流量切换到新的集群中，同时旧的集群会被禁用，但仍会被保留。

红黑部署是一种原子性的部署，所有流量都将从旧的版本立即切换到新的版本，该策略对回滚非常有帮助，因为之前运行的旧版本集群仍然存在并处于"热备"中，只需要更改负载均衡的集群便能够进行快速回滚。当然，这种策略的缺点是需要为"热备"的集群提供固定的资源。

与红黑部署不同的是，滚动红黑部署的流量切换过程是渐进式的，逐渐增加新版本的流量，直到部署完成为止。

接下来，我们将在 Spinnaker 中实施红黑部署，步骤如下。

（1）为本次实验创建命名空间。

```
$ kubectl create namespace bluegreen
```

（2）进入应用，单击左侧的"LOAD BALANCERS"，然后单击右侧的"Create Load Balancer"，创建 Service，如图 9-2 所示。

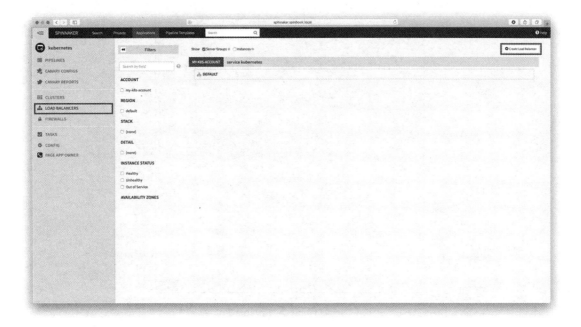

图 9-2 创建 Service

在弹出的对话框中输入以下内容，创建 Service，如图 9-3 所示。

```
kind: Service
apiVersion: v1
metadata:
  name: my-service
  namespace: bluegreen
spec:
  selector:
    app: myapp
ports:
- protocol: TCP
  port: 80
```

图 9-3　创建 Service

然后单击"Create"按钮，实施创建。

（3）进入应用，单击左侧的"CLUSTERS"，单击右侧的"Create Service Group"，创建 Service Group，如图 9-4 所示。

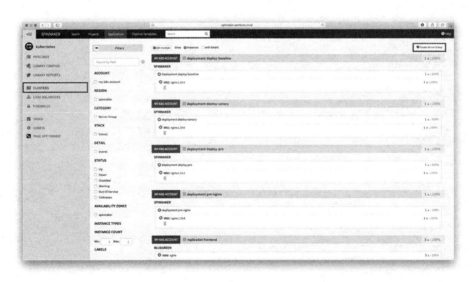

图 9-4　创建 Service Group

将以下内容输入对话框中，创建 Service Group，如图 9-5 所示。

```
apiVersion: apps/v1
kind: ReplicaSet
metadata:
  name: frontend
  namespace: bluegreen
  labels:
    tier: frontend
spec:
replicas: 3
selector:
  matchLabels:
    tier: frontend
template:
  metadata:
    labels:
      tier: frontend
  spec:
    containers:
    - name: frontend
      image: nginx
```

图 9-5　创建 Service Group

单击"Create"按钮,实施创建。部署完成后,运行命令确认部署状态,当列表中所有 Pod STATUS 均为 Running 时,说明部署完成。

```
$ kubectl get pods -n bluegreen

NAME                    READY   STATUS    RESTARTS   AGE
frontend-v000-djwds     1/1     Running   0          29m
frontend-v000-ljn4b     1/1     Running   0          29m
frontend-v000-sb9nl     1/1     Running   0          29m
```

注意,此时创建的 ReplicaSet 并没有 app:myapp selector,将由 Spinnaker 进行关联。

(4)创建名为 blue green 的流水线,并添加 Deploy (Manifest)阶段,设置 Manifest Source 为 Text,在其下方输入以下内容,如图 9-6 所示。

```yaml
apiVersion: apps/v1
kind: ReplicaSet
metadata:
  annotations:
    strategy.spinnaker.io/max-version-history: '2'
  labels:
    tier: frontend
  name: frontend
  namespace: bluegreen
spec:
  replicas: 3
  selector:
    matchLabels:
      tier: frontend
  template:
    metadata:
      labels:
        tier: frontend
    spec:
      containers:
        - image: nginx
          name: frontend
```

图 9-6 Deploy (Manifest)阶段

其中，max-version-history 意为保留最新的两个版本。

（5）找到下方的 Rollout Strategy Options 区域，为蓝绿发布提供配置，如图 9-7 所示。

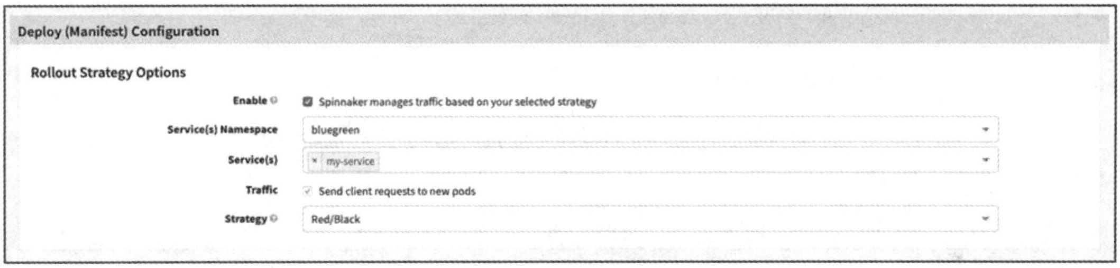

图 9-7 发布策略

- Enable：启用发布策略。
- Service(s) Namespace：选择"bluegreen"。
- Service(s)：选择之前创建的"my-service"。
- Traffic：勾选"Send client requests to new pods"。
- Strategy：选择"Red/Black"。

（6）为该流水线配置 Disable (Manifest)阶段，禁用蓝绿部署中的老版本，如图 9-8 所示。

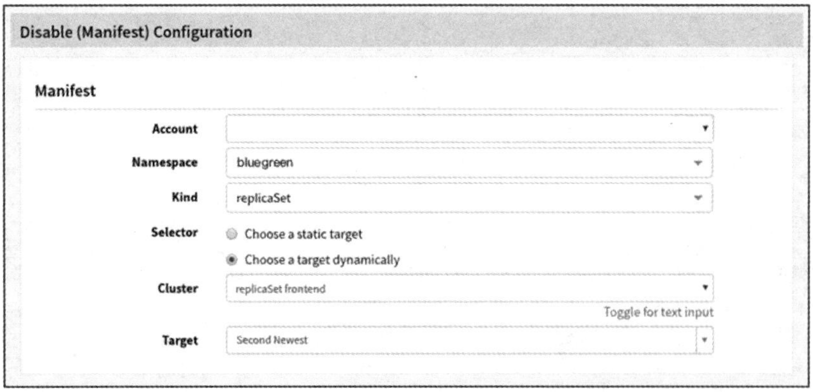

```
Disable (Manifest) Configuration

Manifest
        Account   [                              ▼]
      Namespace   [bluegreen                     ▼]
           Kind   [replicaSet                    ▼]
       Selector   ○ Choose a static target
                  ● Choose a target dynamically
        Cluster   [replicaSet frontend           ▼]
                                    Toggle for text input
         Target   [Second Newest                 ▼]
```

图 9-8 Disable (Manifest)阶段

- Account：选择云账号。

- Namespace：选择"bluegreen"。

- Kind：选择"replicaSet"。

- Selector：勾选"Choose a target dynamically"。

- Cluster：选择之前部署的"replicaSet frontend"。

- Target：设置为"Second Newest"。

（7）运行流水线，此时将观察到在第一个阶段完成后，利用 kubectl get pods -n bluegreen 命令能够得到两个应用版本。

```
NAME                    READY    STATUS    RESTARTS   AGE
frontend-v000-djwds     1/1      Running   0          35m
frontend-v000-ljn4b     1/1      Running   0          35m
frontend-v000-sb9nl     1/1      Running   0          35m
frontend-v001-h4zrh     1/1      Running   0          42s
frontend-v001-h8f7v     1/1      Running   0          42s
frontend-v001-hkzsb     1/1      Running   0          42s
```

其中，frontend-v000 是手动创建的 Service Group，frontend-v001 是流水线第一个阶段部署的副本。

运行 kubectl describe pods frontend-v001-hkzsb -n bluegreen 将输出如下内容。

```
Name:         frontend-v001-hkzsb
Namespace:    bluegreen
Priority:     0
Node:         kind-control-plane/172.18.0.2
```

```
Start Time:     Thu, 18 Feb 2021 13:21:11 +0800
Labels:         app=myapp
......
```

可见 Spinnaker 自动为该副本创建了 app=myapp Labels，这样之前部署的 Service 就可以使用 app=myapp 选择器来管理副本的流量了。

（8）再次运行流水线，观察效果。

运行 kubectl get pods -n bluegreen 将返回以下结果。

```
NAME                   READY   STATUS    RESTARTS   AGE
frontend-v002-dggpb    1/1     Running   0          33s
frontend-v002-hpfpr    1/1     Running   0          33s
frontend-v002-pwv9d    1/1     Running   0          33s
```

v001 版本已被删除，只保留了两个版本。并且 frontend-v001-hkzsb Pod 的 Labels 已被删除，取而代之的是 v002 版本的副本被添加 app=myapp Labels。

同时，在 Spinnaker 集群页显示不同的版本，如图 9-9 所示。

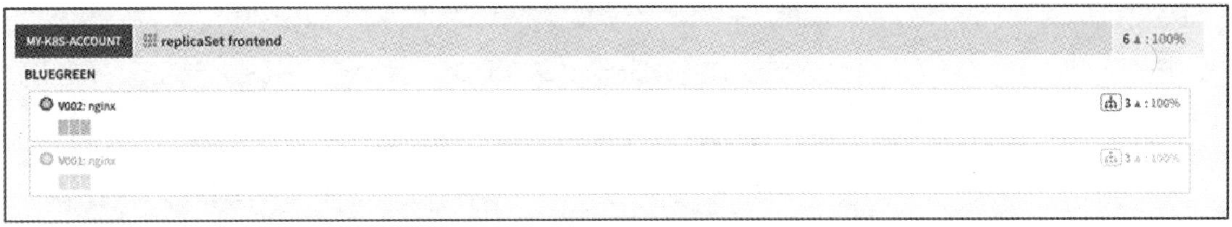

图 9-9　Clusters 集群信息

集群信息表示 v002 版本正对外提供服务，而 v001 版本属于"热备"的旧版本。

此外，在 CLUSTERS 页面中能够方便地对工作负载进行管理，例如要重新启用 v001 版本，那么只要选中该版本的副本，单击右侧的"Replica Set Actions"，在下拉菜单中选择"Enable"，即可重新启用该版本。此时也可以禁用 v002 版本，这样便实现了快速回滚，如图 9-10 所示。

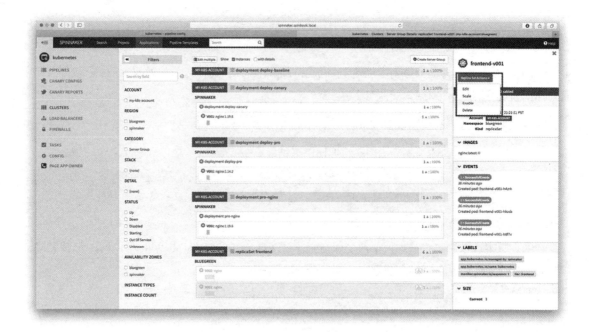

图 9-10　Spinnaker 集群管理

至此，我们完成了在 Spinnaker 上实施蓝绿部署。

9.1.2　回滚策略

一旦部署到生产环境的应用出现了故障或者未达到预期的效果，为了减少对生产环境的影响并快速响应故障，就需要一种能够快速回滚部署的机制。

在 Spinnaker 中，为安全部署提供了两种回滚机制——临时手动回滚、自动回滚。

其中，临时手动回滚可以在 CLUSTERS 页面中进行操作。以 Deployment 为例，选中要回滚的集群，单击右侧的"Deployment Actions"，在下拉菜单中选择"Undo Rollout"，如图 9-11 所示。

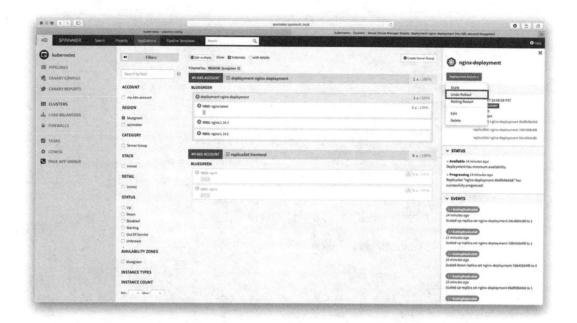

图 9-11 Undo Rollout

选择要回滚的版本（Revision），如图 9-12 所示。

至此即完成了临时回滚操作。

自动回滚需要基于 Undo Rollout 阶段来实现，下面通过实现一个简单的 Demo 来演示自动回滚。

（1）创建名为"undo rollout"的流水线，并配置 Parameters，如图 9-13 所示。

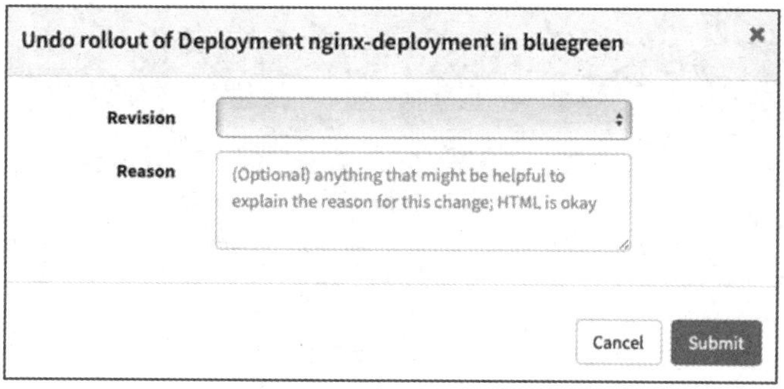

图 9-12 选择回滚版本

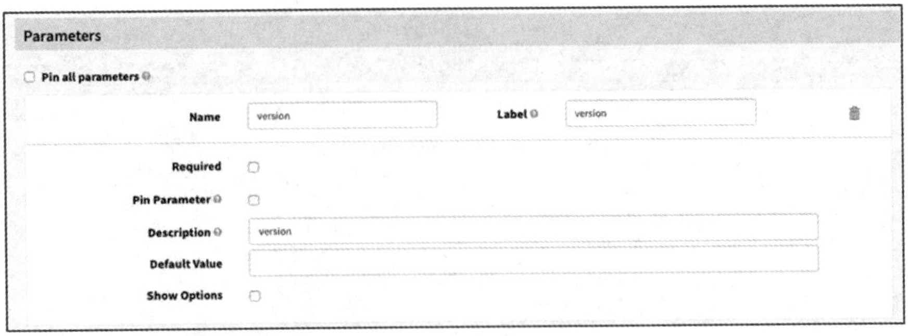

图 9-13　配置流水线参数

其中，将 Name 设置为"version"，将在后续的阶段中使用。

（2）添加 Deploy (Manifest)阶段，并输入以下内容，如图 9-14 所示。

```
apiVersion: apps/v1
kind: Deployment
metadata:
  name: nginx-deployment
  namespace: bluegreen
spec:
  replicas: 1
  selector:
    matchLabels:
      app: nginx
  template:
    metadata:
      labels:
        app: nginx
    spec:
      containers:
        - image: 'nginx:${ parameters.version }'
          name: nginx
          ports:
            - containerPort: 80
```

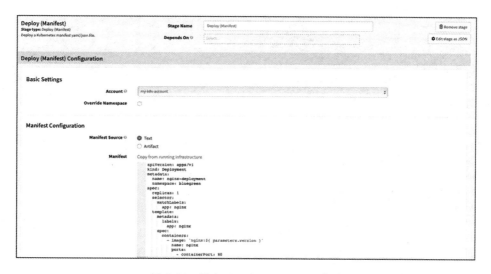

图 9-14　添加 Deploy (Manifest)阶段

其中，nginx 镜像版本来源于参数 verison。

（3）继续添加 Manual Judgement（人工确认）阶段，为是否执行自动回滚提供人工确认，如图 9-15 所示。

界面中为该阶段提供了两个选项，分别为"是"和"否"，对应是否继续执行自动回滚阶段。

（4）最后添加 Undo Rollout (Manifest)阶段，配置当前工作负载的相关信息，如图 9-16 所示。

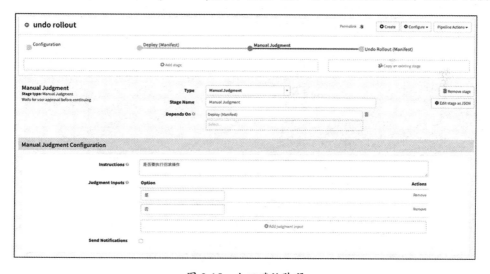

图 9-15　人工确认阶段

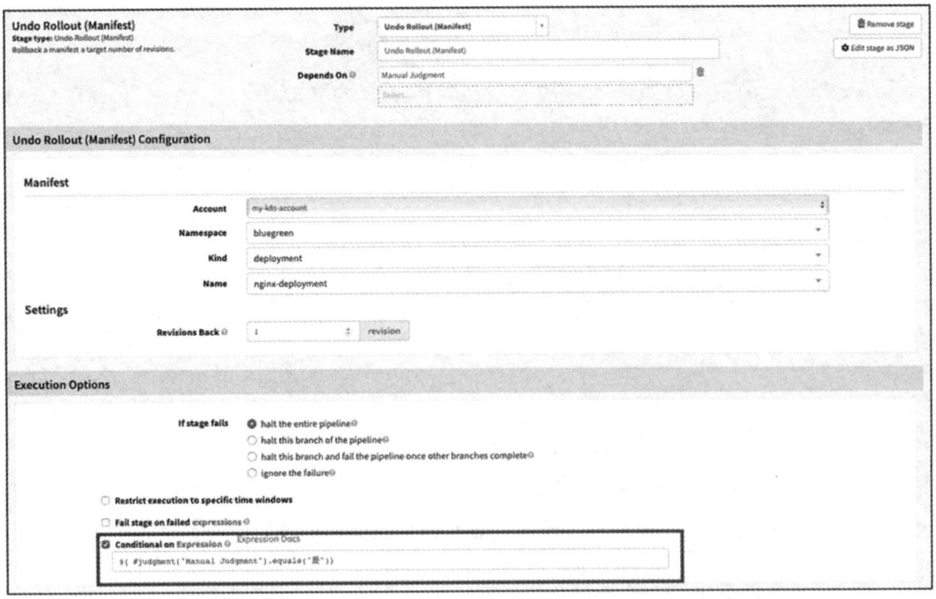

图 9-16　Undo Rollout (Manifest)阶段配置

重点为该阶段配置 Conditional on Expression 表达式 ${ #judgment("Manual Judgment").equals("是")}，这意味着仅当在人工确认阶段选择"是"的情况下，才会执行自动回滚阶段。

（5）运行该流水线，并提供运行参数，例如 stable，如图 9-17 所示。

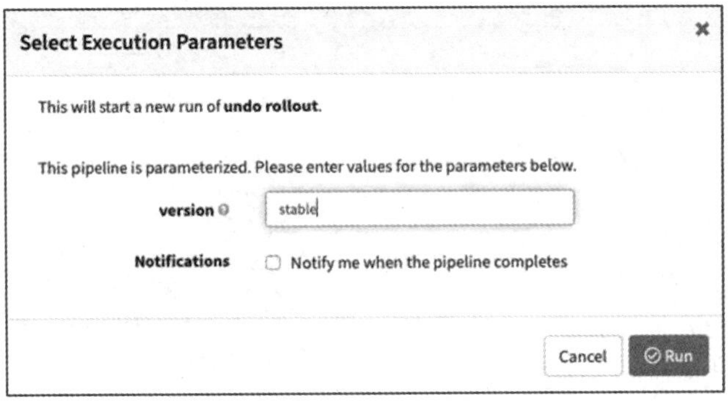

图 9-17　运行流水线

当部署完成后，当前工作负载的镜像版本已更新为 nginx:stable，运行至人工确认阶段，将弹出是否需要进行回滚操作的对话框，选择"是"即可自动回滚到上一版本，如图 9-18 所示。

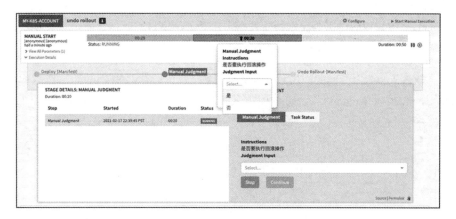

图 9-18　人工确认阶段

（6）最终，流水线运行完成后，将自动回滚至部署前的版本，如图 9-19 所示。

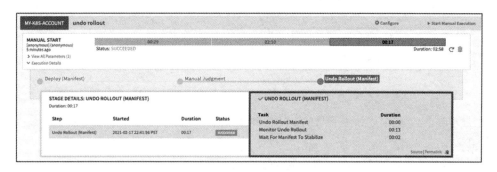

图 9-19　自动回滚

Spinnaker 的两种快速回滚机制使部署变得更加安全，对于已经产生影响的部署，提供迅速恢复到上一版本的能力，尽可能减少故障带来的损失。

9.1.3　时间窗口

在日常持续部署环节中，我们一般会根据业务情况选择业务低谷期和工作日来实施部署。

其中，选择业务低谷期是为了减少部署故障带来的损失，而选择工作日是为了一旦出现故障，能够找到对应的负责人进行快速处理。

对于自动化持续部署环节，一旦流水线被触发器触发，就会运行完整的部署流程。而在上游触发器中，可能会发生某个开发人员的代码提交、构建错误或者手动误触等，为了防止在不恰当的时间段触发流水线，控制持续部署的时间窗口就显得尤其重要。

在 Spinnaker 中，我们可以为流水线阶段配置部署时间窗口，确保该阶段仅在期望的时间段内运行。

进入流水线配置页，以 Deploy (Manifest)阶段为例，在"Execution Options"区域勾选"Restrict execution to specific time windows"，如图 9-20 所示。

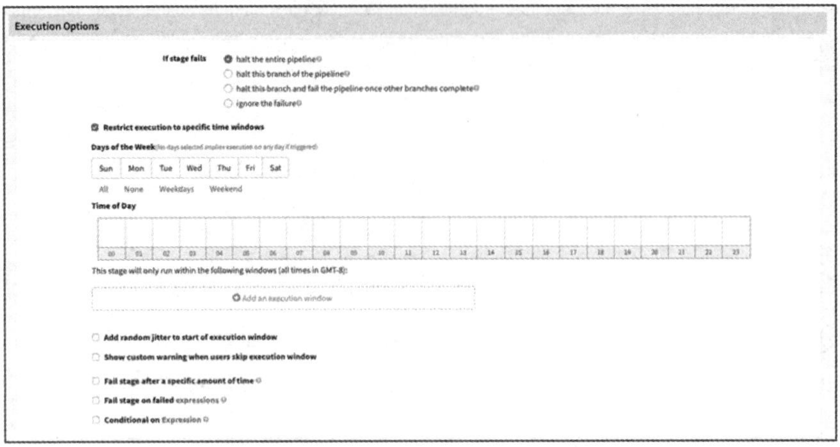

图 9-20　配置阶段可运行时间窗口

- Days of the Week：选择要部署的日期，例如从周一到周五。
- Time of Day：选择要部署的时间段，例如从 8:00 至 14:00。

配置部署时间窗口后，Spinnaker 将以图形化界面展示，如图 9-21 所示。

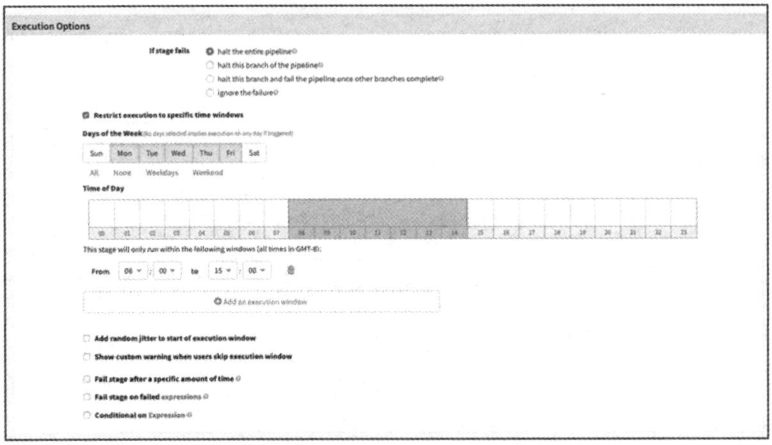

图 9-21　配置阶段可运行时间窗口

保存流水线，当不在时间窗口内运行流水线时，将出现提示，如图 9-22 所示。

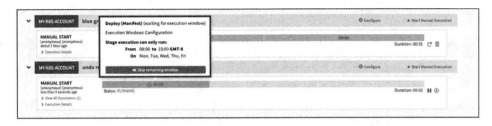

图 9-22　部署不在时间窗口的提示

如果因特殊情况需要发布，可以单击"Skip remaining window"，即跳过时间窗口继续发布。

至此，我们完成了部署时间窗口的配置。

部署时间窗口通过对持续部署流水线运行时间进行限制，将部署行为控制在符合业务和团队期望的时间内，提高了部署的安全性。

9.2　流水线执行

流水线是运行持续部署的载体，除了提高部署行为本身的安全性，还需要进一步考虑流水线的安全性。流水线的安全性主要体现在以下方面。

- 并发执行流水线。
- 锁定流水线。
- 禁用流水线。
- 人工确认。
- 阶段条件判断。
- 账户授权。

其中，部分内容已在此前的章节中阐述，本章将围绕上述几个方面进一步解释流水线的安全性。

9.2.1　并发

默认情况下，Spinnaker 创建的流水线是不允许并发的，也就是说，当运行多条流水线时，在同一时间内只有一条流水线会被运行，其他的流水线将处于等待状态，如图 9-23 所示。

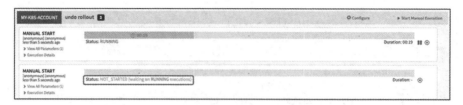

图 9-23　流水线并发等待

同时多次执行同一条流水线可能会出现意想不到的结果，因为它们会尝试修改同一个工作负载，而由于阶段运行时间的不确定性，将无法确定哪条流水线是最终生效的流水线。

当然，在某些特殊场景下，如果需要流水线支持并发执行，可以在流水线上进行配置，取消选中 "Disable concurrent pipeline executions (only run one at a time)" 复选框，如图 9-24 所示。

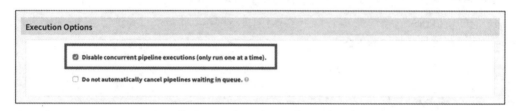

图 9-24　配置流水线支持并发

9.2.2　锁定

对于一条重要的持续部署流水线，我们需要确保它不会被随意修改，避免人为修改导致故障。

为此，Spinnaker 为用户提供了锁定流水线的功能，在流水线的配置页中单击 "Pipeline Actions"，在下拉菜单中选择 "Lock" 即可锁定流水线，如图 9-25 所示。

图 9-25　锁定流水线功能入口

在选择锁定流水线时，可输入锁定描述，以便显示锁定原因，以及是否支持在 Deck UI 中解锁。如果不选中 Unlock via UI，则只能通过 Spinnaker API 对其进行解锁，如图 9-26 所示。

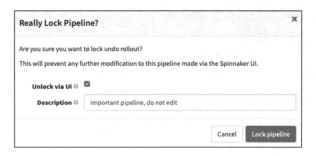

图 9-26　锁定流水线

锁定流水线后，编辑流水线时将出现锁定提示，流水线处于不可编辑状态，如图 9-27 所示。

图 9-27　锁定流水线

在由外部系统或以编程的方式来管理和生成流水线时，锁定流水线是非常有用的。

9.2.3　禁用

当流水线需要修改或维护，并且在维护过程中不希望流水线被触发时，可以使用流水线的禁用功能。

要禁用流水线，需要进入流水线的配置页，单击"Pipeline Actions"，在下拉菜单中选择"Disable pipeline"，在弹出的对话框中单击"Disable pipeline"，如图 9-28 所示。

当流水线被禁用时，该流水线的所有触发器将失效，同时，手动运行按钮也将消失，如图 9-29 所示。

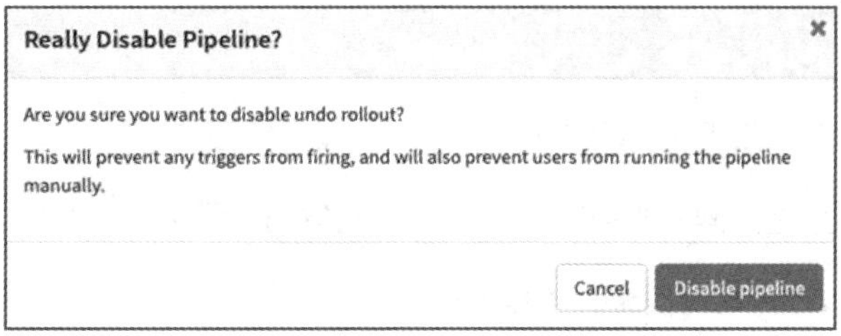

图 9-28　禁用流水线

图 9-29　禁用流水线状态

当流水线维护结束后，可以重新启用它们，此时触发器将重新生效。

9.2.4　阶段条件判断

阶段条件判断主要用于控制流水线在什么条件下能够运行，或者根据上下文执行特定的任务。例如，当只有源代码被推送到 main 分支时才运行 Jenkins 阶段构建 CI。

在 Spinnaker 中，每个阶段都可以配置阶段条件判断，该配置项为 "Conditional on Expression"，如图 9-30 所示。

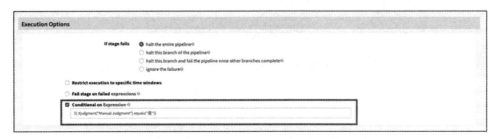

图 9-30　阶段条件判断

阶段条件判断能够使用表达式来获取上下文的任意内容，相当于为该阶段配置了 IF 判断条件，如果表达式为 true，那么该阶段会被运行；如果表达式为 false，那么该阶段会被跳过。

阶段条件判断为阶段配置运行条件，这样在意外触发流水线时，关键阶段不会被意外执行，也就不会导致不可变制品或关键信息被意外覆盖，这在一定程度上提高了流水线的部署安全性。

9.2.5　人工确认

对于一些需要人工介入来保证部署安全的情况，可以使用人工确认阶段。

人工确认的主要作用是询问用户是要继续执行还是取消，常见的场景如下。

- 发布完成后确认是否需要自动回滚操作。
- 是否需要运行额外的附加测试。

- 分支阶段流程控制，根据人工确认所选值运行不同的分支流程。

此外，人工确认可预置选项值，这意味着下游阶段可以利用该值进行控制，例如控制新版本副本数量，滚动发布时控制 maxSurge 的百分比等。

在一次完整的持续部署流程中，甚至可以使用人工确认来实现不同职能介入的流转。例如，当部署到预发布环境和生产环境时，添加人工确认阶段通知测试人员进行验收及确认。

通过将人工确认阶段和其他阶段条件判断相结合，能够动态运行或跳过流水线特定阶段，实现动态流水线。

下面将用实际案例阐述人工确认的实际使用场景。

- 团队负责人在部署前人工确认。
- 人工确认用于控制不同的部署阶段流程。

首先，以团队负责人在部署前人工确认为例，我们按照如下步骤进行操作。

（1）创建名为"Safe Deployment" 的流水线，为其创建第一个人工确认阶段，如图 9-31 所示。

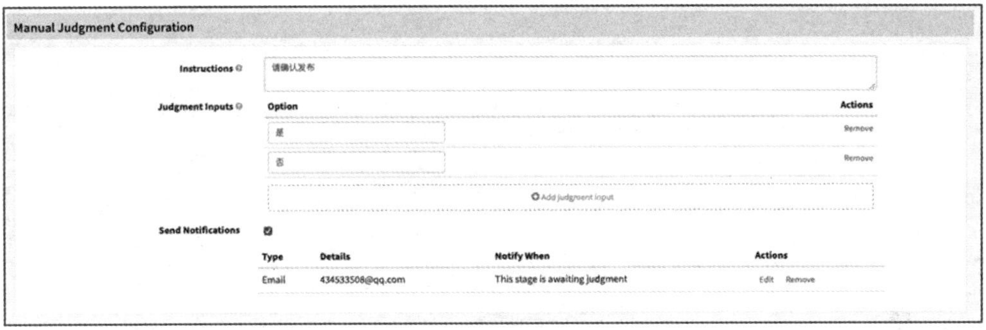

图 9-31 添加人工确认阶段

为该阶段提供如下配置。

- Instructions：输入"请确认发布"。
- Judgment Inputs：创建两个选项，分别为"是"和"否"。
- Send Notifications：使用邮件的方式通知团队负责人，并设置"This stage is awaiting judgment"。

（2）继续添加 Wait 阶段模拟部署任务，如图 9-32 所示。

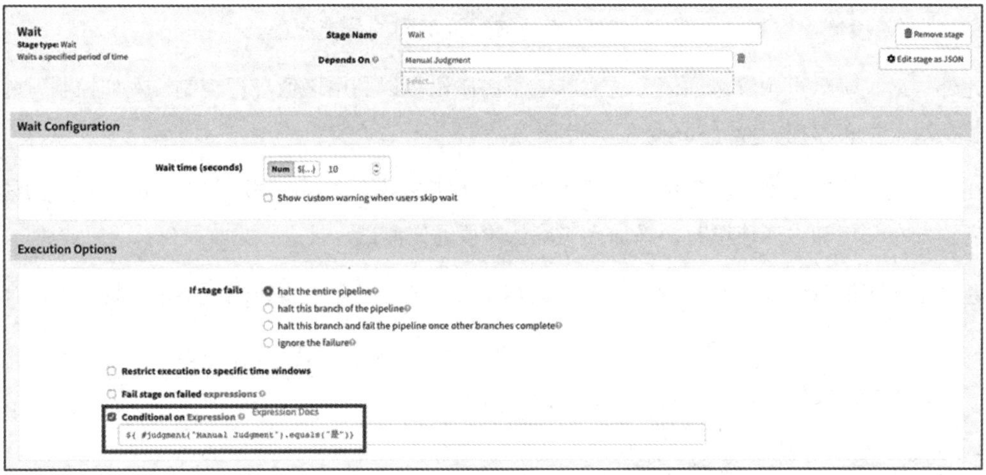

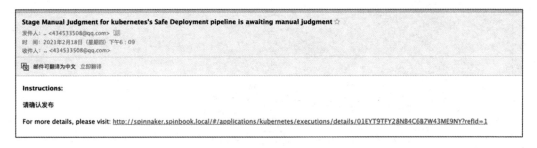

图 9-32 添加 Wait 阶段

在该阶段中，为其配置条件判断 ${ #judgment("Manual Judgment").equals("是")}，意味着只有当人工确认阶段选择"是"之后，该阶段才会被运行。

（3）保存流水线，并手动运行该流水线。此时，团队负责人将收到等待人工确认的邮件通知，如图 9-33 所示。

图 9-33 确认发布通知

（4）团队负责人单击邮件通知中的链接，此时将跳转到待确认界面，选择"是"后即同意部署，进入下一步，如图 9-34 所示。

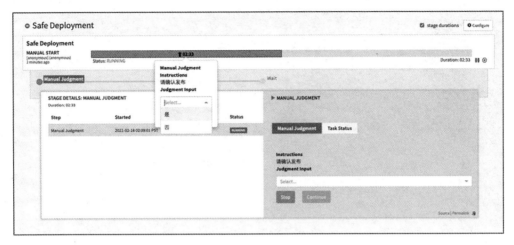

图 9-34　确认部署

（5）选择"否"，则会跳过下游阶段，如图 9-35 所示。

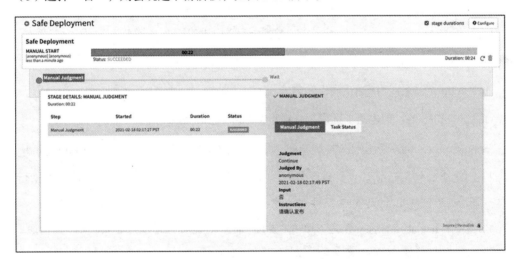

图 9-35　终止部署

通过以上配置，实现了只有经过团队负责人确认后才能进行部署。在部署过程中，团队负责人同时担任了发布质量的监督者，如果未达到部署条件，则可以终止部署。

第二个场景是使用人工确认控制不同的部署阶段，步骤如下。

（1）创建名为"Safe Deployment 2"的流水线，并添加人工确认阶段，如图 9-36 所示。

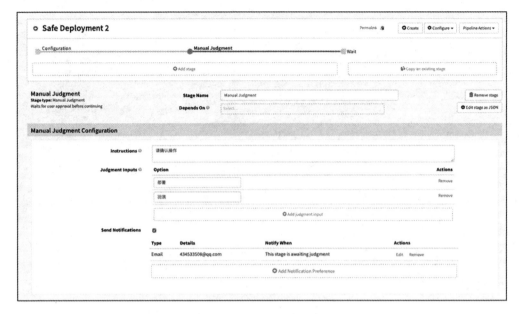

图 9-36　添加人工确认阶段

为该阶段提供如下配置。

- Instructions：输入"请确认操作"。

- Judgment Inputs：创建两个选项，分别为"部署"和"回滚"。

- Send Notifications：使用邮件的方式通知团队负责人，并设置"This stage is awaiting judgment"。

（2）创建第二个 Wait 阶段，并重命名为"Deploy"，用于模拟部署阶段，如图 9-37 所示。为该阶段配置 Conditional on Expression 条件为${ #judgment("Manual Judgment").equals("部署")}。

（3）选中 Manual Judgment 阶段，单击"Add stage"，继续添加与 Deploy 平行的阶段，命名为"Rollback"，同样使用 Wait 阶段来模拟，如图 9-38 所示。

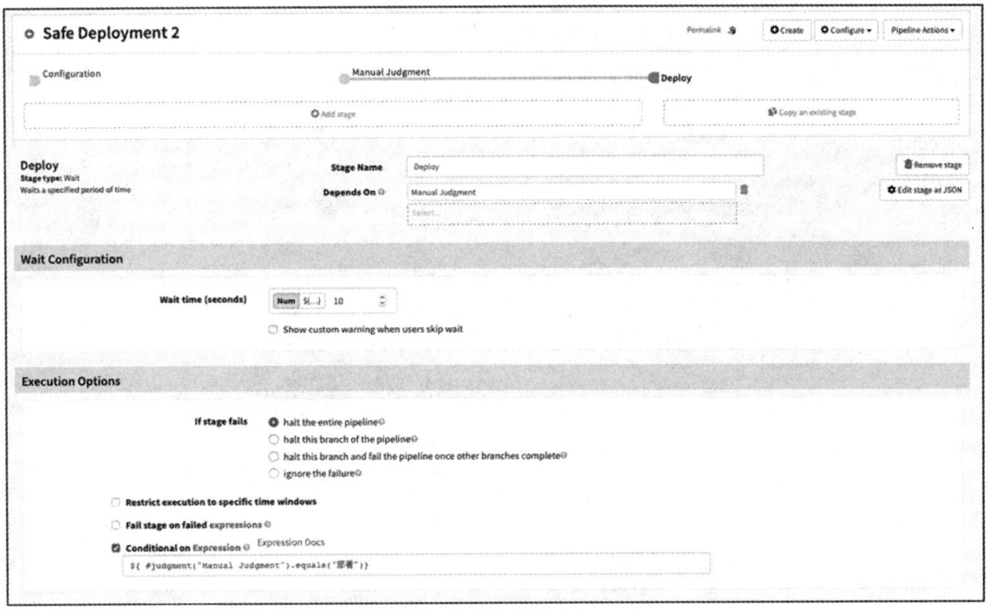

图 9-37　Deploy 阶段（用 Wait 阶段模拟）

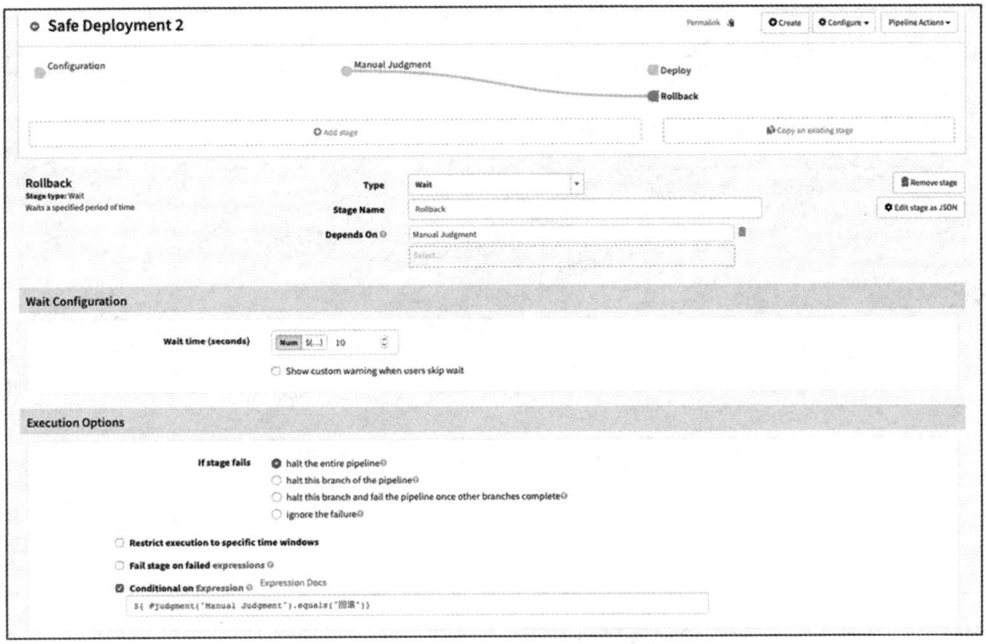

图 9-38　Rollback 阶段（用 Wait 阶段模拟）

为该阶段配置 Conditional on Expression 条件为${ #judgment("Manual Judgment").equals("回滚")}。

(4) 运行流水线，此时提示需要人工确认，如图 9-39 所示。

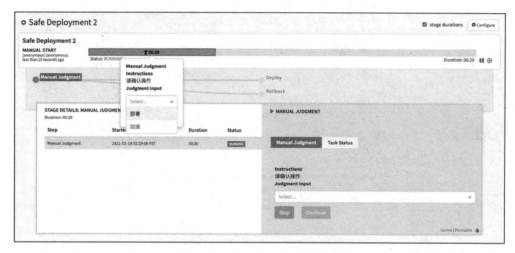

图 9-39　提示需要人工确认

(5) 如果选择"部署"，那么只有 Deploy 阶段会运行，如图 9-40 所示。

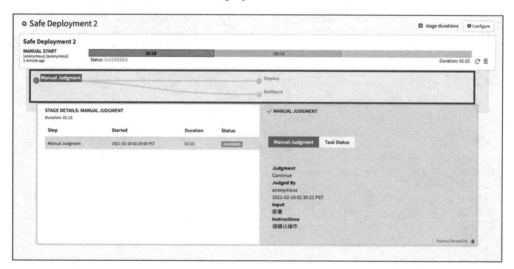

图 9-40　人工确认——部署

(6) 如果选择"回滚"，那么只有 Rollback 阶段会运行，如图 9-41 所示。

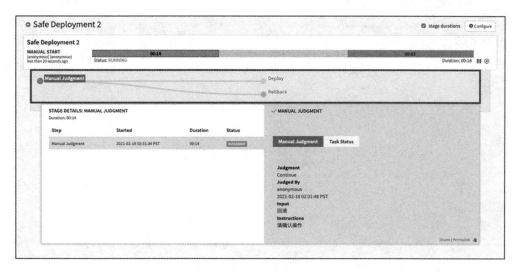

图 9-41　人工确认——回滚

人工确认阶段通过引入人为判断的操作，实现了人工审核，使持续部署环节更加可控。

9.3　自动验证阶段

Spinnaker 中有专门的流水线阶段用于进行自动验证，以确保部署的应用和基础设施符合预定的标准，这些自动验证阶段包括条件检查（Check Preconditions）阶段、自动金丝雀分析和混沌工程。这些阶段能够为持续部署提供"门禁"，只有在这些阶段运行通过后，才能够真正实现全量发布生产环境。

条件检查阶段可以为部署前、部署中、部署后提供自动的条件检查判断，进而控制流水线运行状态。检查条件可以配置为 Cluster Size、Expression、Stage Status。条件检查阶段可以用于检查持续部署流水线成功与否，进而控制下游阶段是否运行自动回滚操作。

下面利用一个实例讲解该阶段，本例中会配置两条流水线——父流水线、子流水线。

该案例实现的效果是：父流水线将通过条件检查阶段判断自身是否执行成功，子流水线则通过触发器监听父流水线是否处于失败状态，进而决定是否运行子流水线的回滚阶段。创建父子两条流水线的步骤如下。

（1）创建名为"Parent Pipeline"的流水线，并配置 Parameters，如图 9-42 所示。

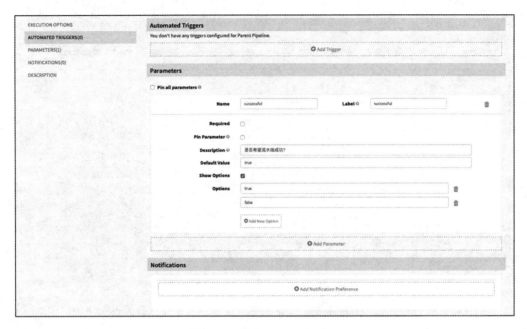

图 9-42 创建 Parent Pipeline

Parameters 配置如下。

- Name：输入"successful"。

- Label：输入"successful"。

- Description：输入"是否希望流水线成功？"。

- Default Value：输入"true"。

- Options：提供两个选项"true"和 false"。

（2）添加第二个阶段 Check Preconditions，并为该阶段提供 Expression，如图 9-43 所示。

在 Expression 中输入如下指令。

```
${ parameters["successful"].equals("true") }
```

（3）保存 Parent Pipeline，继续创建一个名为"Child Pipeline"的子流水线，并配置触发器，如图 9-44 所示。

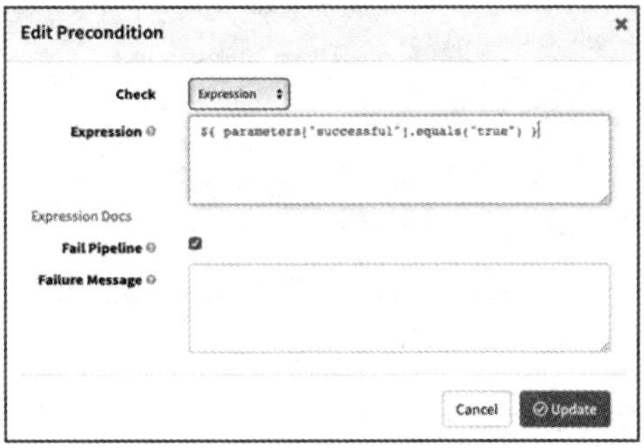

图 9-43　Check Preconditions 阶段的 Expression 配置

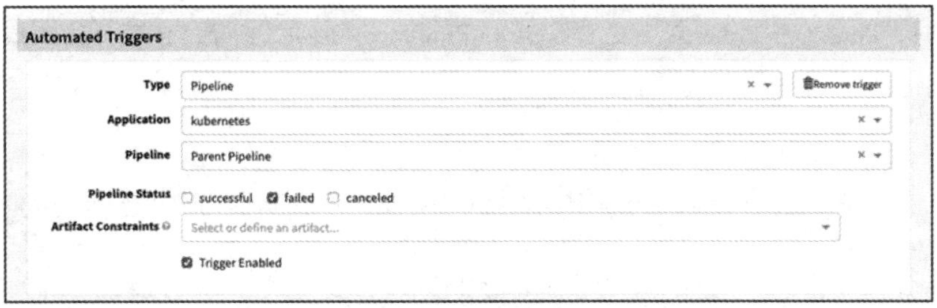

图 9-44　子流水线配置

为触发器选择 Pipeline 类型，并选择"Parent Pipeline"，Pipeline Status 选择"failed"。

（4）创建名为"Rollback"、类型为"Wait"的阶段用于模拟回滚，如图 9-45 所示。

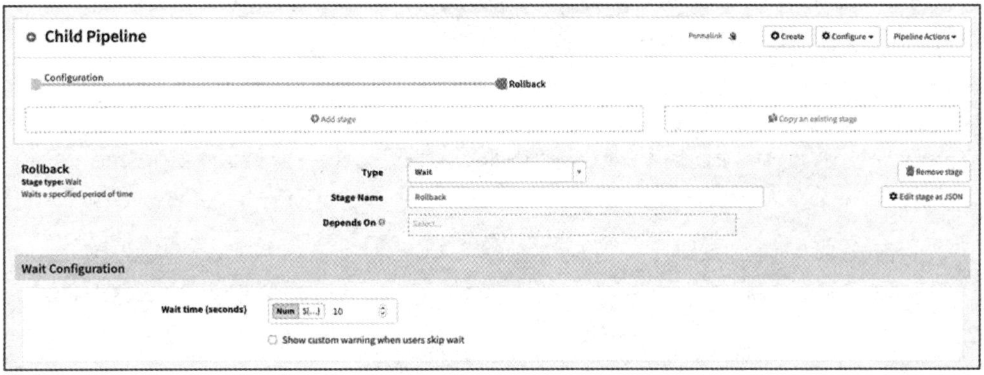

图 9-45　Rollback 阶段

（5）创建完成后，保存 Child Pipeline 流水线。

（6）手动运行名为 Parent Pipeline 的流水线，并在 successful 处选择"false"，如图 9-46 所示。

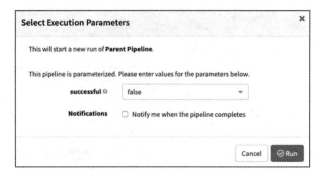

图 9-46 手动运行 Parent Pipeline

（7）此时，Parent Pipeline 会失败，而 Child Pipeline 会因为 Parent Pipeline 的失败而自动触发，如图 9-47 所示。

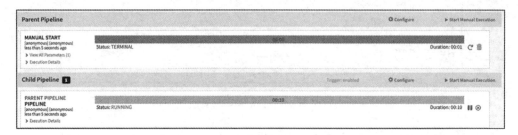

图 9-47 自动触发 Child Pipeline

（8）如果手动运行 Parent Pipeline 流水线，需要选择 true 参数，Parent Pipeline 会运行成功，且 Child Pipeline 不会被触发，如图 9-48 所示。

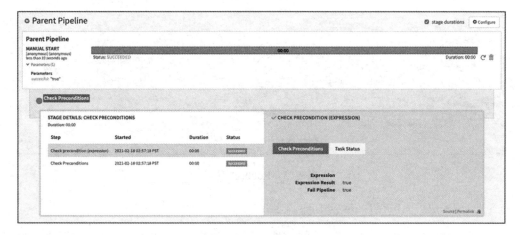

图 9-48 Parent Pipeline 运行成功

至此，该案例整合了 Pipeline 类型的触发器、Check Preconditions 阶段和流水线参数，演示了 Check Preconditions 如何进行条件判断从而控制流水线的状态。

9.4 审计和可追溯

由于持续部署流水线可能会经历长时间的运行，因此让部署更加安全的关键是能够观察到每次部署并及时收到变更通知。为此，Spinnaker 提供了以下 3 种观察手段，分别是消息通知、流水线变更历史、事件流记录。当流水线本身发生了变更或运行状态变更时，可以用这些手段来观察变化。

9.4.1 消息通知

Spinnaker 的消息通知是一种快速获取流水线状态变化的方式，通知的类型分为应用通知、流水线通知、阶段通知。

其中，应用通知能够接收该应用下所有流水线运行中、成功或失败的通知。例如，对于应用内含有多个微服务部署流水线的场景，可以为团队负责人配置应用通知，如图 9-49 所示。

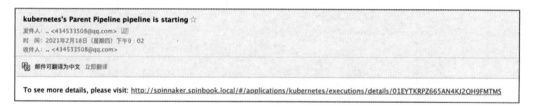

图 9-49　应用通知示例

流水线通知能够接收流水线运行中、成功或失败的通知。基于一条流水线对应一个微服务组件的场景，可以为该微服务的负责人配置流水线通知。

阶段通知的粒度是最细的，该级别的通知常用于人工确认阶段及部分重要阶段，如图 9-50 所示。

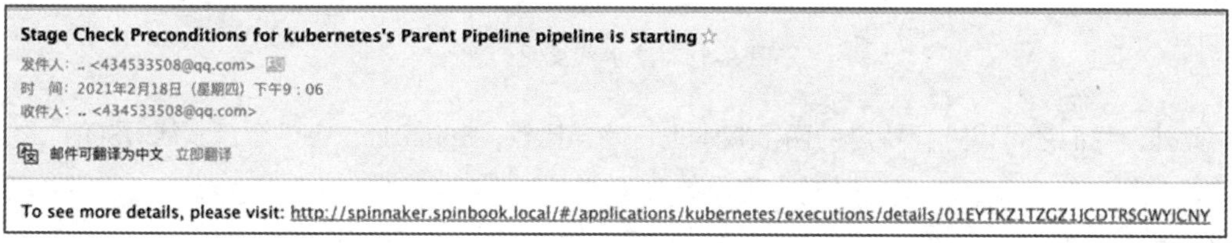

图 9-50　阶段通知示例

消息通知不需要开发人员不断刷新、观察流水线状态，而是等待流水线状态变更、介绍消息通知即可，因此效率更高。

9.4.2 流水线变更历史

Spinnaker 的流水线将保留版本历史记录，并记录修改差异。此外，流水线就像代码版本控制，我们还可以还原流水线到特定的版本。

通过比较流水线的差异，我们能够迅速了解不同流水线版本之间的差异。Spinnaker 为流水线提供版本记录，增强了用户在修改流水线时的信心。

在流水线的配置页单击"Pipeline Actions"，选择"Show Revision History"即可查看流水线变更历史，如图 9-51 所示。

图 9-51　流水线变更历史

此外，我们还可以选择特定的两个版本进行差异比较，Spinnaker 会显示流水线 JSON 内容的差异。

最后，在选择特定的版本后，单击"Restore this version"即可实现回退，还原到某一个版本，如图 9-52 所示。

图 9-52　实现问题

有了流水线变更历史记录，管理员就无须担心人为修改导致流水线无法工作了。一旦出现错误，只需要查看历史记录并恢复到期望版本即可，这样能保障流水线更安全地进行迭代升级。

9.4.3　事件流记录

Spinnaker 的任务都会以事件的形式记录下来。在进入应用详情后，单击"Tasks"即可进入查看事件列表。

该事件列表中包含 4 种不同状态的事件信息，例如 Running、Succeeded、Terminal 和 Canceled，这些事件包含了起始时间、结束时间、总运行时长及用户信息等。

Spinnaker 的事件流记录为用户提供了详细的可追溯事件信息。

9.5 本章小结

本章以如何使部署更加安全为主题，从不同的方向提供了思路。

首先介绍了如何使集群部署更加安全，可以利用部署策略、回滚策略及时间窗口来增强安全性，其中，蓝绿部署是 Spinnaker 内置的高级部署策略，推荐使用。

其次，关于增强流水线本身的安全性，可以利用流水线并发、锁定、禁用、人工确认和阶段条件判断，防止流水线被意外修改和在维护期被意外执行等情况。其中，人工确认和阶段条件判断可以有效阻止流水线被意料之外的条件触发。

最后，介绍了如何使用条件检查阶段验证流水线自动化，以及如何管理和审计流水线的版本。

上述方法能够确保流水线在不同的情况下符合期望状态，实现更加安全的部署。

10

最佳实践

根据客户端和生产环境的流量走向,在实践中一般将流量分成两种类型——南北流量和东西流量,如图 10-1 所示。

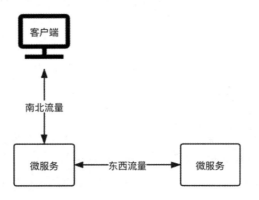

图 10-1　南北流量和东西流量

一般认为,南北流量是纵向的流量,是在客户端和网关之间的流量;东西流量是集群内的流量,是微服务和微服务之间的流量。

在云原生环境下,南北流量控制可以使用 Nginx Ingress 充当网关的角色,东西流量则可以使用 Istio 控制微服务间的流量。

本章将介绍在 Kubernetes 环境下如何将 Spinnaker 与这两种技术选型相结合,以及自动化灰度的最佳实践。

10.1 南北流量自动灰度发布：Kubernetes + Nginx Ingress

在 Kubernetes 上控制南北流量一般是为了实现灰度发布，灰度发布最简单的方案是引入官方工具 Nginx Ingress。

我们部署 deployment 和 service，分别代表灰度环境和生产环境，通过负载均衡算法，实现对两套环境按照灰度比例进行分流，进而实现灰度发布。

通常的做法是在应用构建好新镜像后，修改 Manifest 的镜像版本，并以执行 kubectl apply 的方式来更新服务。如果需要进行灰度发布，那么可以调整两套服务的配置文件权重，控制灰度发布，这种方式离不开人工执行。如果项目数量多，灰度的时间跨度过长，人为误操作的概率将大大增加，对于持续部署实践来说，过于依赖人工执行是不可行的。

那么，有没有一种方式能够实现无须人工干预的自动化灰度发布呢？例如，自动发布到预发布和灰度环境，并在一天的时间内自动将灰度比例从 10% 权重提高到 100%，灰度发布通过后自动发布到生产环境。

利用 Spinnaker 和 Nginx Ingress 能够实现该目标。

10.1.1 环境准备

在开始之前，需要满足以下前置条件。

- 一个公有云 Kubernetes 集群，推荐使用腾讯云 TKE。
- 将该集群管理员的 kubeconfig 添加到 Spinnaker 账户中，命名为 tke-account。
- 在集群中部署 Nginx Ingress。
- 复制代码仓库[①]。

限于篇幅，作者已将本章涉及的代码托管在 GitHub 代码仓库中，读者可直接使用。

下面先快速回顾一下如何添加 Kubernetes 账户。

（1）将 TKE 集群的 kubeconfig 内容写入 halyard 容器内的~/.kube/tke 文件。

（2）为 Spinnaker 添加 Kubernetes 账户。

---

① 相关链接见电子资源文档中的链接 10-1。

```
$ hal config provider kubernetes account add tke-account --provider-version v2
--kubeconfig-file ~/.kube/tke
$ hal deploy apply --no-validate
```

账户添加完成后，接下来进行环境初始化。

10.1.2 部署 Nginx Ingress

我们迅速回顾一下 Nginx Ingress 的架构和实现原理，如图 10-2 所示。

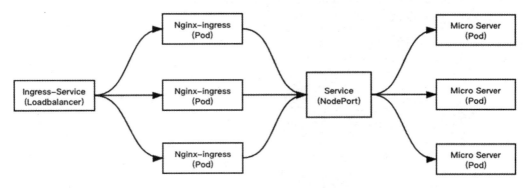

图 10-2　Nginx Ingress 的架构和实现原理

Nginx Ingress 通过前置的 Loadbalancer 类型的 Service 接收外部流量，并将流量转发至 Nginx Ingress Pod，对配置的策略进行检查，再转发至目标 Service。Service 的类型可能是 ClusterIP、NodePort 等，最终流量将到达业务容器。

传统的 Nginx 需要配置 conf 文件策略，但 Nginx Ingress 通过实现 Nginx-Ingress-Controller 将原生的 conf 配置文件和 yaml 配置文件进行转化。当配置 yaml 文件的策略后，Nginx-Ingress-Controller 将对其进行转化，并且动态更新策略，动态重载 Nginx 工作负载的配置，实现自动管理。

那么 Nginx-Ingress-Controller 如何动态感知集群的策略变化呢？方法有很多种，可以通过 Admission Webhook 拦截器，也可以通过 ServiceAccount 与 Kubernetes API 进行交互，动态获取指定的 CRD。

Nginx-Ingress-Controller 一般使用后者，所以在部署 Nginx Ingress 的 Deployment 中需要指定 ServiceAccount，并实现 RoleBinding，最终达到 Controller 与 Kubernetes API 交互的目标。

部署 Nginx Ingress 的方法也有很多种，可以使用 Manifest 的方式部署，也可以使用 Helm 的方式部署。为了方便读者直接进行初始化，接下来演示使用 Spinnaker 来部署 Nginx Ingress。

（1）在 Spinnaker 中创建名为 nginxgray 的应用，并创建名为 nginx-ingress-init 的流水线。

（2）单击流水线配置页上的"Pipeline Actions"，选择"Edit as JSON"，将 10.1.1 节中提到的 Spinnaker 代码仓库 best-practices/nginx-ingress/nginx-ingress-init-pipeline.json 文件的内容复制到此处，并单击"Update Pipeline"，如图 10-3 所示。

图 10-3　复制 JSON 到流水线

（3）此时将自动创建 Deploy (Manifest)阶段并自动填充 Manifest 的内容，唯一需要确认的是云账户一栏选择的是否为当前配置的 Kubernetes 账户。如果该项目为空，则手动选择 Kubernetes 账户，如图 10-4 所示。

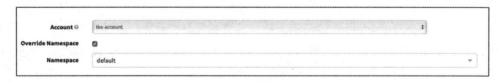

图 10-4　确认 Kubernetes 账户

（4）保存流水线后手动运行该流水线，运行结束即完成了对 Nginx Ingress 的初始化。

（5）进入应用，单击左侧的"LOAD BALANCERS"，单击右侧的"DEFAULT"，在弹出的页面中单击 Ingress 的 IP，如图 10-5 所示。

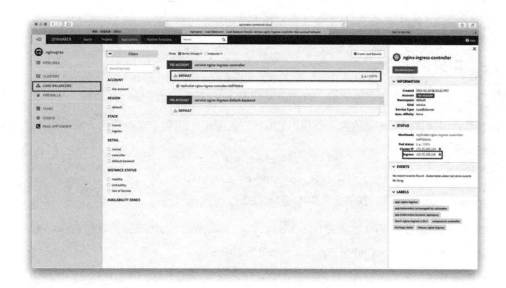

图 10-5 Ingress 的 IP

（6）看到如图 10-6 所示的页面，说明 Nginx Ingress 部署成功。

图 10-6 Nginx Ingress 部署成功

注意，初始化完成后，得到的 IP 是 Nginx Ingress 的 Loadbalancer 类型的入口 IP，例如本例为 http://159.75.189.190，将其记录下来以便后续使用。

Nginx Ingress 部署完成后，接下来将初始化自动灰度发布环境。

10.1.3 初始化环境

第一次运行自动化灰度实验之前，首先需要部署预发布环境和生产环境。

作者已将部署这两套环境的流水线代码放在了 Spinnaker 代码仓库中，接下来进行环境的初始化，步骤如下。

（1）在 nginxgray 应用下创建名为 nginx-ingress-auto-gray-init 的流水线，并单击流水线配置页的 "Pipeline Actions" 按钮，在下拉菜单中选择 "Edit as JSON"。

（2）将 Spinnaker 代码仓库中的 best-practices/nginx-ingress/nginx-ingress-auto-gray-init.json 文件的内容复制到此处，单击 "Update Pipeline"，如图 10-7 所示。

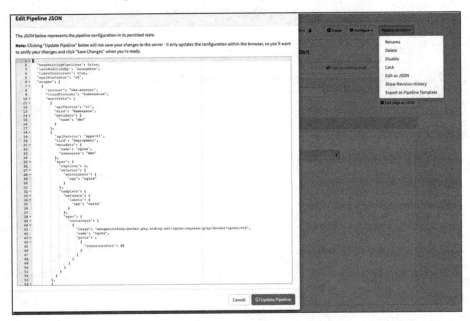

图 10-7　复制 JSON 到流水线

（3）检查流水线各个阶段的 Kubernetes 账户是否正确，如图 10-8 所示。

图 10-8　检查 Kubernetes 账户

（4）确认无误后，手动运行进行部署，等待流水线运行结束。

（5）使用 CURL 访问初始化环境。

```
curl -H 'Host: nginx-ingress.coding.development' 159.75.189.190
curl -H 'Host: nginx-ingress.coding.production' 159.75.189.190
```

注意，159.75.189.190 是 Nginx Ingress 负载均衡器的 IP 地址。

如果返回以下内容，则说明初始化完成。

```
<!DOCTYPE html>
<html>
<head>
<title>Welcome to CODING DevOps</title>
<style>
    body {
        width: 35em;
        margin: 0 auto;
        font-family: Tahoma, Verdana, Arial, sans-serif;
    }
</style>
</head>
<body>
<h1>This is CODING DevOps Demo</h1>
<p><em>version is V10</em></p>
</body>
</html>
```

环境初始化完成后，接下来开始设计自动化灰度流水线。

10.1.4　创建流水线

要实现完整的灰度发布，除了预发布环境和生产环境，我们还需要一套额外的灰度环境。在本例中，模拟灰度发布的整体架构如图 10-9 所示。

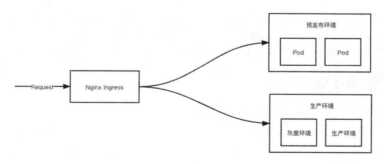

图 10-9　模拟灰度发布的整体构架

根据访问的域名不同,我们将环境分为预发布环境和生产环境[①]。

其中,预发布环境是用于新版本日常验证的环境,可以理解为 Staging 环境。生产环境中有两套运行着相同应用版本的工作负载,分别是灰度环境和生产环境。

灰度环境负责在灰度期间为特定的流量提供服务,这些流量可能是带有特殊标记的 Header 的请求,也可能是按流量比例将生产流量分流至灰度环境。

根据自动化灰度的需求,我们设计以下自动化灰度流水线,如图 10-10 所示。

图 10-10 自动化灰度流水线

该流水线实现的步骤说明如下。

(1)当流水线被触发时,首先部署预发布环境,对应的访问域名为 http://nginx-ingress.coding.development。

(2)预发布环境部署完成后,人工确认是否进行 A/B 测试,该测试用例将从 http://nginx-ingress.coding.production 环境中筛选出 Header 携带了 location=shenzhen 的流量,并分流到灰度环境,无此 Header 的流量仍然访问生产环境。

(3)A/B 测试完成后,人工确认是否开始进行自动化灰度。

(4)自动化灰度将选择 30% 的流量进入灰度,并持续 30 秒,此时访问 http://nginx-ingress.coding.production 生产环境,将有 30% 的比例请求到灰度环境。

(5)30 秒过后,自动化灰度将选择 60% 的流量进入灰度,并持续 30 秒。

(6)30 秒过后,自动化灰度将选择 90% 的流量进入灰度,并持续 30 秒。

(7)最终进入全量生产环境的发布流程。

理解了该流水线如何工作后,接下来配置该流水线,步骤如下。

[①] 相关链接见电子资源文档中的链接 10-2。

（1）在 nginxgray 应用下创建名为 nginx-ingress-auto-gray 的流水线，单击"Pipeline Actions"按钮，在下拉菜单中选择"Edit as JSON"，并将 Spinnaker 代码仓库 best-practices/nginx-ingress/nginx-ingress-auto-gray.json 文件的内容复制到此处，单击"Update Pipeline"，如图 10-11 所示。

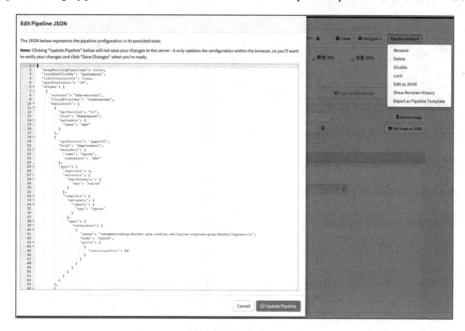

图 10-11　复制自动化灰度流水线 JSON

（2）检查每个阶段的 Kubernetes 账户是否正确，如图 10-12 所示。

图 10-12　检查 Kubernetes 账户

（3）确认流水线无误后，单击右下方的"Save Changes"保存流水线。

至此，我们完成了自动化灰度流水线的创建，接下来将运行该流水线并观察结果。

10.1.5　运行流水线

在运行流水线之前，先访问预发布环境和生产环境，确认当前应用的版本。

访问预发布环境的命令如下。

```
$ curl -H 'Host: nginx-ingress.coding.development' 159.75.189.190
……
<h1>This is CODING DevOps Demo</h1>
<p><em>version is V10</em></p>
……
```

访问生产环境的命令如下。

```
$ curl -H 'Host: nginx-ingress.coding.production' 159.75.189.190
……
<h1>This is CODING DevOps Demo</h1>
<p><em>version is V10</em></p>
……
```

注意 version 的值,可见当前的版本为 V10。

现在,我们开始进行自动化灰度实验,单击 nginx-ingress-auto-gray 流水线使其运行,该流水线将运行如下自动化灰度部署流程。

(1)等待第一个阶段部署预发布环境完成,再次访问预发布环境,如图 10-13 所示。

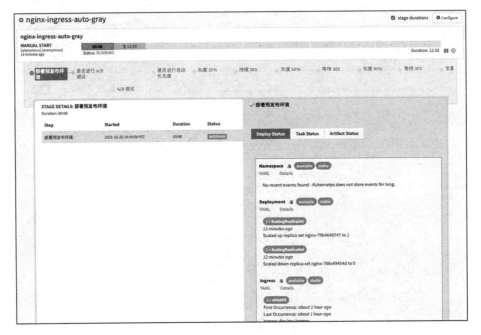

图 10-13 部署预发布环境

```
$ curl -H 'Host: nginx-ingress.coding.development' 159.75.189.190
……
<h1>This is CODING DevOps Demo</h1>
```

```
<p><em>version is V11</em></p>
......
```

此时预发布环境版本已更新为 V11，生产环境版本不变。

（2）当进入是否进行 A/B 测试阶段时，选择"是"，进入下一步，如图 10-14 所示。

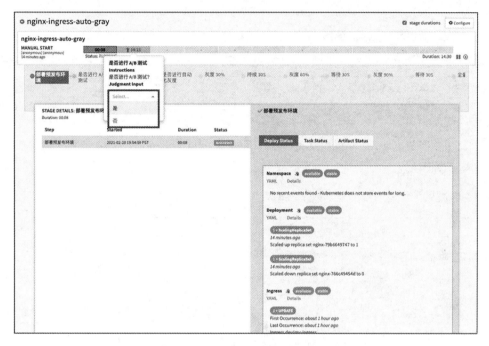

图 10-14　进行 A/B 测试

此时将部署灰度环境和 A/B 测试用例，如图 10-15 所示。

图 10-15　部署灰度环境和 A/B 测试用例

该阶段完成后，再次访问生产环境。

```
$ curl -H 'Host: nginx-ingress.coding.production' 159.75.189.190
……
<h1>This is CODING DevOps Demo</h1>
<p><em>version is V10</em></p>
……
```

可见生产环境仍然是 V10 的版本。下面使用特定的 Header 访问 A/B 测试环境。

```
$ curl -H 'Host: nginx-ingress.coding.production' -H 'location: shenzhen' 159.75.189.190
……
<h1>This is CODING DevOps Demo</h1>
<p><em>version is V11</em></p>
……
```

仍然使用相同的 URL 访问生产环境，但携带 A/B 测试的 Header 之后，访问的是 V11 版本，说明 A/B 测试已生效。

（3）当进入是否进行自动化灰度阶段时，单击"是"开始自动化灰度流程，如图 10-16 所示。

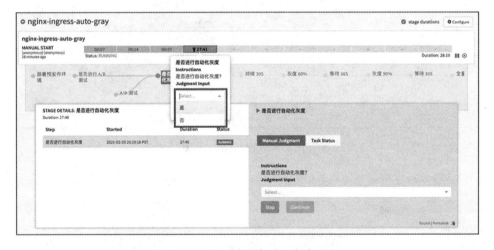

图 10-16　是否进行自动化灰度流程

（4）进入灰度 30%阶段时，此时生产环境的 V10 和 V11 版本处于共存状态，使用以下命令访问生产环境，如图 10-17 所示。

```
while true; do sleep 1; curl -H 'Host: nginx-ingress.coding.production' 159.75.189.190 | grep version;done
<p><em>version is V11</em></p>
<p><em>version is V10</em></p>
<p><em>version is V10</em></p>
```

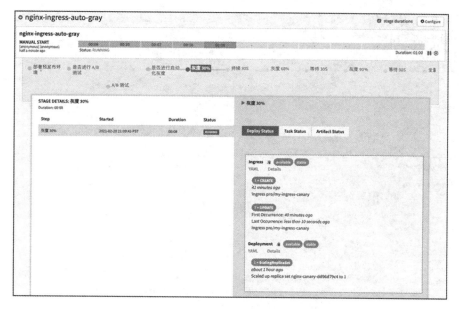

图 10-17　灰度 30%阶段

可发现大约有 30% 的请求得到 V11 版本，而其他的请求则仍然得到 V10 版本。

（5）30 秒之后，进入灰度 60%阶段，此时访问到 V11 的版本概率会进一步增加，如图 10-18 所示。

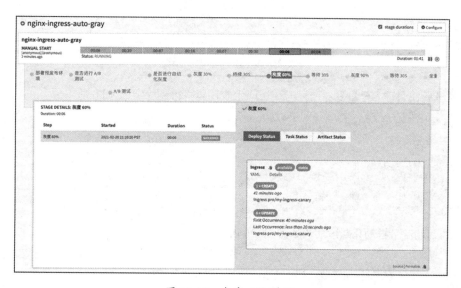

图 10-18　灰度 60%阶段

```
while true; do sleep 1; curl -H 'Host: nginx-ingress.coding.production' 159.75.189.190 | grep
version;done
<p><em>version is V11</em></p>
<p><em>version is V10</em></p>
<p><em>version is V11</em></p>
<p><em>version is V11</em></p>
<p><em>version is V10</em></p>
```

（6）进入灰度 90%阶段时，此时访问生产环境大概率返回 V11 的版本，如图 10-19 所示。

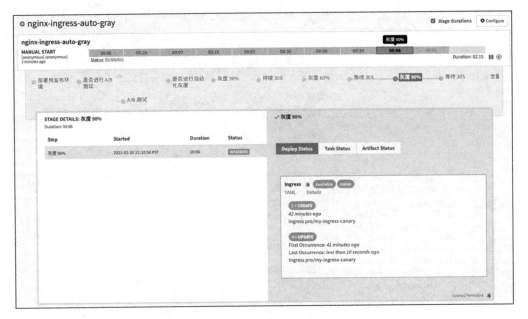

图 10-19　灰度 90%阶段

（7）最后，当进入全量发布阶段时，访问生产环境将得到稳定的 V11 版本。

```
while true; do sleep 1; curl -H 'Host: nginx-ingress.coding.production' 159.75.189.190 | grep
version;done
<p><em>version is V11</em></p>
<p><em>version is V11</em></p>
<p><em>version is V11</em></p>
<p><em>version is V11</em></p>
<p><em>version is V11</em></p>
```

完整的南北流量自动化灰度实验如图 10-20 所示。

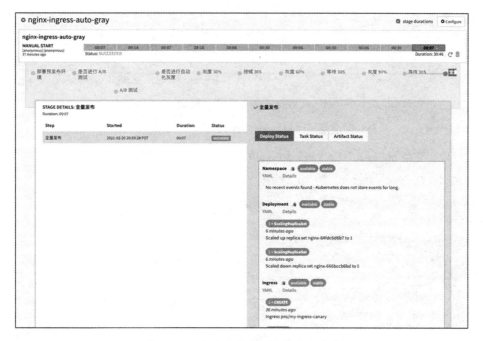

图 10-20　南北流量自动化灰度流水线

下一小节将分析 Nginx Ingress 实现南北流量灰度的工作原理。

10.1.6　原理分析

在本次自动化灰度实验中，灰度环境和生产环境均部署了 Deployment、Service、Ingress。

A/B 测试和灰度均由 Ingress 控制，A/B 测试环境的 Ingress Manifest 配置文件如下。

```
apiVersion: extensions/v1beta1
kind: Ingress
metadata:
  annotations:
    kubernetes.io/ingress.class: nginx  # nginx=nginx-ingress| qcloud=CLB ingress
    nginx.ingress.kubernetes.io/canary: "true"  # 开启灰度
    nginx.ingress.kubernetes.io/canary-by-header: "location"  # A/B 测试用例 Header key
    nginx.ingress.kubernetes.io/canary-by-header-value: "shenzhen"  # A/B 测试用例 Header value
  name: my-ingress
  namespace: pro
spec:
  rules:
  - host: nginx-ingress.coding.pro
    http:
```

```
      paths:
      - backend:
          serviceName: nginx-canary
          servicePort: 80
        path: /
```

A/B 测试由注解 nginx.ingress.kubernetes.io/canary-by-header 和 nginx.ingress.kubernetes.io/canary-by-header-value 控制，用来匹配请求 Header 的 Key 和 Value。

灰度环境由注解 nginx.ingress.kubernetes.io/canary-weight 控制，值范围是 0~100，对应的是灰度的权重比例。在 Nginx Ingress 中，负载均衡的算法主要由加权轮询的算法进行分流。

```
apiVersion: extensions/v1beta1
kind: Ingress
metadata:
  annotations:
    kubernetes.io/ingress.class: nginx   # nginx=nginx-ingress| qcloud=CLB ingress
    nginx.ingress.kubernetes.io/canary: "true"
    nginx.ingress.kubernetes.io/canary-weight: 30
  name: my-ingress
  namespace: pro
spec:
  rules:
  - host: nginx-ingress.coding.pro
    http:
      paths:
      - backend:
          serviceName: nginx-canary
          servicePort: 80
        path: /
```

A/B 测试和灰度的整体架构如图 10-21 所示。

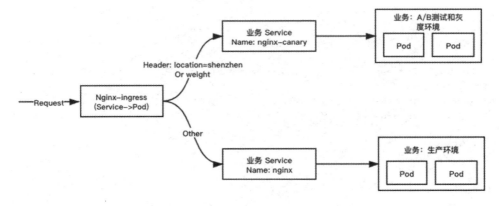

图 10-21　A/B 测试和灰度架构图

在本例中，自动化灰度发布以 3 次渐进式进行，每次提高 30% 的比例，且持续 30 秒后自动进入下一个灰度阶段。渐进式的灰度可根据业务需要进行任意配置，例如持续 1 天时间、分 10 次自动进行灰度，直至发布到生产环境。

自动灰度阶段使用了等待阶段，通过对不同灰度比例的阶段设定等待时间，自动逐一运行灰度阶段，最终实现无人工值守的自动化灰度发布。

利用等待阶段可以实现平滑的发布流程，只有当发布出现问题时，才需要人工介入。配合持续部署通知功能，可以很方便地将当前发布状态推送到企业微信、钉钉等协作工具中。

为了方便展示，本例中对灰度比例和等待时间进行了硬编码，也可以使用阶段的自定义参数对灰度比例和等待进行动态控制，针对当前的发布等级动态输入灰度比例和流程控制，实现更加灵活的自动化灰度发布。

10.1.7　生产建议

本案例采用 Deployment 的部署方式实现 Nginx Ingress。作为 Kubernetes 集群的边缘网关，Nginx Ingress 承载着所有入口流量，其高可用性直接决定了 Kubernetes 集群的高可用性。

在生产环境部署 Nginx Ingress，建议遵循以下几点规则。

- 推荐使用 DaemonSet 的方式部署，避免单节点故障。
- 通过标签选择器，将 Nginx-Ingress-Controller 部署在独立的 Node 节点（如高主频、高网络、高 I/O 节点）或者低负载的节点。
- 如果采用 Deployment 的方式部署，可以为 Nginx Ingress 配置 HPA 水平伸缩。

10.2　东西流量自动灰度发布：Kubernetes + Service Mesh

为了便于理解东西流量的管理，下面引入服务网格（Service Mesh）的概念。

服务网格用于描述组成应用程序的微服务网络及它们之间的交互。随着应用微服务数量的增加，服务和服务之间的调用关系越来越复杂，这为管理带来了巨大的挑战。服务之间的调用需求可能包括服务发现、负载均衡、故障恢复、度量和监控。此外，服务之间可能还需要有更复杂的运维需求，例如 A/B 测试、金丝雀发布、请求限制、访问控制、认证。

为了应对以上这些问题，人们提出了服务网格的概念，如图 10-22 所示。

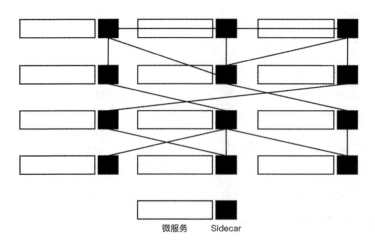

图 10-22 服务网格拓扑结构

"没有什么是加一层解决不了的问题",为了实现对业务的无侵入性,服务网格在微服务旁增加了一层"Sidecar",直译为"边车"。Sidecar通过劫持微服务之间的请求,实现微服务与微服务间复杂的通信需求。

最终,应用内的微服务间的调用就像一张巨大的网,被服务网格有序地管理起来,这便是服务网格的由来。

需要注意的是,服务网格只是一种微服务管理思想,而实现其思想的工具有多种,如Istio、Linkerd、AWS App Mesh、OpenShift Service Mesh等。其中,Istio发展势头最为迅猛,并已几乎成为了事实标准。

在本章的东西流量自动化灰度实验中,将使用Istio并结合官方Bookinfo应用。

10.2.1 环境准备

在开始之前,需要满足以下前置条件。

- 一个公有云Kubernetes集群,推荐使用腾讯云TKE。
- 将该集群管理员的kubeconfig添加到Spinnaker账户中,命名为tke-account。
- 使用kubectl能访问该集群。
- 在集群中部署Istio。

- 复制代码仓库[①]。

限于篇幅，作者已将本章涉及的代码托管在 GitHub 代码仓库中，读者可直接使用。

具备以上前置条件后，下面将在 Kubernetes 集群中安装 Istio。

10.2.2 安装 Istio

安装 Istio 要求 Kubernetes 版本为 1.17 以上，安装步骤如下。

（1）如果 kubectl 还未配置公有云集群的访问，则可以使用以下方法。

```
$ vi ~/.kube/tke
```

将集群的 kubeconfig 复制到该文件中。

配置 KUBECONFIG 环境变量。

```
$ export KUBECONFIG=~/.kube/tke
```

（2）运行命令下载 Istio 安装包。

```
$ curl -L https://istio.io/downloadIstio | sh -
```

下载完成后，进入目录。例如，目录名为 istio-1.9.0。

```
$ cd istio-1.9.0
```

该目录包含如下两部分。

- samples 目录：实例应用程序。
- bin 目录：istioctl 客户端。

（3）将 istioctl 加入环境变量（Linux 或 macOS）。

```
$ export PATH=$PWD/bin:$PATH
```

运行 istioctl 检查是否安装成功。

```
$ istioctl version
no running Istio pods in "istio-system"
1.9.0
```

（4）以 demo 方式安装 Istio。

```
$ istioctl install --set profile=demo -y
✔ Istio core installed
```

[①] 相关链接见电子资源文档中的链接 10-3。

```
✔ Istiod installed
✔ Egress gateways installed
✔ Ingress gateways installed
✔ Installation complete
```

(5)为命名空间添加标签,用于标识自动注入 Sidecar 代理。

```
$ kubectl label namespace default istio-injection=enabled
namespace/default labeled
```

为 default Namespace 添加 istio-injection=enabled 标记后,所有部署到该命名空间的工作负载都会被自动注入 Sidecar。

(6)获取 istio-ingressgateway 入口 IP。

```
$ kubectl get svc istio-ingressgateway -n istio-system
```

在输出的内容中找到 EXTERNAL-IP,如 106.53.131.234,即为 istio ingress 入口 IP,记录以便后续使用。

至此,我们已完成了 Istio 的安装,下一节将介绍本次实验使用的 Bookinfo 应用。

10.2.3 Bookinfo 应用

本次实验所用到的是 Istio 官方的 Demo 应用 Bookinfo,该应用模拟了在线书籍查询系统,它由以下微服务组成。

- productpage:前端展示页面微服务,会调用 details 和 reviews 两个微服务获取书籍信息。
- details:返回书籍的属性信息,例如 ISBN。
- reviews:返回书籍评论,还会调用 ratings 微服务获取评分等级。
- ratings:返回书籍的评分等级。

此外,reviews 一共有 3 个版本。

- 版本 v1 不会调用该 ratings 微服务。
- 版本 v2 调用该 ratings 微服务,并将每个等级显示为 1 到 5 个黑色的星。
- 版本 v3 调用该 ratings 服务,并将每个等级显示为 1 到 5 个红色的星。

微服务间的调用关系如图 10-23 所示。

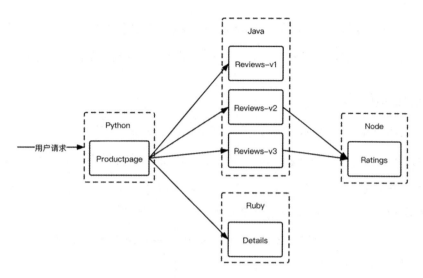

图 10-23　Bookinfo 微服务间的调用关系

当该应用被部署后，每个微服务都将被注入 Sidecar，应用的调用关系从直接调用转变成了通过 Sidecar 的间接调用，如图 10-24 所示。

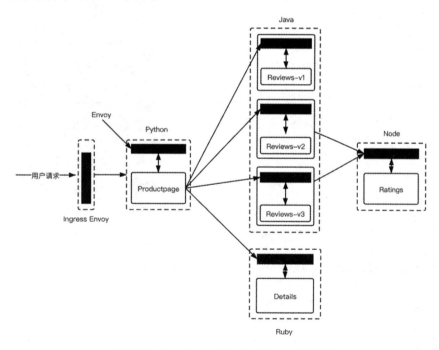

图 10-24　Bookinfo 微服务 Sidecar 调用链

Istio 的 Sidecar 采用 Envoy 实现。Envoy 将拦截应用所有的请求，充当代理的角色。

对 Bookinfo 有了一定的了解之后，接下来我们将设计东西流量自动化灰度流水线。

10.2.4 初始化环境

第一次运行东西流量自动化灰度实验之前，需要初始化 Bookinfo 应用。

作者已将部署的流水线代码放置在 Spinnaker 仓库中，接下来进行环境初始化。

（1）创建 servicemesh 应用，并创建名为 service-mesh-auto-gray-init 的流水线，单击流水线配置页的"Pipeline Actions"按钮，在下拉菜单中选择"Edit as JSON"。

（2）将 Spinnaker 代码仓库中的 best-practices/service-mesh/service-mesh-auto-gray-init.json 文件的内容复制到此处，单击"Update Pipeline"，如图 10-25 所示。

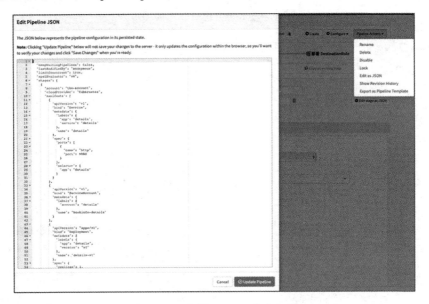

图 10-25　复制 JSON 到流水线

（3）检查流水线各个阶段的 Kubernetes 账户是否正确，如图 10-26 所示。

图 10-26　检查 Kubernetes 账户

(4)确认无误后,手动运行部署,等待流水线运行结束。

(5)使用 10.2.2 节得到的 Istio Ingress 外网 IP 访问 Bookinfo Productpage 页面,如 http://106.53.131.234/productpage,如图 10-27 所示。

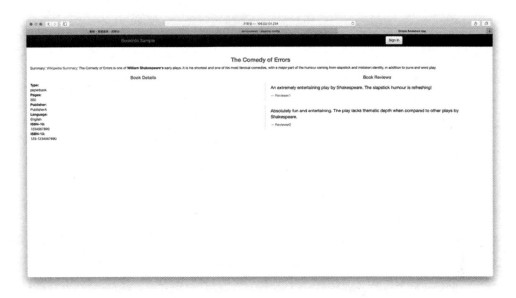

图 10-27　Bookinfo V1

如果能够正常打开该页面,则说明 Bookinfo 部署成功,多次刷新页面,可见 Book Reviews 返回的均为无评分的数据,如图 10-28 所示。

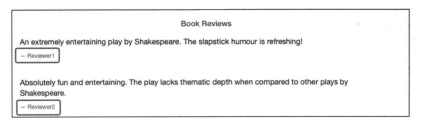

图 10-28　Book Reviews 返回无评分的数据

至此,Bookinfo 应用已部署成功,注意,当前部署的 Bookinfo 应用仅仅是 V1 版本,当前应用的架构如图 10-29 所示。

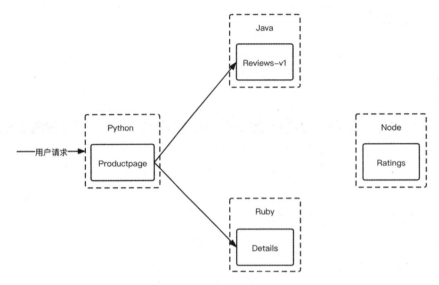

图 10-29　Bookinfo V1 架构图

与 Bookinfo 不同的是，Reviews V2 和 Reviews V3 服务虽然一并被部署，但未配置路由策略，所以无法被请求。同理，Rattings 服务也无法被请求。

下一步，我们将使用自动化灰度流水线控制 Reviews V2 和 Reviews V3 微服务，将其加入实验环境中。

10.2.5　创建流水线

为了能够将 Reviews V2 和 Reviews V3 版本以灰度发布的方式加入实验环境中，本例中的自动化灰度流水线如图 10-30 所示。

图 10-30　自动化灰度流水线

该流水线实现的步骤如下。

（1）当流水线被触发时，首先人工确认选择 Reviews V2 灰度比例并部署。

（2）等待 60 秒后，自动将 Reviews V2 版本进行全量发布。

(3)人工确认是否要进行自动化灰度 Reviews V3 版本。

(4)自动化灰度将选择 50% 的流量进入灰度,并持续 60 秒,此时访问 http://106.53.131.234/productpage,Reviews V2 和 Reviews V3 将交替出现。

(5)60 秒过后,自动化灰度将进入 Reviews V3 全量发布阶段。

理解了该流水线如何工作后,接下来我们将介绍如何配置该流水线。

(1)在 servicemesh 应用下创建名为 service-mesh-auto-gray 的流水线,单击"Pipeline Actions"按钮,在下拉菜单中选择"Edit as JSON",并将 Spinnaker 代码仓库 best-practices/service-mesh/service-mesh-auto-gray.json 的文件内容复制到此处,单击"Update Pipeline",如图 10-31 所示。

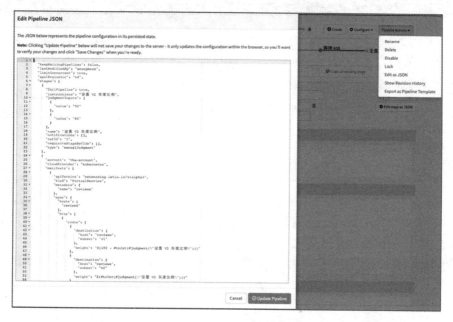

图 10-31 复制自动化灰度流水线 JSON

(2)检查每个阶段的 Kubernetes 账户是否正确,如图 10-32 所示。

图 10-32 检查 Kubernetes 账户

(3）确认流水线无误后，单击右下方的"Save Changes"保存流水线。

至此，我们已完成了服务网格东西流量自动化灰度流水线的创建，接下来将运行该流水线并观察结果。

10.2.6 运行流水线

在运行东西流量自动化灰度流水线之前，首先需要访问当前的实验环境。访问 http://106.53.131.234/productpage，如图 10-33 所示。

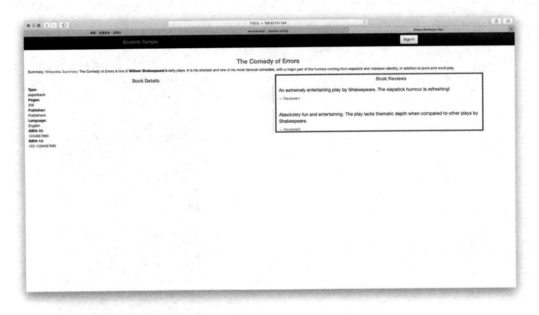

图 10-33 Bookinfo V1 初始环境

重点观察 Reviews 区域，可见目前返回的结果是无评分。

接下来，我们开始进行东西流量自动化灰度实验，运行 service-mesh-auto-gray 流水线。

（1）第一个阶段，设置 V2 灰度比例，选择灰度比例，例如 50%，如图 10-34 所示。

图 10-34 选择灰度比例

再次访问 productpage 页面，如图 10-35 所示。

图 10-35　Reviews V2 50% 灰度比例

不断刷新该页面，我们会发现每次请求有 50%的概率获取到带黑色星星的内容，也就是 Reviews V2 版本，说明此时 50%灰度比例已生效。

（2）等待 60 秒，进入 Reviews V2 全量发布阶段，如图 10-36 所示。

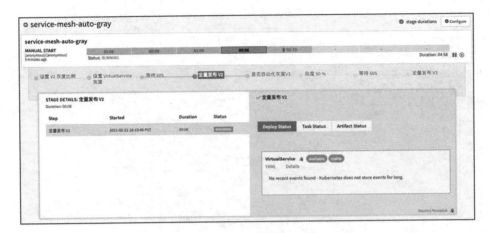

图 10-36　Reviews V2 全量发布阶段

全量发布阶段完成后,再次刷新 productpage 页面,如图 10-37 所示。

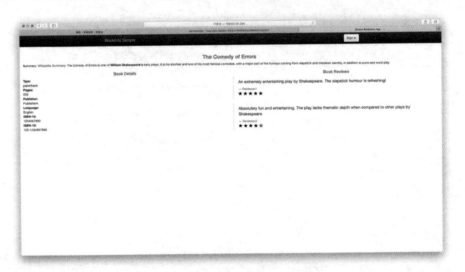

图 10-37　全量灰度阶段

多次刷新页面,此时会发现 Reviews 区域将一直返回带黑色星星的内容,说明 Reviews V2 已全量更新。

(3)此时进入是否自动化灰度 V3 阶段,选择"是",进入 Reviews V3 自动化灰度流程,如图 10-38 所示。

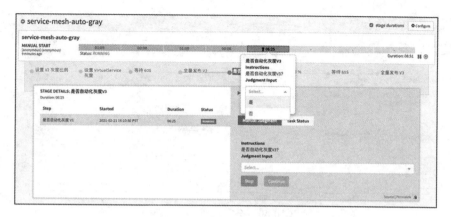

图 10-38　自动化灰度 Reviews V3 阶段

（4）进入灰度 50%阶段时，此时环境中的 Reviews V2 和 Reviews V3 版本将共同承担访问流量，再次访问 productpage 页面，如图 10-39 所示。

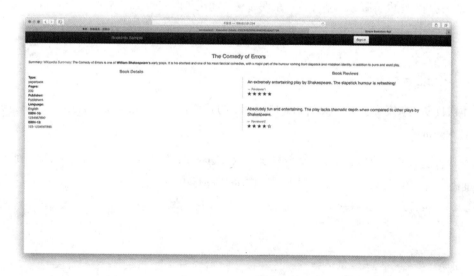

图 10-39　Reviews V3 灰度 50%阶段

这时可以发现有 50% 的请求将得到带红色星星的内容（Reviews V3），50%的请求得到带黑色星星（Reviews V2）的内容，说明 Reviews V3 50%灰度已生效。

（5）等待 60 秒之后，进入全量发布 V3 阶段，如图 10-40 所示。

图 10-40　全量发布 V3 阶段

此时，再次访问 productpage 页面，发现每次请求都获取到带红色星星的内容，说明全量发布 Reviews V3 已生效。

至此，我们已完成了服务网格环境下东西流量自动化灰度实验。

在下一节，将继续分析服务网格实现东西流量灰度的工作原理。

10.2.7　原理分析

在本次自动化灰度实验中，Bookinfo 应用部署的微服务有 Productpage、Details、Reviews V1、V2、V3、Rattings。

本次实验演示了从 Reviews V1 平滑灰度到 Reviews V3 的阶段。其中，Reviews V1 到 Reviews V2 灰度比例由 Istio VirtualService 控制，该 CRD 的 Manifest 内容如下：

```
apiVersion: networking.istio.io/v1alpha3
kind: VirtualService
metadata:
  name: reviews
spec:
  hosts:
    - reviews
  http:
    - route:
        - destination:
            host: reviews
            subset: v1
          weight: '${100 - #toInt(#judgment("设置 V2 灰度比例"))}'
        - destination:
            host: reviews
            subset: v2
```

```
      weight: '${#toInt(#judgment("设置 V2 灰度比例"))}'
```

在设置 VirtualService 灰度的阶段中，通过表达式获取上一阶段选择的灰度比例，并通过 toInt 辅助函数对其进行类型转化，最终填充到 Manifest 中并部署。

subset 是由 Istio DestinationRule 对微服务的版本集的重新定义，实际上是由特定的 Kubernetes Service 组成的，以下 Manifest 声明了 Reviews V1、V2 和 V3 三个版本的 subset。

```
apiVersion: networking.istio.io/v1alpha3
kind: DestinationRule
metadata:
  name: reviews
spec:
  host: reviews
  subsets:
  - name: v1
    labels:
      version: v1
  - name: v2
    labels:
      version: v2
  - name: v3
    labels:
      version: v3
```

全量发布 V2 阶段是通过修改 VirtualService 实现的，仅使 Reviews V2 生效，代码如下。

```
apiVersion: networking.istio.io/v1alpha3
kind: VirtualService
metadata:
  name: reviews
spec:
  hosts:
    - reviews
  http:
  - route:
    - destination:
        host: reviews
        subset: v2
```

同理，当进入灰度 50% V3 阶段时，将修改 VirtualService，使其对 subset：v2 和 subset：v3 同时生效，且权重均为 50，代码如下。

```
apiVersion: networking.istio.io/v1alpha3
kind: VirtualService
metadata:
  name: reviews
spec:
  hosts:
```

```
    - reviews
  http:
    - route:
        - destination:
            host: reviews
            subset: v2
          weight: 50
        - destination:
            host: reviews
            subset: v3
          weight: 50
```

最后，全量发布 V3 阶段仅使 subset：v3 生效，代码如下。

```
apiVersion: networking.istio.io/v1alpha3
kind: VirtualService
metadata:
  name: reviews
spec:
  hosts:
    - reviews
  http:
    - route:
        - destination:
            host: reviews
            subset: v3
```

在本次实践案例中，实现了从 V1、V2 到 V3 三个版本的自动化灰度。在该过程中使用了等待阶段，并自动化运行灰度部署，最终实现服务网格东西流量自动化灰度发布。

除了东西流量，服务网格还能够管理南北流量，实现更复杂的渐进式交付部署。但无论部署行为怎么变化，最终都是向集群提交 Manifest，而 Spinnaker 又为我们提供了类似于 kubectl apply 的编排能力。以上就是设计流水线的底层逻辑。

10.3 本章小结

本章介绍了两种不同流量类型的自动化灰度，分别是南北流量自动化灰度和东西流量自动化灰度。

南北流量自动化灰度利用 Nginx Ingress 的能力来实现，结合 Service 和 Ingress，对集群内的应用实施灰度发布。

东西流量一般是指微服务间的流量，利用 Istio 的流量控制能力，结合 VirtualService 和

DestinationRule，实现了对工作负载的重新组合，最终实现自动化灰度流水线。

两者的核心思想都是将 CRD 部署至集群中，Spinnaker 在自动化灰度的过程可以理解为扮演着执行 kubectl apply 的角色，并实现了编排。

本章介绍的自动化灰度流水线涉及较多的 Spinnaker 的概念，例如流水线表达式、人工确认、参数化 Manifest、并行阶段和流水线分支控制，具有较高的参考价值。

11

生产建议

Spinnaker 是一套大型的持续部署系统,由多个独立的微服务组件组成。在 Kubernetes 环境下,每个微服务都能够进行独立配置、缩放和重新启动。在生产实践中,Spinnaker 能够处理大规模的持续部署任务(每天 1000 次以上部署,承载 1 万个以上节点集群)。

在不同的生产环境场景下,Spinnaker 需要进行配置优化。在本章中,我们将阐述如何在生产环境下优化 Spinnaker 配置,为生产环境下大规模使用提供具体及可靠的建议。

11.1 SSL

在生产环境下,首先推荐为 Deck 和 Gate 入口配置 SSL,即通过 HTTPS 的方式来增强访问的安全性。而对于 Spinnaker 的其他不直接对外提供服务的组件,则应该为它们配置防火墙或者安全组策略来禁止直接外部访问,如图 11-1 所示。

在 Spinnaker 中,需要配置 SSL 的流量路径如下。

- 在浏览器和 Deck 之间。
- 在 Deck 和 Gate 之间。
- 在外部接口和 Gate 之间。

通常有如下两种方法可以为 Spinnaker 配置 SSL。

- 为 Spinnaker Gate 组件提供前置的 HTTPS 负载均衡器。
- 为 Spinnaker 组件提供 SSL 配置。

前置 HTTPS 负载均衡器的处理流程如图 11-2 所示。

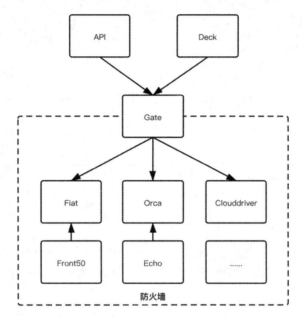

图 11-1　Spinnaker 组件生产环境推荐架构

图 11-2　前置 HTTPS 负载均衡器的处理流程

该方式通过将 SSL 应用在用户和负载均衡器之间的流量来提升安全性，负载均衡器和 Spinnaker 微服务之间仍然使用 HTTP 方式进行访问。

需要注意的是，在一些身份认证的方法中，Gate 会智能地拼接自身的 URI。如果 Gate 前置有负载均衡器，那么可能会导致认证过程中跳转 URI 拼接错误，这时可以使用手动配置 redirect_uri 来解决。

```
hal config security authn <authtype> edit --pre-established-redirect-uri
https://my-real-gate-address.com:8084/login
--pre-established-redirect-uri 参数后确保包含 /login URI
```

最后，为 Gate 配置请求来源于前置负载均衡器代理，创建 ~/.hal/default/profiles/gate-local.yml，命令如下。

```
server:
```

```
tomcat:
  protocolHeader: X-Forwarded-Proto
  remoteIpHeader: X-Forwarded-For
  internalProxies: .*
  httpsServerPort: X-Forwarded-Port
```

重新部署 Spinnaker 使其生效。

第二种方式是为 Spinnaker 组件提供 SSL 配置。Spinnaker 组件启用 SSL 后，架构如图 11-3 所示。无论是否前置了负载均衡器，都可以使用该架构模式。

图 11-3　服务器端 SSL

除了为用户流量和负载均衡器配置使用 SSL，在负载均衡器和 Spinnaker 的微服务之间也将配置 SSL，这就需要为负载均衡器提供 SSL 证书。下面来讲解如何创建它们。

首先在环境变量中创建以下密码。

```
export CA_KEY_PASSWORD=SOME_PASSWORD_FOR_CA_KEY
export DECK_KEY_PASSWORD=SOME_PASSWORD_FOR_DECK_KEY
export GATE_KEY_PASSWORD=SOME_PASSWORD_FOR_GATE_KEY
export JKS_PASSWORD=SOME_JKS_PASSWORD
export GATE_EXPORT_PASSWORD=SOME_PASSWORD_FOR_GATE_P12
```

注意将每一行的值替换为实际要配置的密码。

接下来，根据以下步骤生成服务器端所需的 SSL 证书。

（1）生成自签名证书，如果使用的是外部 CA 证书，则可以跳过这一步。

使用环境变量 CA_KEY_PASSWORD 作为密码，生成 ca.key。

```
openssl genrsa \
-des3 \
-out ca.key \
-passout pass:${CA_KEY_PASSWORD} \
4096
```

生成 ca.crt。

```
openssl req \
-new \
-x509 \
-days 365 \
-key ca.key \
```

```
-out ca.crt \
-passin pass:${CAKEYPASSWORD}
```

（2）为 Deck 服务创建 deck.key。

```
openssl genrsa \
-des3 \
-out deck.key \
-passout pass:${DECK_KEY_PASSWORD} \
4096
```

（3）为 Deck 服务生成 deck.csr，并指定 localhost 或 Deck 的 DNS 域名作为 CN 的值。

```
openssl req \
-new \
-key deck.key \
-out deck.csr \
-passin pass:${DECK_KEY_PASSWORD}
```

（4）使用 CA 证书签署服务器请求并生成 deck.crt（PEM 格式）。

```
openssl x509 \
-req \
-days 365 \
-in deck.csr \
-CA ca.crt \
-CAkey ca.key \
-CAcreateserial \
-out deck.crt \
-passin pass:${CA_KEY_PASSWORD}
```

（5）为 Gate 生成秘钥 gate.key。

```
openssl genrsa \
-des3 \
-out gate.key \
-passout pass:${GATE_KEY_PASSWORD} \
4096
```

（6）为 Gate 生成证书签名请求 gate.csr，并指定 localhost 或 Gate 的 DNS 域名作为 CN 值。

```
openssl req \
-new \
-key gate.key \
-out gate.csr \
-passin pass:${GATE_KEY_PASSWORD}
```

（7）使用 CA 证书签署服务器请求并生成 gate.crt（PEM 格式）。

```
openssl x509 \
-sha256 \
-req \
```

```
-days 365 \
-in gate.csr \
-CA ca.crt \
-CAkey ca.key \
-CAcreateserial \
-out gate.crt \
-passin pass:${CA_KEY_PASSWORD}
```

（8）将 PEM 格式的 Gate 证书转化为 PKCS12 文件，该文件可导入 Java Keystore（JKS）。

```
openssl pkcs12 \
-export \
-clcerts \
-in gate.crt \
-inkey gate.key \
-out gate.p12 \
-name gate \
-passin pass:${GATE_KEY_PASSWORD} \
-password pass:${GATE_EXPORT_PASSWORD}
```

（9）创建一个新的 JKS，包含 p12 格式的 Gate 证书。

```
keytool -importkeystore \
-srckeystore gate.p12 \
-srcstoretype pkcs12 \
-srcalias gate \
-destkeystore gate.jks \
-destalias gate \
-deststoretype pkcs12 \
-deststorepass ${JKS_PASSWORD} \
-destkeypass ${JKS_PASSWORD} \
-srcstorepass ${GATE_EXPORT_PASSWORD}
```

（10）将 CA 证书导入 Java Keystore。

```
keytool -importcert \
-keystore gate.jks \
-alias ca \
-file ca.crt \
-storepass ${JKS_PASSWORD} \
-noprompt
```

（11）验证 Java Keystore。

```
keytool \
-list \
-keystore gate.jks \
-storepass ${JKS_PASSWORD}
```

（12）有了上面的证书和秘钥后，便能够使用 Halyard 为 Deck 和 Gate 设置 SSL。

对于 Gate 组件，需要输入两次相同的密码，为 JKS_PASSWORD 配置的值如下。

```
KEYSTORE_PATH= # /path/to/gate.jks
hal config security api ssl edit \
--key-alias gate \
--keystore ${KEYSTORE_PATH} \
--keystore-password \
--keystore-type jks \
--truststore ${KEYSTORE_PATH} \
--truststore-password \
--truststore-type jks
hal config security api ssl enable
```

对于 Deck 组件，需要输入密码，为 SOME_PASSWORD_FOR_DECK_KEY 配置的值如下。

```
SERVER_CERT=    # /path/to/deck.crt
SERVER_KEY=     # /path/to/deck.key

hal config security ui ssl edit \
--ssl-certificate-file ${SERVER_CERT} \
--ssl-certificate-key-file ${SERVER_KEY} \
--ssl-certificate-passphrase

hal config security ui ssl enable
```

（13）重新部署 Spinnaker 使其生效。

```
hal deploy apply --no-validate
```

配置完成后，便能够使用 HTTPS 的方式来访问 Deck 和 Gate。

11.2 认证

在生产环境中，需要重点考虑 Spinnaker 的用户认证问题。Spinnaker 内置了多种认证支持，例如 OAuth 2.0、SAML、LDAP 和 X.509。

Spinnaker 的认证工作流程涉及 3 个认证组件：Gate、Deck 和 IdentityProvider。这三者的调用关系如图 11-4 所示。

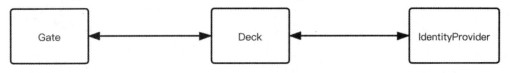

图 11-4　认证组件的调用关系

- Gate：Spinnaker 的 API 网关，所有流量都会经过 Gate，并且也是认证流程的 Endpoint。
- Deck：Spinnaker 的用户界面。
- IdentityProvider：不同的 IdentityProvider 提供不同的认证类型。

在为 Spinnaker 配置认证的过程中，推荐使用 Chrome 的隐身模式进行调试，并且在配置更改时关闭隐身窗口，然后重新打开。

需要注意的是，所有的隐身窗口共享同一个 cookies，这意味着当需要进行配置修改查看效果时，需要关闭所有的隐身窗口，否则 cookies 不会被删除，从而影响测试结果。

11.2.1 SAML

SAML 2.0 是一种安全断言标记语言，基于 XML 标准，用于不同的域名之间交换认证和授权数据。SAML 由身份提供者和服务提供者组成，身份提供者提供认证，并将认证结果通过浏览器跳转的方式告知服务提供者。

在 Spinnaker 中，SAML 的认证过程是，当用户浏览受控的页面后被重定向（302）到 SAML IdP 进行登录，并返回 Spinnaker 的过程。

从 Spinnaker 跳转到 SAML IdP 的流程如图 11-5 所示。

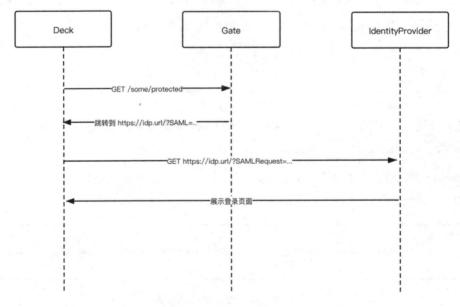

图 11-5　从 Spinnaker 跳转到 SAML 的流程

- 用户访问受控的资源。

- Gate 重定向到 SAML IdP,并传递如下一些参数。

  - SAMLRequest:Gzip 格式的 XML 身份验证请求。

  - SigAlg:用于生成签名的参数。

  - Signature:SAMLRequest 使用 SigAlg 算法和服务器密钥的签名。

跳转过程结束后,SAML IdP 会要求用户输入账号和密码进行登录操作,其过程如图 11-6 所示。

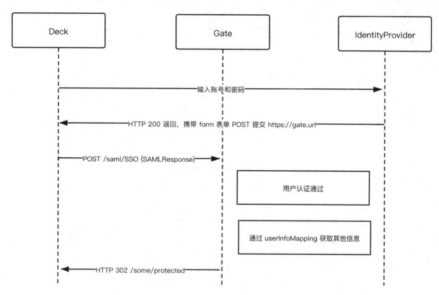

图 11-6　SAML 登录过程

使用 SAML 需要遵循以下配置流程。

(1)从身份提供者(IdP)处获取 metadata.xml 文件,如下。

```xml
<?xml version="1.0" encoding="UTF-8" standalone="no"?>
<md:EntityDescriptor
    xmlns:md="urn:oasis:names:tc:SAML:2.0:metadata"
    entityID="https://accounts.google.com/o/saml2?idpid=SomeValueHere"
    validUntil="2021-05-16T15:17:27.000Z">
<md:IDPSSODescriptor
    WantAuthnRequestsSigned="false"
    protocolSupportEnumeration="urn:oasis:names:tc:SAML:2.0:protocol">
    <md:KeyDescriptor use="signing">
    <ds:KeyInfo xmlns:ds="http://www.w3.org/2000/09/xmldsig#">
        <ds:X509Data>
```

```
            <ds:X509Certificate>
MIIDdDCCAlygAwIBAgIGAVS/Sw5yMA0GCSqGSIb3DQEBCwUAMHsxFDASBgNVBAoTC0dvb2dsZSBJ
bmMuMRYwFAYDVQQHEw1Nb3VudGFpbiBWaWV3MQ8wDQYDVQQDEwZHb29nbGUxGDAWBgNVBAsTD0dv
b2dsZSBGb3IgV29yazELMAkGA1UEBhMCVVMxEzARBgNVBAgTCkNhbGlmb3JuaWEwHhcNMTYwNTE3
MTUxNzI3WhcNMjEwNTE2MTUxNzI3WjB7MRQwEgYDVQQKEwtHb29nbGUgSW5jLjEWMBQGA1UEBxMN
TW91bnRhaW4gVmlldzEPMA0GA1UEAxMGR29vZ2xlMRgwFgYDVQQLEw9Hb29nbGUgRm9yIFdvcmsx
CzAJBgNVBAYTblVTMRMwEQYDVQQIEwpDYWxpZm9ybmlhMIIBIjANBgkqhkiG9w0BAQEF46OCAQ8A
MIIBCgKCAQEA4JsnpS0ZBzb7DtlU7Zop7l+Kgr7NzusKWcEC6MOsFa4Dlt7jxv4ScKZ/61M5WKxd
5YX0ol1rPokpNztj+Zk7OXrG8lDic0DpeDutc9pcq0+9/NYFF7WR7TDjh4B7Txnq7SerSB78fT8d
4rK7Bd+cu/cBIyAAyZ5tLeLbmTnHAk093Y9vF3mdWQnfAhx4ldOfstF6G/d2ev7I5xjSKzQuH6Ew
3bb3HLcM4uEVevOfNAlh1KoV4vQr+qzbc9UEFcPRwzuTwGa6QjfspWW7NgXKbHHC+X6a+gqJrke/
6l2VvHaQBJ7oIyt4PCdel2cnUkvuxvzHPYedh1AgrIiSP1brSQIDAQABMA0GCSqGSI34DQEBCwUA
A4IBAQCPqMAIau+pRDs2NZG1nGfyEMDfs0qop6FBa/wTNis75tLvay9MU1xXkTxm9aVxgggjEyc6
XtDjpV0onrH0jBnSc+vRI1GFQ48EO3owy3uBIeR1aMy13ZwAA+KVizeoOrXBJbvIUZHo0yfKRzIu
gtM58j58BdAFeYo+X9ds/ysvZ8FIGTLqMl/A3oO/yBNDjXR9Izoqgm7RX0JJXGL9Y1AgmEjxyqo9
MhxZAGxOHm9HZWWfVMcoe8p62mRJ2zf4lkNPBnDHrQ8MDPSsXewAuiSnRBDLxhdBgyThT/KW7Q06
rGa6Dp0rntKWzZE3hGQS0AdsnuFY/OXbmkNG9WUrUg5x
            </ds:X509Certificate>
        </ds:X509Data>
    </ds:KeyInfo>
    </md:KeyDescriptor>
    <md:NameIDFormat>urn:oasis:names:tc:SAML:1.1:nameid-format:emailAddress</md:NameIDForma
t>
    <md:SingleSignOnService
        Binding="urn:oasis:names:tc:SAML:2.0:bindings:HTTP-Redirect"
        Location="https://accounts.google.com/o/saml2/idp?idpid=SomeValueHere"/>
    <md:SingleSignOnService
        Binding="urn:oasis:names:tc:SAML:2.0:bindings:HTTP-POST"
        Location="https://accounts.google.com/o/saml2/idp?idpid=SomeValueHere"/>
</md:IDPSSODescriptor>
</md:EntityDescriptor>
```

（2）创建一个名为 Spinnaker SAML 的应用。

（3）将登录的 URL 配置为 https://localhost:8084/saml/SSO，如果 Gate 有独立的域名，请替换 localhost。

（4）指定唯一的实体 ID，例如 spinnaker.test。

（5）启用需要访问 Spinnaker 的用户。

（6）生成 RSA 秘钥。

```
keytool -genkey -v -keystore saml.jks -alias saml -keyalg RSA -keysize 2048 -validity 10000
```

（7）执行命令重新部署 Gate。

```
KEYSTORE_PATH= # /path/to/keystore.jks
```

```
KEYSTORE_PASSWORD=hunter2
METADATA_PATH= # /path/to/metadata.xml
SERVICE_ADDR_URL=https://localhost:8084
ISSUER_ID=spinnaker.test

hal config security authn saml edit \
--keystore $KEYSTORE_PATH \
--keystore-alias saml \
--keystore-password $KEYSTORE_PASSWORD \
--metadata $METADATA_PATH \
--issuer-id $ISSUER_ID \
--service-address-url $SERVICE_ADDR_URL

hal config security authn saml enable
```

特别注意，在 SAML 工作流的过程中，Gate 对自身的 URL 进行了自动推断，但在某些场景下可能是不准确的，例如前置有 HTTPS 负载均衡器。要覆盖 URL 的值，请使用以下命令。

```
hal config security authn saml edit --service-address-url https://my-real-gate-address.com:8084
```

11.2.2　OAuth

OAuth 认证是通过在客户端和资源提供方之间设置了一层"授权层"来实现的。其原理是客户端不直接向资源提供方登录，只能登录授权层。授权通过后，通过访问令牌（Access Token）访问受控资源。OAuth 2.0 是认证和授权的首选方法。

OAuth 2.0 登录流程如图 11-7 所示。

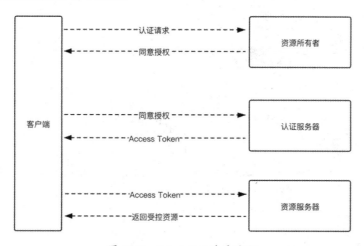

图 11-7　OAuth 2.0 登录流程

- 用户访问受控资源，客户端要求用户给予授权。
- 用户同意授权。
- 客户端使用上一步获得的授权，向认证服务器申请访问令牌。
- 认证服务器对客户端进行认证，并发放访问令牌。
- 客户端使用访问令牌向资源服务器获取资源。
- 资源服务器确认访问令牌的有效性，并返回资源。

以 Spinnaker 接入 GitHub OAuth 为例，需要遵循以下过程。

（1）进入 GitHub 创建 OAuth 页面[①]，并为 Spinnaker 创建 OAuth 应用，如图 11-8 所示。

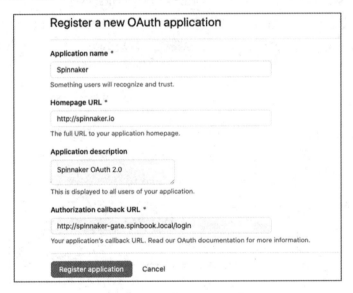

图 11-8　创建 OAuth 应用

在 Authorization callback URL 处填写 "http://spinnaker-gate.spinbook.local/login"，如果 Gate 地址已修改，请填写实际的 URL。

创建完成后，单击 "Generate a new client secret"，创建新的 secret 并记录，以便后续使用，如图 11-9 所示。

---

① 相关链接见电子资源文档中的链接 11-1。

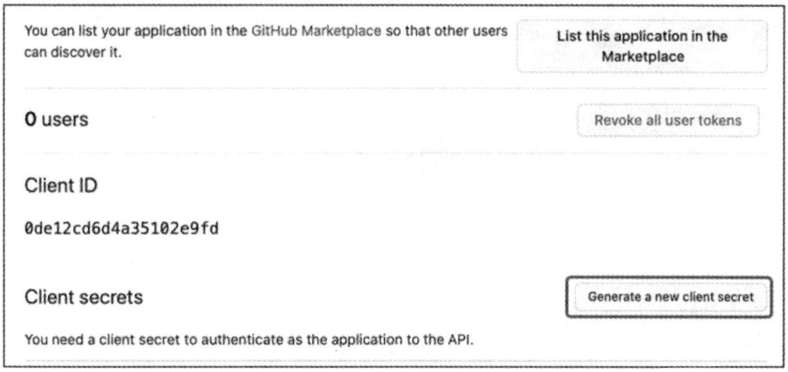

图 11-9　创建 secret

（2）运行 Hal 命令。

```
$ hal config security authn oauth2 edit --provider github \
--client-id (client ID from above) \
--client-secret (client secret from above)
```

重新部署 Spinnaker。

```
$ hal config security authn oauth2 enable
```

（3）也可以手动编辑 hal config 配置文件。

```yaml
security:
authn:
   oauth2:
   enabled: true
   client:
      clientId: # client ID from above
      clientSecret: # client secret from above
      accessTokenUri: https://github.com/login/oauth/access_token
      userAuthorizationUri: https://github.com/login/oauth/authorize
      scope: user:email
   resource:
      userInfoUri: https://api.github.com/user
# You almost certainly want to restrict access to your Spinnaker by adding
# userInfoRequirements; otherwise any user with a GitHub account will be
# able to access it.
   userInfoRequirements: {}
   userInfoMapping:
      email: email
      firstName: ''
      lastName: name
      username: login
   provider: GITHUB
```

配置完成后，再次访问 Spinnaker，会跳转至 GitHub OAuth 授权页面，如图 11-10 所示。

图 11-10　GitHub OAuth 授权页面

授权通过后，跳转到 Spinnaker 认证登录控制台，右上角将显示当前登录的用户名，如图 11-11 所示。

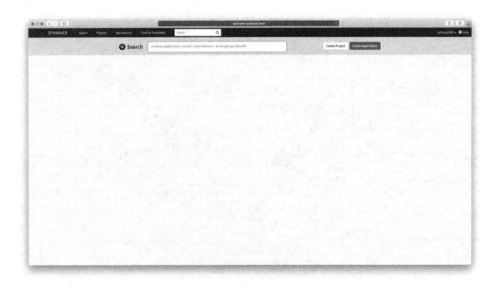

图 11-11　Spinnaker 认证登录控制台

11.2.3 LDAP

轻型目录访问协议（Lightweight Directory Access Protocol，LDAP）是一种组织成员和凭据的标准方法。在 Spinnaker 中，Gate 组件使用用户输入的账号和密码访问 LDAP 服务器，如果连接成功，则认为通过身份验证。

下面了解一些 LDAP 的核心概念，如表 10-1 所示。

表 10-1　LDAP 的核心概念

概念	英文全称	含　义
DC	Domain Component	域名信息，例如 example.com 记录为 dc=example,dc=com
UID	User Id	用户 ID，例如 c8sj1sa
OU	Organization Unit	组织单位，例如 CD 组
CN	Common Name	公共名称，例如 wangwei
SN	Surname	姓，例如王
DN	Distinguished Name	一条记录的唯一 ID，例如 uid=c8sj1sa,ou=CD 组,dc=example,dc=com
RDN	Relative DN	相对名，类似于文件系统中的相对路径

在使用用户输入的账号密码登录 LDAP 服务器认证时，首先要做的是确定 DN。

先从 URL（ldap://my.server/dc=example,dc=org）提取根 DN，也就是 dc=example,dc=org。

如果 --user-search-filter 被配置了，那么要搜索 LDAP。

- 如果配置了 user-search-base，那么从该根目录中搜索。
- 按 --user-search-filter="(d={0})" 位置过滤 uid=<the username as typed in>，例如 wangwei。
- 从 rootDn 开始并使用子树搜索。
- 返回根 DN + 找到用户的 DN。

如果 user-search-filter 未配置，则使用 user-dn-pattern 计算用户 DN。若给定以下参数，则用户最终的 DN 为 uid=wangwei,ou=users,dc=example,dc=com。

- 根 DN 为 dc=example,dc=com。
- user-dn-pattern 是 uid={0},ou=users。
- wangwei 为用户 ID。

要使用 LDAP，需要进行以下配置。

```
$ hal config security authn ldap edit --user-dn-pattern="uid={0},ou=users" \
    --url=ldaps://ldap.my-organization.com:636/dc=my-organization,dc=com

$ hal config security authn ldap enable
```

此外,还可以使用--user-search-base 或--user-search-filter 来提供配置。

重新部署 Spinnaker 使其生效。

```
$ hal deploy apply --no-validate
```

最终,一份可行的 hal config 原始配置文件可能如下。

```
ldap:
    roleProviderType: LDAP
    url: ldap://10.94.97.61:389/dc=example,dc=org
    managerDn: cn=admin,dc=example,dc=org
    managerPassword: admin
    userDnPattern: uid={0},ou=codingcorp
    userSearchBase: ou=codingcorp
    groupSearchBase: ou=codingcorp
    groupSearchFilter: (uniqueMember=uid={1})
    groupRoleAttributes: cn
```

配置完成后,打开 Spinnaker 控制台,将要求提供账号和密码进行登录。

11.2.4　x509

x509 的认证方式是以公钥为基础对客户端进行认证,它可以与其他认证方式一起使用,也可以单独使用。

首先请根据 11.1 节的内容生成 CA 证书,接下来使用该证书生成客户端证书。

(1)创建客户端秘钥。

```
$ openssl genrsa -des3 -out client.key 4096
```

(2)为服务器生成证书签名。

```
$ openssl req -new -key client.key -out client.csr
```

(3)使用 CA 对服务器进行签名。

```
$ openssl x509 -req -days 365 -in client.csr -CA ca.crt -CAkey ca.key -CAcreateserial -out client.crt
```

(4)将客户端证书格式转化为浏览器可导入的形式(可选)。

```
$ openssl pkcs12 -export -clcerts -in client.crt -inkey client.key -out client.p12
```

以上命令执行完成后，将得到以下两个文件。

- client.key：PEM 格式的私钥。
- client.crt：PEM 格式的 x509 证书。

启用 x509 并重新部署 Spinnaker。

```
$ hal config security authn x509 enable
$ hal deploy apply --no-validate
```

下面即可使用证书连接到 API。

```
curl https://spinnaker-gate.spinbook.local/applications \
 -k \
 --cert client.crt\
 --key client.key
```

11.3 授权

配置完认证后，接下来便能够配置授权策略。

在 Spinnaker 中，授权是由 Fiat 组件进行处理的，它可以为用户授予运行、查看流水线等操作。授权支持多种机制，默认情况下处于禁用的状态，授权可以实现以下访问控制。

- 限制对特定的云账号访问。
- 限制对特定的应用访问。
- 限制对特定的流水线运行。

例如对于应用程序来说，可以授予用户 READ、WRITE、EXECUTE 权限。

在配置授权策略之前，需要注意以下几点。

- 当一个资源没有被定义谁可以访问时，它会被认为是不受限的：如果云账号不受限，那么任何有权访问 Spinnaker 控制台的用户都可以使用该云账号进行部署操作；如果应用程序不受限，则任何有权访问 Spinnaker 控制台的用户都可以部署该应用程序。
- 在 Spinnaker 中，授权是通过角色来实现的。
- 云账号可以包含多个应用程序，而应用程序可以跨越多个云账号。授予对云账号的访问权限不会授予对应用的访问权限，所以有时需要同时具有两种权限才能执行一些操作。

在对云账号进行权限控制时，由于云账号是 Clouddriver 进行管理的，所以 Fiat 会向 Clouddriver 获取权限列表。云账号有两种访问权限，分别是 READ 和 WRITE，用户必须具有 READ 权限才能查看云账号的资源，具有 WRITE 权限才能更改资源。使用以下命令管理云账号的权限。

```
PROVIDER= # cloud provider
hal config provider $PROVIDER account edit $ACCOUNT \
 --add-read-permission role1 \ #添加 READ 权限
 --add-write-permission role2 \ #添加 WRITE 权限
 --remove-read-permission role3 \ # 移除 READ 权限
 --remove-write-permission role4 # 移除 WRITE 权限

hal config provider $PROVIDER account edit $ACCOUNT \
 --read-permissions role1,role2,role3 \ # 对多个角色进行授权
 --write-permissions role1,role2,role3
```

除了云账号，Spinnaker 还能控制应用的授权。在 Spinnaker 1.14 之前，对于应用程序的权限控制仅有 READ 和 WRITE。1.14 版本之后添加了 EXECUTE 权限，用于对运行流水线的权限的授权。为了保持兼容性，具有 READ 权限的角色将隐性获得 EXECUTE 权限，并能够使用以下方法来修改。

（1）在 Deck 中为角色配置应用授权，例如，指定 pipeline-readers 角色具有该应用的只读（Read only）权限，如图 11-12 所示。

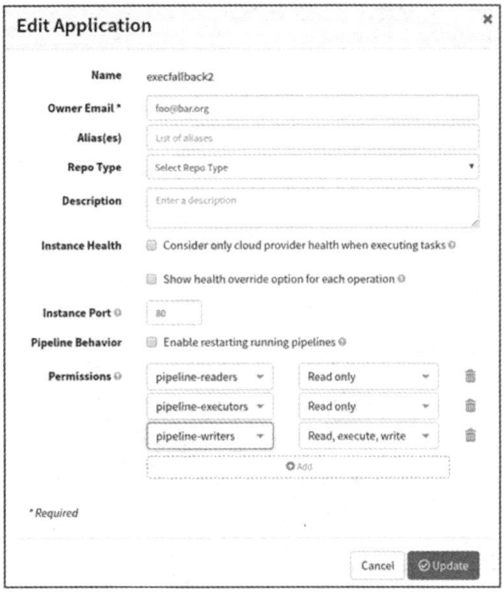

图 11-12　应用授权

（2）创建 fiat-local.yaml 文件并配置，使得只有具有 WRITE 权限的用户才能获得 EXECUTE 权限。

```
fiat.executeFallback: 'WRITE'
```

所需权限的示例如下。

- 删除云账号中的负载均衡器，需要对该云账户具有 WRITE 权限。
- 修改应用内的流水线，需要对该应用程序具有 WRITE 权限。
- 从 1.14 版本之后，要运行流水线，需要具有 EXECUTE 权限。
- 在应用 A 中的流水线使用云账户 B 进行部署操作，至少需要具有应用 A 的 EXECUTE 权限和云账号 B 的 WRITE 权限。

（3）最后，在 Spinnaker 中，支持以下方法将角色与用户进行关联。

- YAML 文件：包含用户和角色的映射关系。
- GitHub Team：角色是用户所属的团队名称。
- Google Group：从 Google Group 中获取角色信息。
- LDAP：从 LDAP 中搜索用户角色。
- SAML：使用 SAML 的用户组。

11.3.1 YAML

为 Spinnaker 提供角色信息最简单的方式是使用 YAML 文件。通过为用户声明所属的角色，并将文件提供给 Spinnaker，即可让这种方式生效。

以下是 YAML 文件的示例 roles.yaml。

```
users:
- username: foo
  roles:
  - bar
  - baz
- username: batman
  roles:
  - crimeFighter
  - jokerJailer
- username: robin
  roles: []
```

```
- username: nanana
```

其中，username 是用户名，roles 是角色列表。

接着，通过以下命令来配置。

```
$ hal config security authz file edit --file-path=roles.yaml
$ hal config security authz edit --type file
$ hal config security authz enable
```

重新部署 Spinnaker 使其生效。

```
$ hal deploy apply
```

11.3.2　SAML

SAML 的授权方式不支持动态更新，因为在认证阶段，已经将角色信息注入 Gate 和 SAML 身份提供商（IdP）之间。

要启用 SAML 角色，需要在 IdP 中为用户配置用户组信息，需要注意的是，某些提供商可能不支持。默认情况下，Gate 会查找 memberOf 属性值，也可以在 Gate 的配置 gate-local.yml 中修改。

```
saml:
 userAttributeMapping:
  roles: http://schemas.xmlsoap.org/ws/2005/05/identity/claims/memberO
```

在启用认证和 Fiat 后，在用户登录时，SAML 的用户组信息将被自动推送到 Fiat，并且只有在用户重新登录之后才会更新角色信息。

11.3.3　LDAP

LDAP 是一种灵活的认证和授权方式，很多企业都将其用作统一的员工账户中心。要使用 LDAP 提供角色信息，需要进行以下配置。

```
$ hal config security authz ldap edit \
  --url ldaps://ldap.mydomain.net:636/dc=mydomain,dc=net \
  --manager-dn uid=admin,ou=system \
  --manager-password \
  --user-dn-pattern uid={0},ou=users \
  --group-search-base ou=groups \
  --group-search-filter "(uniqueMember={0})" \
  --group-role-attributes cn

$ hal config security authz edit --type ldap
$ hal config security authz enable
```

启用 LDAP 授权后，Fiat 将使用以下逻辑为用户绑定角色信息。

- 基于必填字段 group-search-base 来查询，如果该字段未被配置，则不会查询到任何角色信息。
- 使用 group-search-filter 查询结果。
- 使用用户完整的 DN 作为过滤参数，只显示该成员所属组的信息。
- 将组的名称作为角色名称，通过 group-role-attributes 属性来获取。

如果要使用登录的用户名替代用户 DN 搜索组信息，需要将 group-search-filter={0} 替换为 group-search-filter={1}。

11.3.4　GitHub

作为一种授权方式，GitHub 会将该用户所属组织下的 Team 作为角色名来实现。

要使用 GitHub 的授权方式，需要对 GitHub 进行配置。

（1）使用管理员账户前往 GitHub[①]，生成一个新的个人访问令牌（Personal Access Token）。

（2）按照以下内容创建个人访问令牌，如图 11-13 所示。注意，务必要勾选 "read:org" 权限。

图 11-13　创建个人访问令牌

---

① 相关链接见电子资源文档中的链接 11-2。

（3）单击"Generate new token"，生成个人访问令牌并记录，以便后续使用，如图11-14所示。

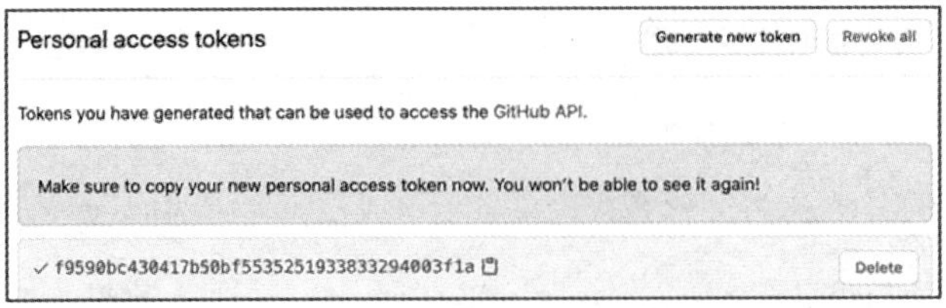

图 11-14　生成个人访问令牌

（4）接下来使用 Halyard 进行配置。

```
export TOKEN=b22a54...    # 个人访问令牌
export ORG=myorg          # GitHub Organization 组织名称

$ hal config security authz github edit \
    --accessToken $TOKEN \
    --organization $ORG \
    --baseUrl https://api.github.com

$ hal config security authz edit --type github

$ hal config security authz enable
```

（5）重启 Spinnaker 使其生效。

```
$ hal deploy apply --no-validate
```

11.3.5　Service Account

在启用认证和授权之后，通过控制台人工运行流水线时，Spinnaker 的微服务组件能够通过上下文获取用户和角色信息。但有一种情况是需要额外考虑的，那就是自动触发。

自动触发是一种特殊的运行方式。在流水线被触发时，其内部无任何用户主体触发流水线，这就需要我们为触发器配置运行的用户——Service Account，也称为"服务账户"。

服务账户包含的内容有名称和一组角色，这些角色必须具有流水线的运行权限。

（1）创建服务账户。

```
export FRONT50=http://front50.url:8080 # FRONT50 微服务的 URL

$ curl -X POST \
 -H "Content-type: application/json" \
 -d '{ "name": "my-service-account@spinnaker.io", "memberOf": ["dev","ops"] }' \
 $FRONT50/serviceAccounts
```

注意：在上述命令中，dev 和 ops 是角色名称。

（2）此时可以看到创建的服务账户如下。

```
$ curl $FRONT50/serviceAccounts
```

（3）由于存在缓存的问题，可能需要手动同步操作 Fiat 组件，命令如下。

```
export FIAT=http://fiat.url:7003
$ curl -X POST $FIAT/roles/sync
```

（4）查询 Fiat，检查服务账户是否拥有对应资源的权限。

```
$ curl $FIAT/authorize/myApp-svc-account
```

（5）此时便能够在触发器界面看到 "Run As User" 选项，以及所有和当前用户具有相同权限的服务账户，如图 11-15 所示。

图 11-15　触发界面的 Run As User 选项

注意，假设当前有以下两个用户和一个服务账户。

- foo（roles：A,B,C）
- bar（roles：A,B）
- my-service-account（roles：A,C）

foo 用户将能够使用 my-service-account，因为该用户包含服务账户的所有角色。相反，bar 用户不能使用 my-service-account，不会在列表里列出。

当流水线被触发时，会进行两次授权检查：一是检查该用户是否有权访问该服务账户，二是检查该服务账户是否有权运行该流水线。

通过授权检查后，流水线便能够像人工启动一样运行。

最后，如果要删除服务账户，可以这样做。

```
# ID 和小写的 Service Account 名称一致
export SERVICE_ACCOUNT_ID="my-service-account@spinnaker.io"
FRONT50=http://front50.url:8080

$ curl -X DELETE "$FRONT50/serviceAccounts/$SERVICE_ACCOUNT_ID"
```

与创建服务账户一致，可能需要手动运行 curl -X POST $FIAT/roles/sync 来同步 Fiat 缓存。

11.3.6 流水线权限

手动管理服务账户略显复杂，流水线权限则可以让自动触发的流水线获得云账号和应用资源，是手动管理服务账户的替代方法。

在不使用流水线权限的情况下，管理员必须要先创建具有权限的服务账户，然后为触发器配置 "Run As User"。流水线权限简化了这一流程，用户只需要在流水线中指定一组角色，即可自动创建服务账户，并与该流水线进行关联。

流水线权限默认是关闭的，通过以下方法来启用它。

（1）启用 Orca 支持，创建 orca-local.yml。

```
tasks:
  useManagedServiceAccounts: true
```

（2）启用 Deck 支持，将以下内容添加到 settings-local.js。

```
window.spinnakerSettings.feature.managedServiceAccounts = true;
```

（3）重新部署 Spinnaker 使其生效。

```
$ hal deploy apply --no-validate
```

配置完成后，在创建流水线触发器时，便能够自动展示流水线权限，如图 11-16 所示。

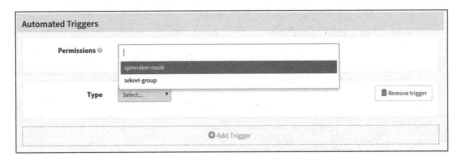

图 11-16　配置流水线权限

选择对应的角色添加到流水线后，Fiat 会自动创建服务账户并关联。

在启用流水线权限后，Run As User 将在触发器中隐藏。如果已配置了流水线权限，将继续使用原来的服务账户。如果已配置了流水线权限并且希望删除它们，可以通过编辑 JSON 的方式手动对删除该字段，或者使用自动迁移功能。

通过创建 front50-local.yml 文件来启用自动迁移功能。

```
migrations:
  migrateToManagedServiceAccounts: true
```

需创建的文件路径为~/.hal/default/profiles/front50-local.yml。

11.4　Redis 配置优化

在 Spinnaker 中，多个组件均使用 Redis 来存储缓存信息，例如 Clouddriver、Fiat、Orca 等，所以我们非常有必要了解 Redis 的配置优化。

Clouddriver 会每 30 秒运行一次 "caching agents"，并在所有 Clouddriver 实例上进行调度，我们可以通过创建更多的 Clouddriver 实例来减轻单个实例的负载。

创建 ~/.hal/$DEPLOYMENT/profiles/clouddriver-local.yml 文件，可以修改默认参数。

```
redis.poll.intervalSeconds: 30
redis.poll.timeoutSeconds: 300
```

其中，redis.poll.intervalSeconds 表示多久运行一次 caching agent（默认 30 秒）。如果低于该值，那么 UI 界面中的基础设施会更加频繁地被更新，同时也会增加 Clouddriver 的压力。

redis.poll.timeoutSeconds 的含义为定义 caching agent 最大的超时时间。超时是指在指定的时间内没有返回错误，也没有返回数据。当 agent 需要较长的缓存周期时，可以将该值调高。

一个常见的问题是，Redis 的内存很容易无限制地增长。这可能是 Spinnaker 默认永久存储所有的流水线执行导致的，可以通过创建文件 ~/.hal/$DEPLOYMENT/profiles/orca-local.yml 来修改。

```
pollers:
  oldPipelineCleanup:
    enabled: true
    intervalMs: 3600000
    thresholdDays: 30
    minimumPipelineExecutions: 5

tasks:
  daysOfExecutionHistory: 180
```

- intervalMs：清理流水线运行的周期，单位毫秒，默认是 1 小时（3600000 毫秒）。
- thresholdDays：清理多久的流水线执行数据，默认 30 天。
- minimumPipelineExecutions：保留多少个执行记录，默认 5 个。
- daysOfExecutionHistory：保留多久的流水线执行记录。

最后，也是最重要的一点：当集群内的 Redis 增长到较大规模且无法满足使用时，便需要使用外部 Redis 集群。

创建自定义配置文件 ~/.hal/$DEPLOYMENT/service-settings/redis.yml。

```
overrideBaseUrl: $REDIS_ENDPOINT
skipLifeCycleManagement: true
```

并为 Gate 创建自定义配置文件 ~/.hal/$DEPLOYMENT/profiles/gate-local.yml。

```
redis:
  configuration:
    secure:
      true
```

配置 skipLifeCycleManagement=true，Halyard 会停止部署和检查 Redis 实例状态。如果之前已经部署了 Redis，那么可以将其手动删除。

接下来为每个服务配置外部 Redis 连接信息，创建 ~/.hal/$DEPLOYMENT/profiles/$SERVICE-local.yml。

```
services.redis.baseUrl: $REDIS_ENDPOINT
```

其中，$SERVICE 是所有 Spinnaker 后端微服务名称，例如 clouddriver、echo、orca 等。

特别地，Gate 服务在启动时会要求 Redis 键空间通知（Redis Keyspace Notifications），部分云提供商托管型的 Redis 可能会禁用 CONFIG 命令。这就需要为 Gate 组件提供相关配置，创建 ~/.hal/$DEPLOYMENT/profiles/gate-local.yml 文件并输入以下内容。

```
redis:
  configuration:
    secure: true
```

11.5　横向扩容

横向扩容一般用于提升微服务的可靠性和稳定性，当 Spinnaker 部署在 Kubernetes 环境中时对组件进行横向扩容。

Kubernetes 环境下的 Pod 横向扩容（Horizontal Pod Autoscaler，HPA）工作机制如图 11-17 所示。

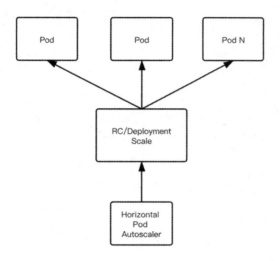

图 11-17　HPA 工作机制

HPA 控制器根据 CPU、内存和自定义度量指标等来执行自动扩缩容。执行扩缩容的行为是由 ReplicaSet 来实现的。

当 Spinnaker 中的某个组件被横向扩容后，架构如图 11-18 所示。

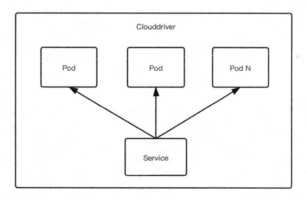

图 11-18　Spinnaker 横向扩容架构

以对 Spinnaker 组件配置 CPU 和内存 HPA 为例，首先为 halconfig（~/.hal/config）配置 Resource，以便 Halyard 在生成 Manifest 时自动添加 Kubernetes Resource 资源限制。

```yaml
deploymentEnvironment:
  customSizing:
    echo:
      limits:
        cpu: 250m
        memory: 512Mi
      requests:
        cpu: 100m
        memory: 128Mi
    spin-clouddriver:
      limits:
        cpu: 1000m
        memory: 1Gi
      requests:
        cpu: 250m
        memory: 512Mi
```

在配置时可以提供容器名（例如 echo），也可以提供服务名（例如 spin-clouddriver）。

重新部署 Spinnaker 使其生效。

```
$ hal deploy apply --no-validate
```

此时，通过 kubectl describe ${pod_name} 即可查看 Halyard 自动生成的资源限制。

接下来，创建 clouddriver-hpa.yaml。

```yaml
apiVersion: autoscaling/v2beta1
kind: HorizontalPodAutoscaler
metadata:
  name: clouddriver-hpa
  namespace: spinnaker
spec:
  scaleTargetRef:
    apiVersion: apps/v1
    kind: Deployment
    name: spin-clouddriver
  minReplicas: 1
  maxReplicas: 10
  metrics:
  - type: Resource
    resource:
      name: cpu
      target:
        type: AverageUtilization
        averageUtilization: 60
  - type: Resource
    resource:
      name: memory
```

```
    target:
      type: AverageUtilization
      averageUtilization: 80
```

以上 Manifest 定义了当 CPU 达到 60% 的用量或内存达到 80% 的用量时,进行自动扩容,横向扩容的数量为 1~10。

使用 kubectl apply -f clouddriver-hpa.yaml 提交使其生效。

最后,当以下场景速度变慢时,需要对 Clouddriver 组件进行扩容。

- 部署后云基础设施展示。
- 强制更新基础设施的缓存。
- 搜索资源,例如搜索 endpoint。

当以下场景速度变慢时,需要对 Orca 组件进行扩容。

- 创建应用程序。
- 运行流水线。
- 临时操作,例如复制、调整集群大小、回滚等。

11.6 使用 MySQL 作为存储系统

在 4.2.4 节中,演示了使用 Minio 作为存储系统来存储流水线。但在生产环境中,考虑到数据安全及可维护性,推荐使用 MySQL 来持久化存储数据。

MySQL 实现了较高性能的高度一致性的存储服务,并支持现成的对象版本控制(用于流水线历史版本)。需要注意的是,Spinnaker 推荐使用 MySQL 5.7 版本。

MySQL 可以选择公有云的数据库服务,也可以在 Kubernetes 集群手动进行部署。

以在 Kubernetes 集群下部署为例,先创建用于部署 MySQL 的命名空间,执行如下命令。

```
➜ ~ kubectl create ns mysql
namespace/mysql created
```

由于 MySQL 需要对数据进行持久化存储,因此需要接着创建一组 PersistentVolume 和 PersistentVolumeClaim,将以下内容保存为 mysql-pv.yaml。

```
apiVersion: v1
```

```
kind: PersistentVolume
metadata:
  name: mysql-pv-volume
  namespace: mysql
  labels:
    type: local
spec:
  storageClassName: manual
  capacity:
    storage: 10Gi
  accessModes:
    - ReadWriteOnce
  hostPath:
    path: "/mnt/data"
---
apiVersion: v1
kind: PersistentVolumeClaim
metadata:
  name: mysql-pv-claim
  namespace: mysql
spec:
  storageClassName: manual
  accessModes:
    - ReadWriteOnce
  resources:
    requests:
      storage: 10Gi
```

执行如下命令，创建 PV 和 PVC。

```
➜  ~ kubectl apply -f mysql-pv.yaml
persistentvolume/mysql-pv-volume created
persistentvolumeclaim/mysql-pv-claim created
```

最后部署 deployment 和 service，将以下内容保存为 mysql.yaml 文件。

```
apiVersion: v1
kind: Service
metadata:
  name: mysql
  namespace: mysql
spec:
  ports:
  - port: 3306
  selector:
    app: mysql
  clusterIP: None
---
apiVersion: apps/v1 # for versions before 1.9.0 use apps/v1beta2
```

```yaml
kind: Deployment
metadata:
  name: mysql
  namespace: mysql
spec:
  selector:
    matchLabels:
      app: mysql
  strategy:
    type: Recreate
  template:
    metadata:
      labels:
        app: mysql
    spec:
      containers:
      - image: mysql:5.7
        name: mysql
        env:
        - name: MYSQL_ROOT_PASSWORD
          value: root
        ports:
        - containerPort: 3306
          name: mysql
        volumeMounts:
        - name: mysql-persistent-storage
          mountPath: /var/lib/mysql
      volumes:
      - name: mysql-persistent-storage
        persistentVolumeClaim:
          claimName: mysql-pv-claim
```

保存后，执行如下命令，部署 MySQL。

```
➜  ~ kubectl apply -f mysql.yaml
service/mysql created
deployment.apps/mysql created
```

部署完成后，执行命令确认工作负载状态。

```
➜  ~ kubectl get all -n mysql
```

至此，我们完成了在 Kubernetes 集群中部署 MySQL 服务。

接下来将进一步讲解如何配置 Spinnaker 使用 MySQL 作为持久化存储系统。

11.6.1　Front50

Front50 也可以使用 MySQL 来存储流水线数据，前提是需要为 Front50 创建用于持久化数据的数据库。

为了能够访问在 Kubernetes 集群部署的 MySQL 服务，首先使用 port-forward 对 MySQL 服务进行端口转发。

```
➜ ~ kubectl port-forward mysql-7cb897875d-4mgnn -n mysql 3306:3306
Forwarding from 127.0.0.1:3306 -> 3306
Forwarding from [::1]:3306 -> 3306
```

接着，使用数据库工具连接至 MySQL，连接地址为 127.0.0.1，账号为 root，密码为 root。

连接成功后，执行以下 SQL，创建数据库。

```
CREATE DATABASE `front50` DEFAULT CHARACTER SET utf8mb4 COLLATE utf8mb4_unicode_ci;
```

数据库创建完成后，接下来配置 Front50。

由于 Halyard 还不支持 Front50 SQL 的配置，所以可以进入 Halyard 容器，在 ~/.hal/default/profiles 目录创建自定义的 front50-local.yml 来配置 Front50。

```yaml
spinnaker:
  s3:
    enabled: false
sql:
  enabled: true
  connectionPools:
    default:
      # additional connection pool parameters are available here,
      # for more detail and to view defaults, see:
      #
https://github.com/spinnaker/kork/blob/master/kork-sql/src/main/kotlin/com/netflix/spinnaker/kork/sql/config/ConnectionPoolProperties.kt
      default: true
      jdbcUrl: jdbc:mysql://mysql.mysql.svc.cluster.local:3306/front50?useUnicode=true&characterEncoding=utf-8
      user: root
      password: root
  migration:
    user: root
    password: root
    jdbcUrl: jdbc:mysql://mysql.mysql.svc.cluster.local:3306/front50?useUnicode=true&characterEncoding=utf-8
```

mysql.mysql.svc.cluster.local 是在 Kubernetes 集群部署的 MySQL 服务的 Endpoint，mysql(service_name).mysql(namespace).svc.cluster.local 是 Kubernetes 为 MySQL service 创建该服务的记录，使用该域名便能够访问 MySQL service。

同时，为了避免保存在 MySQL 中的数据出现乱码问题，在连接地址后添加了?useUnicode=true&characterEncoding=utf-8。

最后，执行命令，重新部署 Spinnaker。

```
bash-5.0$ hal deploy apply
+ Preparation complete... deploying Spinnaker
+ Get current deployment
  Success
+ Apply deployment
  Success
+ Deploy spin-redis
  Success
+ Deploy spin-clouddriver
  Success
+ Deploy spin-front50
  Success
+ Deploy spin-orca
  Success
+ Deploy spin-deck
  Success
+ Deploy spin-echo
  Success
+ Deploy spin-gate
  Success
+ Deploy spin-rosco
  Success
```

部署完成后，Front50 组件将对名为 front50 的数据库自动创建所需的数据表和表结构，至此，我们便完成了 Front50 使用 MySQL 作为存储系统的所有配置工作。

11.6.2　Clouddriver

Clouddriver 最初是使用 Redis 来实现缓存的，但其存储的数据具有一定的关联性，所以使用 MySQL 也是一种比较好的选择。

首先，为 Clouddriver 创建数据表结构。

```
CREATE DATABASE `clouddriver` DEFAULT CHARACTER SET utf8mb4 COLLATE utf8mb4_unicode_ci;
GRANT
```

```
  SELECT, INSERT, UPDATE, DELETE, CREATE, EXECUTE, SHOW VIEW
ON `clouddriver`.*
TO 'clouddriver_service'@'%'; -- IDENTIFIED BY "password" if using password based auth

GRANT
  SELECT, INSERT, UPDATE, DELETE, CREATE, DROP, REFERENCES, INDEX, ALTER, LOCK TABLES,
EXECUTE, SHOW VIEW
ON `clouddriver`.*
TO 'clouddriver_migrate'@'%'; -- IDENTIFIED BY "password" if using password based auth
```

其次，配置 MySQL 参数 tx_isolation 为 READ-COMMITTED，并且可增加 tmp_table_size 参数值。

接下来进行以下配置，使用 MySQL 替换 Redis，新建 ~/.hal/default/profiles/clouddriver-local.yml。

```yaml
sql:
  enabled: true
  # 是否启用只读
  read-only: false
  taskRepository:
    enabled: true
  cache:
    enabled: true
    #可根据实际情况调整
    readBatchSize: 500
    writeBatchSize: 300
  scheduler:
    enabled: true

  # 启用 Clouddriver 缓存清理机制，当 Provider 为 Kubernetes 时可以配置为 true
  unknown-agent-cleanup-agent:
    enabled: false

  connectionPools:
    default:
      default: true
      jdbcUrl: jdbc:mysql://your.database:3306/clouddriver
      user: clouddriver_service
      password: password
    # 任务的连接池，这是可选配置，如果要单独使用 MySQL 实例来存储任务，则可进行配置
    tasks:
      user: clouddriver_service
      jdbcUrl: jdbc:mysql://your.database:3306/clouddriver
  migration:
    user: clouddriver_migrate
    jdbcUrl: jdbc:mysql://your.database:3306/clouddriver

redis:
```

```yaml
    enabled: false
  cache:
    enabled: false
  scheduler:
    enabled: false
  taskRepository:
    enabled: false
```

如果在使用过程中发现 MySQL 的 CPU 使用率很高，这可能是 Clouddriver 的分布式锁导致的，可以考虑单独配置让分布式锁使用 Redis。

```yaml
sql:
  scheduler:
    # 关闭使用 MySQL 作为分布式锁
    enabled: false

redis:
  enabled: true
  connection: redis://your.redis
  cache:
    enabled: false
  scheduler:
    enabled: true
  taskRepository:
    enabled: false
```

如果在生产环境下将 Redis 切换到 MySQL，要注意避免停机问题，可以使用以下配置让 Clouddriver 使用 MySQL 作为缓存，当 MySQL 无法找到任务时回读 Redis。

```yaml
redis:
  enabled: true
  connection: redis://your.redis
  cache:
    enabled: false
  scheduler:
    enabled: false
  taskRepository:
    enabled: true

dualTaskRepository:
  enabled: true
  primaryClass: com.netflix.spinnaker.clouddriver.sql.SqlTaskRepository
  previousClass: com.netflix.spinnaker.clouddriver.data.task.jedis.RedisTaskRepository
```

11.6.3 Orca

Orca 默认将流水线的运行状态存储在 Redis 中，也可以配置使用 MySQL 来存储。在该架构中，执行队列的支持仍然需要 Redis，但使用 MySQL 将可以运行持久化存储。

在配置使用 MySQL 存储时，首先需要为数据库配置参数，将 tx_isolatio 配置为 READ-COMMITTED，并手动创建需要的数据表和数据库结构。

```sql
CREATE SCHEMA `orca` DEFAULT CHARACTER SET utf8mb4 COLLATE utf8mb4_unicode_ci;

GRANT
  SELECT, INSERT, UPDATE, DELETE, CREATE, EXECUTE, SHOW VIEW
ON `orca`.*
TO 'orca_service'@'%'; -- IDENTIFIED BY "password" if using password based auth

GRANT
  SELECT, INSERT, UPDATE, DELETE, CREATE, DROP, REFERENCES, INDEX, ALTER, LOCK TABLES, EXECUTE, SHOW VIEW
ON `orca`.*
TO 'orca_migrate'@'%'; -- IDENTIFIED BY "password" if using password based auth
```

接下来，创建 ~/.hal/default/profiles/orca-local.yml。

```yaml
sql:
  enabled: true
  connectionPools:
    default:
      default: true
      jdbcUrl: jdbc:mysql://localhost:3306/orca
      user: orca_service
      password: hunter2
      # MariaDB 配置:
      maxPoolSize: 50
  migration:
    jdbcUrl: jdbc:mysql://localhost:3306/orca
    user: orca_migrate
    password: hunter2

executionRepository:
  sql:
    enabled: true
  redis:
    enabled: false

# 活动的执行度量数据将从 MySQL 中读取
monitor:
  activeExecutions:
    redis: false

# 使用 SQL 实现 Orca 的工作队列
keiko:
```

```
queue:
  sql:
    enabled: true
  redis:
    enabled: false
queue:
  zombieCheck:
    enabled: true
  pendingExecutionService:
    sql:
      enabled: true
    redis:
      enabled: false
```

最后,如果你使用的是 Amazon Aurora,以下是 Netflix 推荐的配置。如果你使用的是其他数据库,也可以将以下参数作为类比。

- binlog_cache_size:32768。
- default_tmp_storage_engine:InnoDB。
- general_log:0。
- innodb_adaptive_hash_index:0。
- innodb_buffer_pool_size:{DBInstanceClassMemory*3/4}。
- key_buffer_size:16777216。
- log_queries_not_using_indexes:0。
- log_throttle_queries_not_using_indexes:60。
- long_query_time:0.5。
- max_allowed_packet:25165824。
- max_binlog_size:134217728。
- query_cache_size:{DBInstanceClassMemory/24}。
- query_cache_type:1。
- read_buffer_size:262144。
- slow_query_log:1。

- sync_binlog：1。
- tx_isolation：READ-COMMITTED。

11.7 监控

Spinnaker 的每个微服务都内置了 Metrics Endpoint（/spectator/metrics），用于访问这些指标。Spinnaker-monitoring 组件负责转化这些指标，并发送到第三方指标系统。

Spinnaker 支持的监控系统有 Prometheus、Datadog、Stackdriver。

利用 Halyard 能够为指标配置过滤条件，常用的配置如下。

```
meters:
  byLiteralName:
  - <explicit metric name>:

  byNameRegex:
  - <metric name regex>:

  excludeNameRegex:
  - <metric name regex>s
```

其中，byLiteralName 是最高优先级的条件，接着将返回不包含 excludeNameRegex 的指标，最后将返回包含 byNameRegex 的指标。

可以通过创建文件 ~/.hal/default/profiles/monitoring-daemon/filters 并提供配置来筛选特定的指标，例如以下配置内容仅包含两个指标。

```
monitoring:
  filters:
    meters:
      byLiteralName:
        - controller.invocations
        - jvm.memory.used
```

要排除 JVM 和 Redis 指标，还可以使用以下配置。

```
monitoring:
  filters:
    meters:
      excludeNameRegex:
        - redis.*
        - jvm.*
```

要排除所有 JVM 指标，除了 jvm.memory.used，还可以使用以下配置。

```
monitoring:
  filters:
    meters:
      byLiteralName:
        - jvm.memory.used

      excludeNameRegex:
        - jvm.*
```

筛选所有 JVM 指标，除了 jvm.memory.used，还可以使用以下配置。

```
monitoring:
  filters:
    meters:
      byNameRegex:
        - jvm.*

      excludeNameRegex:
        - jvm.memory.used
```

在 Spinnaker 的指标中，有两种指标类型——计数器和度量。

- 计数器是微服务实例在生命周期递增的值，从 0 开始，然后增加。
- 度量是当前微服务实例的瞬时状态。

在 Spinnaker 支持的监控系统中，作者推荐使用 Prometheus 来接收指标，配合 Grafana 便能非常轻松地构建 Spinnaker 监控和报警系统，接下来对其进行讲解。

11.7.1 Prometheus

对 Spinnaker 的监控系统来说，Prometheus 和 Grafana 是最佳的匹配，也是官方推荐的搭配。

使用 Prometheus 作为监控系统，首先来安装 Prometheus，可参考 7.2.1 节中的步骤进行安装配置。

接下来，为 Spinnaker 启用度量，配置 Prometheus 监控守护程序。

```
hal config metric-stores prometheus enable
```

对于 Spinnaker 向 Prometheus 提供度量指标，有两种方案。

- 让 Prometheus 通过轮询的方式直接访问每个服务对外暴露的指标端点，推荐使用这种方法，不需要使用 Halyard 做进一步的配置，但是需要配置 Prometheus 才能发现每个 Spinnaker 服务。

- 配置每个 Spinnaker 微服务，使其将指标推送到 Prometheus 网关服务器，可以使用 hal config metric-stores prometheus edit --push-gateway=<url> 进行配置。

以上方法两选一即可，如果两种都使用，可能会导致 Prometheus 收到重复的指标数据。

以第一种配置为例，为 Prometheus 提供服务发现配置，步骤如下。

（1）创建文件 spin-additional.yaml。

```yaml
- job_name: 'spinnaker-services'
  kubernetes_sd_configs:
  - role: pod
  metrics_path: "/prometheus_metrics"
  relabel_configs:
  - source_labels: [__meta_kubernetes_pod_label_app]
    action: keep
    regex: 'spin'
  - source_labels: [__meta_kubernetes_pod_container_name]
    action: keep
    regex: 'monitoring-daemon'
```

（2）将该文件以 secret 的形式提交到 Prometheus 集群。

```
$ kubectl create secret generic spin-config --from-file=spin-additional.yaml -n monitoring
secret/spin-config created
```

（3）编辑 Prometheus 类型的 CRD，添加在上一步创建的配置文件中。

```
$ kubectl edit Prometheus k8s -n monitoring
```

增加配置：

```yaml
apiVersion: monitoring.coreos.com/v1
kind: Prometheus
metadata:
  creationTimestamp: "2021-02-16T10:26:11Z"
  generation: 1
  labels:
    app.kubernetes.io/component: prometheus
    app.kubernetes.io/name: prometheus
    app.kubernetes.io/part-of: kube-prometheus
    app.kubernetes.io/version: 2.24.0
    prometheus: k8s
  name: k8s
  namespace: monitoring
spec:
  alerting:
    alertmanagers:
    - apiVersion: v2
```

```
      name: alertmanager-main
      namespace: monitoring
      port: web
  image: quay.io/prometheus/prometheus:v2.24.0
  nodeSelector:
    kubernetes.io/os: linux
  podMetadata:
    labels:
      app.kubernetes.io/component: prometheus
      app.kubernetes.io/name: prometheus
      app.kubernetes.io/part-of: kube-prometheus
      app.kubernetes.io/version: 2.24.0
  podMonitorNamespaceSelector: {}
  podMonitorSelector: {}
  probeNamespaceSelector: {}
  probeSelector: {}
  replicas: 2
  resources:
    requests:
      memory: 400Mi
  ruleSelector:
    matchLabels:
      prometheus: k8s
      role: alert-rules
  securityContext:
    fsGroup: 2000
    runAsNonRoot: true
    runAsUser: 1000
  additionalScrapeConfigs:
    name: spin-config
    key: spin-additional.yaml
  serviceAccountName: prometheus-k8s
  serviceMonitorNamespaceSelector: {}
```

编辑后保存退出，出现以下提示，表示修改完成。

```
prometheus.monitoring.coreos.com/k8s edited
```

增加 additionalScrapeConfigs 的配置。

（4）为 Spinnaker 启用 Prometheus 度量。

```
$ hal config metric-stores prometheus enable
```

重新部署 Spinnaker 使其生效。

```
$ hal deploy apply --no-validate
```

检查 Spinnaker 组件会发现，除了业务容器，还额外增加了一个 monitoring-daemon 容器，该容器负责把业务容器输出的指标转换为 Prometheus 格式的指标。

```
monitoring-daemon:
Container ID:
Image:          us-docker.pkg.dev/spinnaker-community/docker/monitoring-daemon:0.19.0-20201013140017
Image ID:
Port:           8008/TCP
Host Port:      0/TCP
State:          Waiting
  Reason:       ContainerCreating
Ready:          False
Restart Count:  0
Readiness:      tcp-socket :8008 delay=0s timeout=1s period=10s #success=1 #failure=3
Environment:
  JAVA_OPTS:   -XX:MaxRAMPercentage=50.0
```

转发端口，访问 /prometheus_metrics 验证。

```
# 将 spin-clouddriver-65bc7d9569-xqfz7 替换成实际的 Pod 名称

$ kubectl port-forward pod/spin-clouddriver-65bc7d9569-xqfz7 8008:8008 -n spinnaker

curl 127.0.0.1:8008/prometheus_metrics | grep "Prometheus"
```

如果返回含 Prometheus 关键字的结果，则说明 Spinnaker 启用 Prometheus 监控成功，接着进行下一步。

（5）由于 Prometheus 默认的 ServiceAccount 并没有权限获取 spinnaker 命名空间下的 Pod，所以需要为 Prometheus 创建具有权限的 ServiceAccount，将下面的文件保存为 service-account.yaml。

```yaml
apiVersion: v1
kind: ServiceAccount
metadata:
  name: prometheus
  namespace: monitoring
---
apiVersion: rbac.authorization.k8s.io/v1beta1
kind: ClusterRole
metadata:
  name: prometheus
rules:
- apiGroups: [""]
  resources:
  - nodes
  - services
  - endpoints
  - pods
```

```yaml
  verbs: ["get", "list", "watch"]
- apiGroups: [""]
  resources:
  - configmaps
  verbs: ["get"]
- nonResourceURLs: ["/metrics"]
  verbs: ["get"]
---
apiVersion: rbac.authorization.k8s.io/v1beta1
kind: ClusterRoleBinding
metadata:
  name: prometheus
roleRef:
  apiGroup: rbac.authorization.k8s.io
  kind: ClusterRole
  name: prometheus
subjects:
- kind: ServiceAccount
  name: prometheus
  namespace: monitoring
```

接下来提交至集群。

```
$ kubectl apply -f service-account.yaml
serviceaccount/prometheus created
clusterrole.rbac.authorization.k8s.io/prometheus created
clusterrolebinding.rbac.authorization.k8s.io/prometheus created
```

最后，编辑 Prometheus CRD，指定 Prometheus 使用之前创建的 ServiceAccount。

```
$ kubectl edit Prometheus -n monitoring

apiVersion: monitoring.coreos.com/v1
kind: Prometheus
metadata:
  name: inst
  namespace: monitoring
spec:
  serviceAccountName: prometheus
```

将 serviceAccountName 修改为 prometheus 即可。

（6）通过以下命令转发 Prometheus 端口，使用浏览器打开 Prometheus 控制台，确认自动服务发现是否成功。

```
$ kubectl port-forward svc/prometheus-k8s 9091:9090 -n monitoring
```

使用浏览器 127.0.0.1:9091，选择"Status"菜单，进入 Targets 页面，如图 11-19 所示。

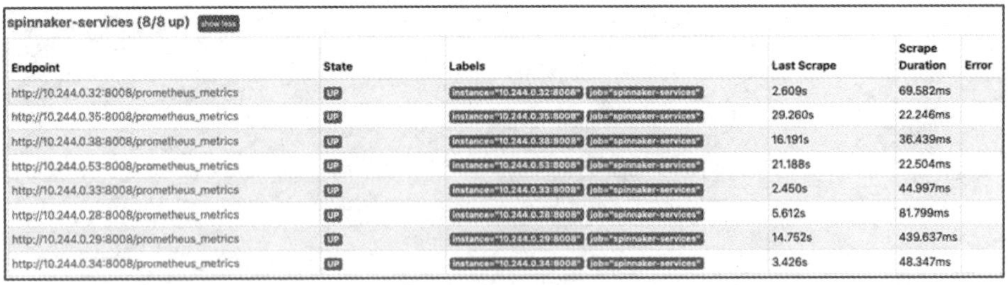

图 11-19　Targets 页面

当列表中出现 Spinnaker metrics 时，说明服务发现成功。

至此，Spinnaker 的所有指标已经能够被 Prometheus 获取，但这些指标非常多，且不适用于日常查询。

下一节，将介绍如何配置 Grafana，实现可视化展示这些监控指标。

11.7.2　Grafana

为了解决这些指标在 Grafana 中的展示问题，Spinnaker 官方提供了一套 Grafana 模板[①]，该目录下 Grafana 模板文件包含如下内容。

```
├── application-drilldown-dashboard.json
├── clouddriver-microservice-dashboard.json
├── echo-microservice-dashboard.json
├── fiat-microservice-dashboard.json
├── front50-microservice-dashboard.json
├── gate-microservice-dashboard.json
├── igor-microservice-dashboard.json
├── kubernetes-platform-dashboard.json
├── minimal-spinnaker-dashboard.json
├── orca-microservice-dashboard.json
├── rosco-microservice-dashboard.json
```

按照以下步骤配置 Grafana。

（1）复制代码仓库。

```
$ git clone https://github.com/spinnaker/spinnaker-monitoring.git
```

（2）转发 Grafana 服务，以便本地访问控制台。

```
$ kubectl port-forward svc/grafana 3000:3000 -n monitoring
```

---

① 相关链接见电子资源文档中的链接 11-3。

打开浏览器，访问 127.0.0.1:3000，使用默认账号和密码 admin 登录。单击左侧的"+"图标，选择 Folder 创建 Grafana 文件夹，并命名为"Spinnaker"，如图 11-20 所示。

图 11-20　创建 Grafana 文件夹

（3）创建完成后，开始导入模板。

首先，在新跳转的界面中选择"Manage dashboards"，如图 11-21 所示。

图 11-21　Manage dashboards

然后，单击"Import"按钮，导入 Spinnaker 模板，如图 11-22 所示。

图 11-22　导入 Spinnaker 模板

在新的界面中，选择"Upload JSON file"，分批导入 spinnaker-monitoring-third-party/third_party/prometheus/目录下的所有组件的模板，并选择"Spinnaker Folder"，单击"Import"确认导入，如图 11-23 所示。

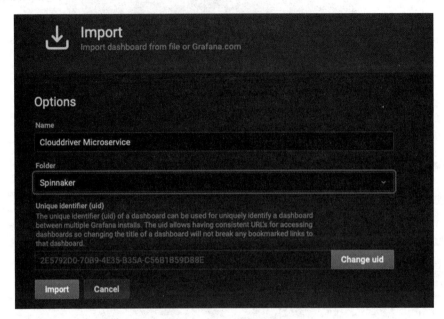

图 11-23　上传 JSON 文件

（4）打开 Dashboard，此时会发现 Grafana 提示无法找到数据源，如图 11-24 所示。

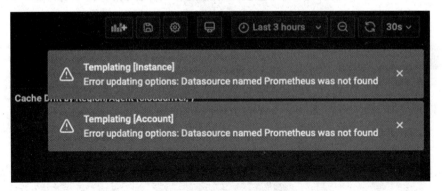

图 11-24　Grafana 提示无法找到数据源

这是由于模板内置的 Datasource 命名为 Prometheus，而 Grafana 内置的 Datasource 名称为 prometheus，两者命名不匹配导致报错。

（5）解决方案为 Grafana 创建新的 Datasource。

单击 Grafana 左侧的"Configuration"菜单，选择"Data Sources"，如图 11-25 所示。

图 11-25　添加 Data Sources

选择 Prometheus 类型的 Data Sources，并配置以下选项。

- Name：Prometheus。
- URL：http://prometheus-k8s.monitoring.svc:9090。

单击"Save & Test"进行保存。

（6）重新打开 Grafana Dashboard，例如 Clouddriver，此时将展示该服务的监控，如图 11-26 所示。

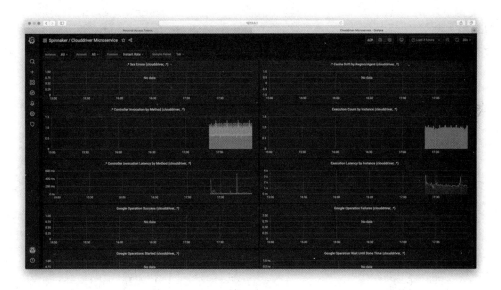

图 11-26　Grafana 监控图

至此，我们完成了对 Prometheus 和 Grafana 监控指标的可视化展示。

对 Spinnaker 的基础指标采集完成后，在生产环境下，我们可能还需要针对关键指标配置报警策略。建议使用 Prometheus AlertManager 或 Grafana Alerting 来实现，感兴趣的读者可以深入研究。

11.8　本章小结

本章介绍了 Spinnaker 在生产环境下的使用注意事项，其中包括重要的认证和授权、Redis 的配置优化，以及对系统稳定性起重要作用的横向扩容。

同时也需要注意，在生产环境下，部分组件使用 Redis 存储数据可能会面临瓶颈及无法长期存储一些数据的问题，可以考虑使用 MySQL 进行数据存储。

最后，本章介绍了如何配置 Prometheus 和 Grafana，结合官方提供的 Grafana 模板，实现了关键指标的可视化展示。

12

扩展 Spinnaker

本章将介绍如何扩展 Spinnaker，包括配置二次开发环境及如何编写自定义阶段。这些内容主要面向需要对 Spinnaker 提交代码或进行二次开发的读者。

12.1 配置开发环境

在对 Spinnaker 进行二次开发前，我们需要了解 Spinnaker 基础组件的代码组织。

Spinnaker 所有的微服务组件源码都存放在 GitHub[①]中，每个组件拥有独立的代码仓库。当需要新增或修改某些功能时，可能要修改一个或多个组件，才能达到预期的效果。

在开始配置开发环境之前，首先来了解关于开发的背景信息。

12.1.1 Kork

Kork 包[②]是 Spinnaker 所有组件的通用库，部分组件可能会使用特定的版本。当需要修改该基础库时，要遵循以下步骤。

（1）复制 Kork 包到本地，并根据需要修改代码。

```
$ git clone https://github.com/spinnaker/kork.git
```

（2）构建包并发布到本地 Maven 仓库。

[①] 相关链接见电子资源文档中的链接 12-1。
[②] 相关链接见电子资源文档中的链接 12-2。

```
$ ./gradlew -PenablePublishing=true publishToMavenLocal
```

（3）记录输出的版本号。

```
Inferred project: kork, version: 0.1.0-SNAPSHOT
```

现在，本地 Maven 仓库会有新的 Kork 版本，接下来需要为组件配置使用该新版本。

（1）在组件的 build.gradle 文件中，在 allprojects 内添加以下内容。

```
repositories {
  mavenLocal()
}
```

（2）在 allprojects.configurations.all.resolutionStrategy 内添加此代码，将其手动替换成构建的版本。

```
eachDependency {
  if (it.requested.group == 'com.netflix.spinnaker.kork') it.useVersion '0.1.0-SNAPSHOT'
}
```

现在，该组件便能够使用本地编译的 Kork 组件了。

12.1.2 组件概述

Spinnaker 由许多微服务组成，这些微服务都有共同的基础，本小节将介绍这些服务建立在哪些基础条件之上，以便给读者提供快速参考。

Spinnaker 由 Java 后端服务和前端服务（Deck）组成，它们的编写语言如下。

- Deck：TypeScript。
- 后端服务：Kotlin、Java + Lombok。

注意，我们在部分组件中仍然能看到 Groovy 的存在，但它已被官方弃用，如果要为 Spinnaker 提交代码，请勿使用该语言，否则将不会被接受。

此外，前端和后端的服务都使用了非常多开源的第三方库，举例如下。

- Deck：React。
- 后端服务可通过 gRPC、Jackson、Jedis、JOOQ、Keiko、Micrometer、OkHttp、Spring Boot 2、Resilience4j、Minutest、Mockk、Spock、Strikt、Testcontainers 等语言编写。

Spinnaker 经过不断的发展，存在一些历史遗留问题，在部分组件中可能仍然使用以下库，但新提交的代码已不推荐使用了。

- Deck：Angular 逐步迁移到 React。
- 后端服务：Hystrix 由 Resilience4j 代替；Retrofit 迁移到 gRPC，HTTP 的请求方式使用 Spring RestTemplate；Spectator 迁移到 Micrometer；Spek 迁移到 Minutest + Strikt + Mockk。

12.1.3 环境配置

在对 Spinnaker 组件有了基础的认识后，接下来我们进行开发环境配置。

开发 Spinnaker 的组件要求计算机具有 18GB 以上的内存、4 核以上的 CPU。

根据以下步骤配置本地开发必需的环境。

（1）安装 Halyard。

（2）配置存储服务。

（3）配置云提供商。

（4）配置 LocalGit 的部署方式。

（5）执行 hal deploy apply 部署。

其中，第 1~3 步可以参考第 4 章，第 4 步需要运行以下命令来配置。

```
$ hal config deploy edit --type localgit --git-origin-user=<YOUR_GITHUB_USERNAME>
$ hal config version edit --version branch:upstream/master
```

当执行 hal deploy apply 部署命令后，Halyard 会在 ~/dev/spinnaker 中创建目录，包含以下内容。

- 每个 Spinnaker 服务名为一个子目录，其中包含源码。
- scripts 目录。
- logs 目录。
- .pid 文件，将创建每个运行的服务。

scripts 包含每个服务的启动和停止脚本，例如，可以通过调用~/dev/spinnaker/scripts/deck-stop.sh 脚本来停止 Deck 进程并删除 deck.pid 文件；运行 ~/dev/spinnaker/scripts/deck-start.sh 会重启 Deck 服务并创建 deck.pid 文件。

hal deploy apply 会自动检测每个服务的代码，并通过源码的方式启动 Spinnaker 所有的组件。此时，我们便能够通过浏览器来访问 Deck：http://localhost:9000。

利用该方式启动 Spinnaker，Halyard 仍然使用~/.hal 目录的配置为不同的服务生成配置，并存放在 ~/.spinnaker 目录中。

以上配置完成后，我们便能够在本地开发 Spinnaker。对某个组件的源码进行修改后，重新启动该服务，可立即生效。例如，重新启动 Clouddriver 可以运行 hal deploy apply --service-names clouddriver，Deck 服务将自动监听文件修改并自动编译，无须重启。

每个服务的调试端口如表 12-1 所示。

表 12-1 Spinnaker 不同微服务调试端口

服 务	端 口
Gate	8184
Orca	8183
Clouddriver	7102
Front50	8180
Rosco	8187
Igor	8188
Echo	8189

当需要调试某个服务时，需要在源码根目录手动运行 ./gradlew -DDEBUG=true 来添加调试参数。这样我们便能够通过对应端口连接调试器，并进行断点调试。

12.2 编写新阶段

要在 Spinnaker 编写新的阶段，需要修改 Orca 实现阶段逻辑，修改 Deck 实现 UI 界面。如果涉及对云提供商的逻辑，那么可能还需要修改 Clouddriver 。

本节主要讲解如何为 Orca 添加新的阶段。

要为 Orca 添加新的阶段，只需要定义两种类——Stage Class 和 Task Class。

Stage Class，顾名思义，是阶段类，它必须实现 com.netflix.spinnaker.orca.pipeline. StageDefinitionBuilder[1]接口，对新阶段进行描述。为了提供其他功能，它还可以实现以下接口。

---

[1] 相关链接见电子资源文档中的链接 12-3。

- CancellableStage：取消阶段接口。

- RestartableStage：重新启动阶段接口。

- CloudProviderAware：对外暴露云提供商信息接口。

- AuthenticatedStage：阶段自定义认证。

例如，以下是 Netflix 集成 Chaos Automation Platform（ChAP）阶段的示例，该阶段包括两个任务（Task）。

- beginChap：ChAP 开始运行。

- monitorChap：等待 ChAP 运行完成。

首先，为新阶段定义 Stage Class。

```
package com.netflix.spinnaker.orca.pipeline;

import com.google.common.collect.ImmutableMap;
import com.netflix.spinnaker.orca.CancellableStage;
import com.netflix.spinnaker.orca.chap.ChapService;
import com.netflix.spinnaker.orca.chap.Run;
import com.netflix.spinnaker.orca.chap.tasks.BeginChapTask;
import com.netflix.spinnaker.orca.chap.tasks.MonitorChapTask;
import com.netflix.spinnaker.orca.pipeline.model.Execution;
import com.netflix.spinnaker.orca.pipeline.model.Stage;
import org.springframework.beans.factory.annotation.Autowired;
import org.springframework.stereotype.Component;

@Component
public class ChapStage implements StageDefinitionBuilder, CancellableStage {

  @Autowired
  public ChapService chapService;

  @Override
  public <T extends Execution<T>> void taskGraph(Stage<T> stage, TaskNode.Builder builder) {
    builder
      .withTask("beginChap", BeginChapTask.class)
      .withTask("monitorChap", MonitorChapTask.class);
  }

  @Override
  public CancellableStage.Result cancel(Stage stage) {
    Run run = (Run) stage.getContext().get("run");
    if (run != null) {
```

```
      Run latestDetails = chapService.cancelChap(run.id.toString(), "");
      return new CancellableStage.Result(stage, ImmutableMap.of("run", latestDetails));
    }

    return null;
  }
}
```

该阶段实现了 StageDefinitionBuilder 和 CancellableStage 接口，并且关联了两个 Task，分别是 beginChap 和 monitorChap。

接下来实现这两个 Task 的逻辑，它们必须要实现 com.netflix.spinnaker.orca.api.pipeline.Task[①]或者扩展接口。如果 Task 失败，则 RetryableTask 代码将进行重试，PreconditionTask 代码会首先被强制执行。

如果 Task 失败，那么需要程序抛出 RuntimeException。

首先，定义 BeginChapTask 的逻辑。

```
package com.netflix.spinnaker.orca.chap.tasks;

import com.netflix.spinnaker.orca.*;
import com.netflix.spinnaker.orca.chap.ChapService;
import com.netflix.spinnaker.orca.chap.Run;
import com.netflix.spinnaker.orca.pipeline.model.Stage;
import org.springframework.beans.factory.annotation.Autowired;
import org.springframework.stereotype.Component;

import java.util.HashMap;
import java.util.Map;
import java.util.concurrent.TimeUnit;

@Component
public class BeginChapTask implements RetryableTask {

  @Override
  public TaskResult execute(Stage stage) {
    Map<String, Object> ctx = stage.getContext();
    Object testCaseId = ctx.get("testCaseId");

    if(testCaseId == null || !(testCaseId instanceof String)) {
      throw new RuntimeException("Cannot begin ChAP experiment without a testCaseId.");
    }
```

---

① 相关链接见电子资源文档中的链接 12-4。

```
    Map<String, Object> params = new HashMap<>();
    params.put("testCaseId", testCaseId);
    Run chapRun = chapService.startChap(params);

    Map<String, Object> map = new HashMap<>();
    map.put("run", chapRun);
    return new DefaultTaskResult(ExecutionStatus.SUCCEEDED, map);
  }

  public ChapService getChapService() {
    return chapService;
  }

  public void setChapService(ChapService chapService) {
    this.chapService = chapService;
  }

  @Autowired
  private ChapService chapService;

  @Override
  public long getBackoffPeriod() {
    return TimeUnit.SECONDS.toMillis(5);
  }

  @Override
  public long getTimeout() {
    return TimeUnit.MINUTES.toMillis(1);
  }
}
```

上述代码主要实现了以下逻辑。

- 在任务配置阶段获取 testCaseId。
- 通过 REST API 调用外部 ChAP 服务。
- 返回 DefaultTaskResult，将 REST API 调用结果传递给它。

其中，stage.getContext 是流水线执行的上下文，实现了 RetryableTask 接口，如果 Tasks 失败（例如 API 请求失败），将会重试。

接下来实现 MonitorChapTask，获取任务状态。

```
package com.netflix.spinnaker.orca.chap.tasks;

import com.fasterxml.jackson.databind.ObjectMapper;
import com.netflix.spinnaker.orca.DefaultTaskResult;
```

```java
import com.netflix.spinnaker.orca.ExecutionStatus;
import com.netflix.spinnaker.orca.RetryableTask;
import com.netflix.spinnaker.orca.TaskResult;
import com.netflix.spinnaker.orca.chap.ChapService;
import com.netflix.spinnaker.orca.chap.Run;
import com.netflix.spinnaker.orca.pipeline.model.Stage;
import org.springframework.beans.factory.annotation.Autowired;
import org.springframework.stereotype.Component;

import java.util.HashMap;
import java.util.Map;
import java.util.concurrent.TimeUnit;

@Component
public class MonitorChapTask implements RetryableTask {

  @Autowired
  private ObjectMapper objectMapper;

  @Autowired
  public ChapService chapService;

  @Override
  public TaskResult execute(Stage stage) {
    Map<String, Object> ctx = stage.getContext();

    Run run = objectMapper.convertValue(ctx.get("run"), Run.class);

    if (run == null) {
      throw new RuntimeException("Cannot monitor Chap task without a valid Run in the context.");
    }

    Run latestDetails = chapService.getChap(run.id.toString());

    Map<String, Object> map = new HashMap<>();
    map.put("run", latestDetails);

    if(latestDetails.outcome == Run.Outcome.PASSED){
      return new DefaultTaskResult(ExecutionStatus.SUCCEEDED, map);
    }

    ExecutionStatus status;

    switch (latestDetails.state) {
      case COMPLETED:
        //workflow is complete, but the outcome didnt pass, consider this a failure.
      case FAILED:
```

```
      throw new RuntimeException("ChAP experiment failed.");
    case CANCELLED:
      status = ExecutionStatus.CANCELED;
      break;
    default:
      status = ExecutionStatus.RUNNING;
      break;
  }

  return new DefaultTaskResult(status, map);
}

public ChapService getChapService() {
  return chapService;
}

public void setChapService(ChapService chapService) {
  this.chapService = chapService;
}

@Override
public long getBackoffPeriod() {
  return TimeUnit.MINUTES.toMillis(1);
}

@Override
public long getTimeout() {
  return TimeUnit.DAYS.toMillis(1);
}

public ObjectMapper getObjectMapper() {
  return objectMapper;
}

public void setObjectMapper(ObjectMapper objectMapper) {
  this.objectMapper = objectMapper;
}
}
```

至此，我们完成了对 Stage 和 Task 的定义、关联和实现，两者组合在一起便成为了一个新的阶段。

为了便于理解，下面我们将具体实现业务逻辑的两个类：com.netflix.spinnaker.orca.chap.Run 和 com.netflix.spinnaker.orca.chap.ChapService。它们和 Spinnaker 的阶段并没有直接的关系。

com.netflix.spinnaker.orca.chap.Run 类主要是反序列化 JSON 获取对象。

```java
package com.netflix.spinnaker.orca.chap;

import com.fasterxml.jackson.annotation.JsonAnyGetter;
import com.fasterxml.jackson.annotation.JsonAnySetter;
import com.fasterxml.jackson.annotation.JsonIgnoreProperties;

import java.util.HashMap;
import java.util.Map;
import java.util.UUID;

@JsonIgnoreProperties(ignoreUnknown = true)
public class Run {

  public UUID id;
  // 省略其他属性
  // ......

  // 支持任意属性，无须显式定义
  public Map<String, Object> properties = new HashMap<>();

  @JsonAnySetter
  public void set(String fieldName, Object value) {
    this.properties.put(fieldName, value);
  }

  @JsonAnyGetter
  public Object get(String fieldName) {
    return this.properties.get(fieldName);
  }
}
```

com.netflix.spinnaker.orca.chap.ChapService 类定义了 REST API 及请求的 URI，并使用 Retrofit 发起请求。

```java
package com.netflix.spinnaker.orca.chap;

import retrofit.http.Body;
import retrofit.http.GET;
import retrofit.http.POST;
import retrofit.http.Path;

import java.util.Map;

public interface ChapService {
  @POST("/v1/runs")
  Run startChap(@Body Map params);

  @GET("/v1/runs/{id}")
```

```
  Run getChap(@Path("id") String id);

  @POST("/v1/runs/{id}/stop")
  Run cancelChap(@Path("id") String id, @Body String body);
}
```

最后，ChapConfig 类实现了从配置文件中获取配置，注意以下代码中的@Configuration 注解。

```
package com.netflix.spinnaker.config;

import com.fasterxml.jackson.databind.ObjectMapper;
import com.netflix.spinnaker.orca.chap.ChapService;
import com.netflix.spinnaker.retrofit.Slf4jRetrofitLogger;
import org.springframework.beans.factory.annotation.Autowired;
import org.springframework.beans.factory.annotation.Value;
import org.springframework.boot.autoconfigure.condition.ConditionalOnProperty;
import org.springframework.context.annotation.Bean;
import org.springframework.context.annotation.ComponentScan;
import org.springframework.context.annotation.Configuration;
import retrofit.Endpoint;
import retrofit.RestAdapter;
import retrofit.client.Client;
import retrofit.converter.JacksonConverter;

import static retrofit.Endpoints.newFixedEndpoint;

@Configuration
@ComponentScan({
  "com.netflix.spinnaker.orca.chap.pipeline",
  "com.netflix.spinnaker.orca.chap.tasks"
})
@ConditionalOnProperty(value = "chap.baseUrl")
public class ChapConfig {

  @Bean
  Endpoint chapEndpoint(@Value("${chap.baseUrl}") String chapBaseUrl) {
    return newFixedEndpoint(chapBaseUrl);
  }

  @Bean
  ChapService chapService(Endpoint chapEndpoint,
                          Client retrofitClient,
                          RestAdapter.LogLevel retrofitLogLevel,
                          ObjectMapper objectMapper) {
    return new RestAdapter.Builder()
      .setEndpoint(chapEndpoint)
      .setClient(retrofitClient)
      .setLogLevel(retrofitLogLevel)
      .setLog(new Slf4jRetrofitLogger(ChapService.class))
```

```
        .setConverter(new JacksonConverter(objectMapper))
        .build()
        .create(ChapService.class);
    }
}
```

chap.baseUrl 配置项将从 Orca 的配置文件中读取（~/.spinnaker 目录）。

12.3　本章小结

本章面向 Spinnaker 开发者，主要讲解了 Spinnaker 开发所需要的环境配置、组件，包括通用的 Kork 组件，并使用实例说明了如何为 Spinnaker 编写新阶段。本章的重点是新阶段中定义的 Stage 和 Task，它们分别定义了阶段属性及定义阶段所需要实现的业务逻辑。

13

迁移到 Spinnaker

Spinnaker 的功能非常强大，它是实施云原生多云环境持续部署的利器。但更现实的问题是，如何将 Spinnaker 落地到公司内部、获得团队的认可，并改善部署流程。

公开资料显示，Netflix 内部花了近四年时间将 Spinnaker 从 0 到 95%的业务团队覆盖率，这足以说明该过程是困难且耗时的。尤其是在每个团队都有自己的持续部署流程、工具及发布节奏的情况下，很难把这些旧的系统进行替换。所以在做实施之前，首先要做好充足的准备。

本章围绕着如何更高效地迁移到 Spinnaker、迁移过程可能面临的挑战及解决办法进行讲解，目的是加速团队内部落地。

13.1 如何说服团队

如何说服团队迁移到 Spinnaker？作者认为可以采用"事实陈述"的策略。也就是说，陈述 Spinnaker 的主要功能及其优点，说服团队开始尝试采用 Spinnaker，具体可以从以下方向展开。

- 内置最佳实践的部署策略：根据 Netflix 的经验，自动化金丝雀发布是许多团队评估并且最终采用 Spinnaker 的关键。在这之前，团队可能根本无法落地金丝雀发布，即便是已经开始应用了这项发布策略，但可能很大程度上依赖人工来完成。这是一个很好的切入点，也是团队持续部署的痛点。
- 部署安全：使用 Spinnaker 进行生产环境部署时，内置的策略能够让部署变得更加安全，例如时间窗口、人工确认、自动回滚策略和部署策略等。这些功能将使生产环境变得更加稳定、可靠。

- **多云环境的一致性**：Spinnaker 的多云环境一致性模型为团队消除了在不同云环境发布产品的痛点，利用该模型可以轻松地对持续部署进行管理、监控和报警。
- **复用现有流程**：Spinnaker 具备 Webhook 阶段和 Jenkins 阶段，能够轻松地复用现有的持续部署流程。例如，团队之前使用 Jenkins 进行持续部署，那么可以将该阶段插入 Spinnaker 的流水线中，这有助于降低团队迁移成本。
- **持续的支持**：在决定做迁移之前，应该制订计划和立项，并安排专人跟进。确保团队在遇到任何问题时都会获得持续的支持，打消团队的疑虑。

此外，如果企业内部采用的是集中化的部署管理，与落地数个高内聚的独立团队相比，上述过程会变得更加轻松。

13.2 迁移原则

迁移过程涉及的面可能非常广，例如可能涉及不同团队的持续部署习惯及整合不同的工具链，甚至可能出现配合度不高的情况。

本章讲解在迁移过程中需要遵循的原则，这些原则是作者在实际迁移过程中遇到问题后总结和归纳的经验，为读者提供参考。

每个团队的人数、技术氛围、技术水平和面临的业务可能会有很大的差异，迁移过程也不太可能一帆风顺，遵循这些原则能够让你在迁移过程中引入更少的变量，并降低某个环节成为卡点的可能性。

13.2.1 最小化变更工作流

最小变更工作流是指尽可能复用之前的持续部署流程。

在使用 Spinnaker 之前，团队中常见的一种实践是使用 Jenkins 来执行 CI/CD 流程，也可能使用 Shell 脚本来发布应用。在这种情况下，最小化变更工作流程就显得非常重要。Spinnaker 专注于持续部署阶段，那么在最初推进时，应该尽量做到只迁移持续部署过程，而不变更其他已有过程。

一个比较好的开始是，将之前 Jenkins Job 或 Shell 迁移到 Spinnaker 执行。当该流程被改进后，团队后续对持续部署的需求都会在 Spinnaker 的基础上进行探索和改进，从而促成深度使用的结果。

Spinnaker 的阶段为整合不同的外部阶段提供了不同的方法，例如，使用 Webhook 阶段可以通过 HTTP 请求的方式来调用和整合外部系统。

对于实施迁移的团队而言，充分了解 Spinnaker 的功能特性，并且根据业务团队特点实施"最小化工作流变更"的迁移是极其重要的。这往往是迁移过程的第一步，也是让团队接受并采纳 Spinnaker 的第一步。

最后，如果你的团队采用的工具链无法与 Spinnaker 整合，则可以考虑推动改变工作流程，并通过比较优缺点，说服团队采纳 Spinnaker 来改进持续部署环节。

13.2.2 利用已有设施

在迁移过程中，往往涉及在生产环境安装 Spinnaker。为了减少组件的维护成本，使维护团队更容易接受，除 Spinnaker 自身的组件外，第三方的依赖组件应当尽可能复用已有的基础设施，这些设施可能是 Redis、MySQL、Minio 等组件。

对于负责迁移团队而言，生产环境的资源可能是受控的，只有专门的运维团队才能操作它们。那么在迁移过程中，也要考虑该团队所处的角色，复用基础组件能够减轻它们的维护成本，且更容易被接受。

此外，除了 Spinnaker 要求的 Redis 和 MySQL 等基础组件，部分团队可能还维护了统一的接入层，例如 Nginx 或 Kong 一类的网关层。这类的基础设施也应该被 Spinnaker 复用，例如为 Spinnaker 配置 SSL 的场景。

Spinnaker 与已有的基础设施整合度越高，其在团队内的不可替代性就越高，这对巩固 Spinnaker 的推广成果是非常有帮助的。

13.2.3 组织架构不变性

组织架构不变性的意义在于减少迁移阻力。

不同团队在不同的时期，根据业务情况的不同，可能会有不同的组织架构形式。在产品研发团队的组织架构中，有如下两种常见的组织架构。

1. 集中式运维管理

集中式运维管理的组织形式通常由 "N 个业务研发团队 + 1 个运维团队"组成。运维团队负责所有生产环境所需的资料，例如运行环境、基础设施和集群网络等，对这些资料所有的变更都由该运维团队负责。

在这种组织架构形式下，运维团队对业务研发小组负责，并制定持续部署标准。

迁移到 Spinnaker 的关键客户是运维团队。由于该团队的特殊性和专业性，迁移过程中可能会出现一些非产品层面的问题，例如网络、业务流程和安全等问题，注意这并不是负责实施迁移到 Spinnaker 的团队需要解决的问题，Spinnaker 的团队应该引导对方，使共同目标聚焦在迁移后实际带来的效率提升和流程优化上。最后，一旦运维团队接受迁移，那么所有研发团队的持续部署流程将因为部署环节工具的迁移而改变，后续的过程将转变为由运维团队负责推进。

简而言之，在该组织架构模式下，Spinnaker 迁移团队面对的客户是运维团队。

2. 分散式小组高内聚和闭环

这种组织架构通常用于崇尚敏捷文化并实施 DevOps 的团队，小组内部由研发工程师兼任运维的角色，负责整合工具链，为业务研发提供自动化部署流程的工具。

在该组织形式下，迁移到 Spinnaker 的关键客户是每个小组中负责整合工具链及实施持续部署的工程师。

这意味着，负责 Spinnaker 迁移的团队需要对每个小组实施迁移，这是一个巨大的工程和挑战。通常，难点在于不同小组的研发流程差异较大，没有完全适用于每个团队的迁移方案，甚至需要单独定制迁移方案。

那么如何突破呢？作者认为可以采用"各个击破"的方式。

首先，寻找有痛点、感兴趣并且愿意做出流程改变的 1 至 2 个团队，对他们进行深入调研，然后定制迁移方案和计划。在该过程中，Spinnaker 团队应该全力提供支持并实时跟进，最终完成他们的迁移目标。

迁移完成后，该团队便能够形成优秀的案例和口碑。接下来，我们寻找机会在团队内继续对客户案例和收益进行宣讲，并主动寻找其他团队的痛点，逐步覆盖，最终完成所有小组的迁移目标。

迁移过程可能很漫长，短期内几乎无法达到 100% 的覆盖使用率，这是正常的，团队要具备足够的耐心和决心。

无论是哪种组织架构模式，最重要的都是"保持组织架构的不变性"。也就是说，在迁移过程中，要基于现有的组织架构进行推广，而不能因为需要迁移到新的工具链而试图改变组织方式。

迁移过程并不是一蹴而就的。在迁移之前，应当制订详细的目标和实施计划，逐步覆盖，最终完成迁移任务。

13.3　本章小结

本章重点介绍了迁移过程的方法和其中需要遵循的原则，包括如何说服团队、最小变更工作流、利用已有基础设施和组织架构的不变性。遵循这些原则有利于加速迁移到 Spinnaker 的过程，且能够尽量减少来自各方面的阻力。

迁移过程是流程变动的过程，涉及的时间周期可能很长，迁移团队应当保持足够的耐心。

至此，本书的内容就全部结束了。希望你能在本书中学到云原生环境下持续部署的最佳实践，在云原生技术即将爆发的时代抓住机遇，披荆斩棘，实现自己的技术价值。

云计算领域权威巨著

《性能之巅：洞悉系统、企业与云计算》

【美】Brendan Gregg 著
徐章宁 吴寒思 陈磊 译
ISBN 978-7-121-26792-5
2015年8月出版
定价：128.00元
◎ 通晓性能调优、运维、分析
◎ Linkedin、Intel、EMC、阿里、百度、新浪、触控科技众牛作序推荐
◎ DTrace之父扛鼎巨著

《BPF之巅：洞悉Linux系统和应用性能》

【美】Brendan Gregg 著
孙宇聪 等译
ISBN 978-7-121-39972-5
2020年11月出版
定价：199.00元
◎ 震撼全球的Gregg大师新作
◎ 经典书《性能之巅》再续新篇
◎ 性能优化的万用金典，150+分析调试工具深度剖析

《弹性计算：无处不在的算力（全彩）》

阿里云基础产品委员会 著
ISBN 978-7-121-37228-5
2020年8月出版
定价：129.00元
◎ 新经济、新引擎、新基建的底层技术
◎ 数字化、智能化、自动化的核心能力
◎ 阿里云弹性计算产品六大核心领域齐发，全面揭示云计算核心！

《企业数字化基石
——阿里巴巴云计算基础设施实践》

高山渊 蔡德忠 赵晓雪 刘礼寅
刘水旺 陈义全 徐 波 编著
ISBN 978-7-121-37388-6
2020年1月出版
定价：109.00元
◎ 历数基础设施跨越发展史！
◎ 承载云计算技术风云变幻！

《云网络：数字经济的连接（全彩）》

阿里云基础产品委员会 著
ISBN 978-7-121-41121-2
2021年6月出版
定价：139.00元
◎ 云网络开山之作，网络认知刷新之作
◎ 云高速全球版图自动导航之作，政企数智化重构及转型先行之作
◎ 解析云计算+网络技术的发展历程、底层原理、技术体系、解决方案

《对象存储实战指南》

罗庆超 著
ISBN 978-7-121-41602-6
2021年9月出版
定价：89.00元
◎ 国际资深存储技术大师专著
◎ 对象存储为海量数据存储、人工智能、大数据分析、云计算而生
◎ 详解对象存储的历史由来、技术细节、实战操作、未来展望

云原生精品力荐

《Kubernetes权威指南：从Docker到Kubernetes实践全接触（第5版）》

龚正 吴治辉 闫健勇 编著
ISBN 978-7-121-40998-1
2021年6月出版
定价：239.80元

◎人手一本、内容超详尽的Kubernetes权威指南全新升级至K8s 1.19
◎人气超高、内容超详尽，多年来与时俱进、迭代更新
◎CNCF、阿里巴巴、华为、腾讯、字节跳动、VMware众咖力荐

《金融级IT架构：数字银行的云原生架构解密》

网商银行技术编委会 主编
ISBN 978-7-121-41425-1
2021年7月出版
定价：109.00元

◎引领数字化时代金融级别的IT架构发展方向
◎书中阐述的核心技术荣获"银行科技发展奖"
◎网商银行IT技术架构演进实践精华

《混合云架构》

解国红 刘怿平 陈煜文 罗寒曦 著
ISBN 978-7-121-40958-5
2021年5月出版
定价：129.00元

◎阿里云核心技术团队实践沉淀
◎数字化转型背景下，未来企业云化架构规划与实践参阅

《云原生操作系统Kubernetes》

罗建龙 刘中巍 张城 黄珂 苏夏
高相林 盛训杰 著
ISBN 978-7-121-39947-3
2020年11月出版
定价：69.00元

◎来自阿里云核心技术团队的实践沉淀
◎7位云原生技术专家聚力撰写K8S核心原理与诊断案例

《Kubernetes in Action中文版》

【美】Marko Luksa 著
七牛容器云团队 译
ISBN 978-7-121-34995-9
2019年1月出版
定价：148.00元

◎k8s实战之巅
◎用下一代Linux实现Docker容器集群编排、分布式可伸缩应用
◎全真案例，从零起步，保罗万象，高级技术

《未来架构：从服务化到云原生》

张亮 等著
ISBN 978-7-121-35535-6
2019年3月出版
定价：99.00元

◎资深架构师合力撰写，技术圈众大咖联合力荐
◎凝聚从服务化到云原生的前沿架构认知，更是对未来互联网技术走向的深邃洞察